普通高等教育"十四五"系列教材

水文气象学

主 编 杨 娜 魏玲娜 张叶晖

中国水利水电出版社
www.waterpub.com.cn
·北京·

内 容 提 要

本书系统阐述了水文气象的概念、发展历程和现状，水循环，水量和能量平衡，暴雨洪水及其预报预测方法，水文气象相关要素的观测方法，陆气间水文过程与大气过程的耦合作用，水文气象学在工程实际中的应用等方面。

本书共9章，分别是绪论、水循环与能量循环、降水、暴雨、水文气象要素及其观测方法、蒸散发及其在陆面过程中的作用、流域产流与汇流、水文模型及水文气象集合预报、水文气象学在工程实际中的应用。

本书既可作为高等院校水文、气象相关专业本科学生学习的教材和参考书，也可作为水文气象相关学科的自学参考。

图书在版编目（CIP）数据

水文气象学 / 杨娜，魏玲娜，张叶晖主编. -- 北京：
中国水利水电出版社，2023.12
普通高等教育"十四五"系列教材
ISBN 978-7-5226-2047-3

Ⅰ. ①水… Ⅱ. ①杨… ②魏… ③张… Ⅲ. ①水文气象学－高等学校－教材 Ⅳ. ①P339

中国国家版本馆CIP数据核字（2024）第007161号

书　　名	普通高等教育"十四五"系列教材 **水文气象学** SHUIWEN QIXIANGXUE	
作　　者	主编　杨　娜　魏玲娜　张叶晖	
出版发行	中国水利水电出版社 （北京市海淀区玉渊潭南路1号D座　100038） 网址：www.waterpub.com.cn E-mail：sales@mwr.gov.cn 电话：（010）68545888（营销中心）	
经　　售	北京科水图书销售有限公司 电话：（010）68545874、63202643 全国各地新华书店和相关出版物销售网点	
排　　版	中国水利水电出版社微机排版中心	
印　　刷	清淞永业（天津）印刷有限公司	
规　　格	184mm×260mm　16开本　12.75印张　326千字	
版　　次	2023年12月第1版　2023年12月第1次印刷	
印　　数	0001—2000册	
定　　价	**39.00元**	

前　言

作为地球系统中最敏感的圈层——大气圈和水圈，"气象"与"水文"共同掌控地球系统模拟的核心环节。因此，气象和水文是关乎我国国民经济与社会发展的两大重要科学体系。两者对自然灾害的关注和研究具有重要的交叉性，气象关注气象灾害，例如暴雨、干旱、台风、龙卷风等，而水文关注地表灾害，例如洪水、城市内涝、干旱、山洪、泥石流等，这些问题的研究既需要气象学的背景，也需要水文学的知识。近年来，在气候变化和人类活动影响下，各种极端气象灾害和水文灾害频发，严重制约了国民经济与社会的发展，增加了国家防灾减灾方面的压力，对水文气象复合型人才的需求更加迫切。水文与气象的交叉和融合既是国家战略发展的需要，也是高层次人才培养的需要。

目前，专门介绍水文学或气象学的书籍很多，但是综合水文和气象两大科学研究内容的书籍却较少，作为水文气象方向本科生教材的书籍更少。南京信息工程大学作为国内首家培养水文气象方面本科生的院校，面向大气科学专业的本科生开设《水文气象学》课程已经十余年，编写一本适合水文气象相关专业本科生学习的教材，这一需求非常迫切。早在 2012 年，南京信息工程大学水文气象学院（后更名为水文与水资源工程学院）第一任院长 林炳章 教授组织学院教师完成了《普通水文气象学》的书稿，并持续多年作为本科生课程"普通水文气象学"的讲义。讲义内容丰富，整编了水文气象研究中降水、暴雨、蒸散发、陆面过程以及防洪设计标准等内容，为气象专业的学生学习水文科学中的基本原理和方法提供了重要参考。参与原讲义编写的还有尹义星、张小娜、于乐江、王国杰、杨秀芹、邓鹏、张叶晖、孙善磊、赵君（排名不分先后）。

本书在原讲义的基础上，结合 10 年来一线的教学实践经验，经过与多位专家反复沟通，对原讲义进行了删减、重组、拓展等。本书的编写还参考和引用了关于水文和气象的大量书籍、文献论文、研究报告等，更多的是对现有公开发表成果的整理和介绍。编者在此向这些专家学者们以及参与原讲义编写的所有同志们致以衷心的感谢！

本书对水文气象的概念、发展历程和现状、水文循环、水量和能量平衡、暴雨洪水及其预报预测方法、水文气象相关要素的观测方法、蒸散发及其在陆气间水文过程与大气过程的耦合作用、水文气象在工程实际中的应用等进行了系统阐述，具有较强的综合性和交叉性，突出水循环中大气科学-地球科学-海洋科学的统一性和联系性。最显著的特点是理论联系实际，既讲解水文气象学的科学内涵，也讲解水文气象作为工程设计和地区防洪减灾的主要技术应用，例如城市防洪减灾规划、可能最大降水估算等。

随着全球气候变化影响的加剧，极端水文气象事件的发生越来越频繁，水文气象学所研究的内容与人类生活、工程建设和国民经济的联系也越来越密切。国家对水文气象专门人才的需求与日俱增，高校也在不断加大培养水文气象专门人才的力度。希望本书的出版对水文气象交叉学科的发展有所贡献。

编者

2023 年 5 月

目 录

第1章 绪 论

1.1 水文气象学的研究对象

水文气象学是应用气象学的原理和方法，研究水文循环和水分平衡中与降水、蒸发有关的问题的一门学科。它是连接水文学与气象学的交叉学科，主要研究与水文循环、水量平衡变化密切相关的水问题，诸如暴雨、洪水、干旱、水资源等水文气象的变化规律及其预报预测方法。其主要原理涉及陆地与大气的水量平衡和热量平衡，通过陆-气间水量热量交换，水文过程与大气过程互为因果。为研究两者之间的关系，常采用卫星遥感、遥测以及地理信息系统等技术和计算机数值模拟方法，最终建立并完善水文-气象耦合模型，以提高水文气象预报准确率，延长预报预见期。因此，水文气象学可定义为研究陆地和大气之间水和能量的产生、存在、运动和转化的科学，它连接地球科学、大气科学以及海洋科学，共同构成一个完整的地球系统水循环圈的科学体系，水文气象学科处于这些科学的结合部。

从学科的内涵来说，水文气象学是研究地表和底层大气之间水和能量的双向传送。地球上的水分因热力和重力的作用在大气和海陆之间周而复始的运动过程，称为水循环。地球上的水因吸热而蒸发，而在海洋上蒸发的水汽随大气运动进入大陆上空，然后凝结下降为雨雪，同时释放热量，产生径流，汇入河川，再流入海洋，形成了一个水文循环，称为大循环。在大循环系统中还有一些小循环，海洋蒸发的水汽不进入大陆而直接降落在海洋，大陆水分蒸发后既可到海洋上降落，也可在大陆上降落，这些都是小循环。两极冰山与大陆冰川的消长，也参加了水文循环。水的三态转化特性是产生水文循环的内因，太阳辐射和重力作用是这个过程的动力或外因。

水文循环是自然界水、能量的转化和循环，它是自然界物质循环的重要方式之一，对自然环境的形成、演化和人类的生存产生巨大的影响。这种影响主要包含以下三方面。第一，水文循环直接影响气候变化。通过蒸散发进入大气的水汽，是产生云、雨和闪电等现象的主要物质基础。蒸发产生水汽，水汽凝结成雨（冰、雪）的过程中吸收或放出大量潜热。空气中的水汽含量的多与少直接影响气候的湿润或干燥。第二，水文循环改变地貌形态。降水形成的径流，冲刷和侵蚀地面，形成沟溪江河。水流搬运大量泥沙，可堆积成冲积平原。渗入地下的水，溶解岩层中的物质，富集盐分，输入大海。易溶解的岩石受到水流强烈侵蚀和溶解作用，可形成岩溶等地貌。第三，水文循环导致大量的水资源循环再利用，使人类获得永不枯竭的水源和能源，为一切生物提供不可缺少的水分。大气降水把天空中游离的氮素带到地面，滋养植物。陆地上的径流又把大量的有机质送入海洋，供养海洋生物，而海洋生物同时也是人类获取食物和制造肥料的关键资源。不可否认，水文循环所带来的洪水和干旱，也会对人类社会和生物界造成威胁，有时极端水文气象事件甚至造成很大的人员伤亡和巨大的财产损失。

从表现形式来说，水文气象学是一门应用学科，主要用来解决其他单一学科无法解决的复杂问题。回顾历史，水文气象学是应陆地水文学的"请求"，在时间和空间尺度上加以扩展、解决工程水文本身解决不了的问题，例如：工程防洪设计中的可能最大降水估算；水文频率计算中应用地区分析时的水文气象一致区的划分；河流水文预报和山洪预警预报中预见期内的定量降雨估算，以及 21 世纪兴起的全球气候变化背景下陆气相互作用产生的一系列问题等。极端水文气象事件（诸如洪涝、干旱和山洪泥石流等自然灾害）皆发生在地圈和气圈的界面上。随着全球气候变化影响的加剧，极端水文气象事件的发生越来越频繁，水文气象学所研究的内容与人类生活、工程建设和国民经济的联系也越加密切。

1.2 水文气象学的发展

1.2.1 水文气象学科的起源

事实上，水文气象作为一个在科学研究和日常业务工作中应用很广的名词已经存在很长时间。业务部门中常见诸如水文气象处、水文气象研究中心、水文气象研究所、水文气象研究院、水文气象设计研究中心等机构。可见，在世界各地的水文和气象部门，人们都认为水文和气象应该结合，可是如何结合却是众说纷纭。但是，人们谈论的有一个共同点，即应该培养既懂水文又懂气象的人才。那么如何培养呢？早在 1978 年，河海大学与南京大学就开始合作培养水文气象研究生。河海大学水文系负责水文学方面的培养，南京大学气象系负责气象学方面的培养。虽然是分开培养，但是开启了我国水文气象复合型人才培养的先河。2011 年，林炳章教授在南京信息工程大学创立了我国第一所水文气象学院，开始正式培养水文气象方面的专门人才。

水文气象交叉研究最早可追溯到 20 世纪 30 年代美国国家天气局（U. S. Weather Bureau）开展的"可能最大降水"（probable maximum precipitation，PMP）研究，这是水文和气象最早的结合。20 世纪 80 年代末期水文气象学的应用在美国又被推广到作为防洪设计标准的暴雨频率计算的研究工作中，在通过地区分析进行暴雨频率估算工作中确定水文气象一致区时，需要水文、气象和气候的知识。随着人们对全球气候变化的重视，陆-气耦合研究的开展需要水文和气象知识的结合，进一步扩充了水文气象学科的研究内容。这样，顺应社会发展、生产实践的需要，"因问题而起"的一门新的学科就这样产生和逐渐壮大起来。

1.2.2 水文气象与观测

观测手段的进步，极大地推动了水文气象学的发展。20 世纪相关行业（航空、农业、气象、水文、环境等）的需求推动了水文气象仪器和探测技术的进展。随着计算机、地理信息系统、遥感、大数据、监测仪器、无线传输等技术的进步，降水、土壤湿度、地表蓄水量、蒸散发、水位和流量等要素的观测手段不断改进，形成了从区域到全球的水文气象观测系统。以定量降水估计为例，60 年代雷达测雨手段的出现，丰富了降雨量的观测。尤其是脉冲多普勒雷达的应用，通过电磁波回波信号的强度和接受回波信号的时间进行降雨的定点、定量监测以及观测降雨的时空分布情况，大大丰富了河流水文预报的手段。由美国国家天气局于 1988 年研发的新一代数字气象雷达 WSR-88D，在美国部署了 220 多台，划分为相互衔接的 13 个天气预报区，提供定量降水预报，并且结合地面降雨资料，为美国的洪水预警预报服务。利用雷达降雨的时空分布优于地面降雨观测的特点，可以将雷达雨量资料结合地面雨量资料应用在设计暴雨的点-面关系分析中。

为了全面了解降雨的时空分布信息，从 20 世纪 80 年代起，卫星降雨估算引起了水文气象界的关注。它是基于云顶温度越低降雨量越大这一原理来估算降雨。主要有两种方法：一是利用静止卫星的热红外通道和可见光通道进行降水估算；二是通过星载微波探测器的微波资料反演降水。由于红外波和可见光对云层的穿透性能有限，只反映了降雨云层的顶部，降低了遥感信息与同期地面观测资料的可比性，同时也无法可靠地分辨云层下部是否存在下沉气流，而下沉气流通常不利于降雨。微波技术则能够穿透一定云层直至地面，直接反映降水的云物理特性，提高了与地面观测资料的可比性。未来的降水观测方向应该实现地面雨量、雷达雨量、卫星雨量三者的有机结合、相互补充。地面雨量在有限空间点上的观测精度最高，但其时空总体分布信息有限；雷达和卫星雨量在时间信息上是充分的，但在定点、定量上还存在欠缺。在 20 世纪 90 年代，美国国家海洋大气管理总署运用卫星雨量估计值开展了埃及尼罗河流域的洪水监测和预报业务，以及埃及、苏丹的水资源规划试点工作，取得了一定的成效。卫星雨量估计值在水资源规划服务方面的效果明显好于河流洪水预报。

1.2.3 水文气象与水文模型

从 19 世纪 50 年代开始，定量水文学逐步形成，涵盖了诸如流域汇流时间、地下水达西定律、浅水方程、流域单位线、渗透模型、蒸发公式等内容。这些研究为现代降雨-径流模型奠定了物理基础，并推动了水文科学的发展。

此后，水文学经历了不同发展阶段：从经验时代（1910—1930 年）到理论时代（1930—1950 年），水文学由实用工程水文学逐渐向水文科学基础研究转变。期间，引入了概率论、数理统计和随机过程等方法，推动了水文观测、计算和预报的进一步发展。随后，从系统时代（1950—1970 年）到过程时代（1970—1990 年），新技术，特别是计算机的应用，加速了水文实验、水文数学模型和预报的发展，涵盖了水汽收支、蒸发计算、卫星降水估算、陆面参数化和陆地生态模型、水资源和人类活动等方面研究。地球科学时代（1990—2010 年）见证了水文科学作为地球科学中的独立学科的迅速发展，包括陆面水文气象模式、数据同化、渗透和蒸散发计算等方面的显著进展。随着技术的不断革新，如网络、实验、业务研究、高性能计算、遥感和大数据等，水文气象学进入了"人类-水循环"的协同演化时代（2010—2030 年），在多个学科的交叉领域取得了新的进展。

1.2.4 水文气象与预报

20 世纪上半叶，大气科学的发展经历了一系列重要的里程碑，为现代数值天气预报奠定了理论基础。1904 年挪威气象学家卜加尼斯首次提出了数值预报的概念，而英国气象学家理查森在 1922 年尝试了数值预报，德国数学家柯朗特等在 1928 年解决了计算稳定性问题。1939 年，美国气象学家罗斯贝提出的长波理论和夏尔尼 1947 年提出的简化大气方程组进一步推动了数值天气预报的发展。1950 年，夏尔尼、菲约尔托夫特和诺依曼首次利用计算机成功制作了 24 小时天气形势预报，标志着现代数值天气预报的开始。在 20 世纪六七十年代，国际上开始了数值预报的试验和业务化，涉及中期天气预报。数值模式也从最初的数值天气预报模式、大气环流模式到海气耦合模式，发展到今天更为复杂的地球系统模式。在 20 世纪 60 年代，Lorenz 的混沌理论加深了对数值预报初始条件误差和预报不确定性的认识。自 1992 年开始，集合天气预报逐渐成为业务气象预报的一部分。随着观测系统、数据资料同化、数值预报技术和计算条件的改进，天气预报技巧也在逐步提高。

在很多国家，气象学和水文学的研究与业务预报已经有机地结合在一起。现代水文气象在定量降水估计与预报、流域水文模型、水文气象耦合预报等方面取得了显著进展。水文气象预报的时间尺度从几分钟、几小时的山洪，到日尺度的天气，月、季节（如干旱、径流）和年代际气候。研究不仅关注极端天气水文事件（如暴雨、洪水）和区域尺度（流域或地区），还关注全球尺度的水文气候变化。当前的研发目标是实现无缝隙预报系统，即跨时空尺度的模式、数据、方法和信息产品的整合。高性能计算和高分辨率的地理、水文气象数据的进步推动了分布式水文模型、高分辨率水文气象耦合模式以及水文气象预报技术的发展。除了统计预报方法，新技术（如基于大数据挖掘的人工智能神经网络、深度学习、图像识别等）也在水文气象预报中得到了应用，如智慧水务和智慧气象领域。

1.2.5 水文气象学科的未来

21 世纪是致力于人与自然和谐发展的世纪。在全球气候变化和人口增加的挑战下，水文气象学的科学工作者们聚焦于深入研究"人类-水循环"的相互关系，例如气候、能源、水的交互以及食物、能源、水的耦合，研究自然与社会资源的协同演化，以解决全球性的水文气象问题，推动人类社会朝着可持续发展的方向不断迈进。未来的水文气象发展方向将聚焦于水循环变化和水资源分布评估，水资源与水安全的科学管理，全球卫星遥感在水、粮食和灾害管理上的应用，基于高时空分辨的新数据改进模型和提高预报准确性，水文气象与其他学科深度融合，以及研究水文气象与生态系统之间的耦合机制。

未来的"大数据"时代将引领水文气象学在计算和理论方面迈向新的进步。整合气候、天气、数值模拟和遥感等探测手段的同时，面临解决多学科交叉融合的关键问题。其中包括提高对碳循环、水循环以及生物地球化学过程的认识，发展更为复杂的地球系统模式，改进水文与大气、海洋和生态环境系统的耦合模拟。此外，还需要完善基于业务卫星遥感的多尺度暴雨和洪水预报系统，以及发展综合人类和水系统的社会经济学。这一系列的挑战将推动水文气象学在新时代中取得更为深远的科学成果。

思考题

1. 水文气象学的定义是什么？
2. 水文气象学的研究和应用领域有哪些？

第2章 水循环与能量循环

2.1 水循环与水平衡

2.1.1 水文循环现象及尺度

地球是由岩石圈、水圈、大气圈和生物圈构成的巨大系统，其中，水在这个系统里发挥了重要作用，使这些圈层交互存在、关系密切，这种密切关系以水文循环为具体形式加以表现。

在太阳辐射和大气运动的驱动下，自然界的水不断从水面（江、河、湖、海等）、陆面（土壤、岩石等）和植物的茎叶面，通过蒸发或散发（蒸腾），以水汽的形式进入大气圈。一定条件下，这些水汽可以凝结成水滴，小水滴合并成大水滴，当凝结的水滴大到可以克服空气阻力时，就在重力作用下形成降水（雨、雪、雹等形式），降落至地表。到达地球表面的降水，一部分在分子力、毛管力和重力的作用下，通过地面入渗地下，另一部分形成地表径流，流入江、河、湖泊，最终汇入海洋，还有一部分由蒸发和散发重新逸散至大气圈。入渗地下的那部分水，或者成为土壤水，再经蒸散作用逸散到大气圈，或者形成地下水排入江、河、湖泊，再汇入海洋。水的这种既没有明确的"开端"，也没有明确的"终了"的永无休止的循环运动过程称为水文循环，或水分循环，简称水循环，如图 2.1 所示。

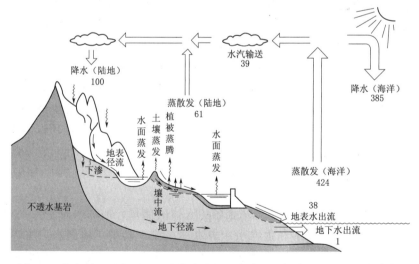

图 2.1　水文循环示意图（图中数字表示以全球陆地年降水量为 100 个单位）

地球系统中的水之所以发生水文循环，主要原因有二：一是水在常温下可以实现液态、气态和固态的"三态"相互转化而不发生化学变化，此为内因；二是太阳辐射和地心引力为水循环提供了强大的动力条件，此为外因。内因通过外因起作用，两者缺一不可。

水文循环按规模与过程划分，可分为大循环和小循环两种。大循环也称为外循环，是水分由海洋蒸发经大气运动输送到大陆形成降水，部分又以径流的方式从江河回归海洋的循环过程。而小循环又称为内循环，是由内陆小循环和海洋小循环两种类型组成，前者是水分由陆地蒸发凝结后又降落回到陆地，后者是由海洋蒸发的水汽在海洋上空凝结又形成降水回归海洋。

按照研究对象空间尺度的不同，水文循环又可分为全球水文循环、流域或区域水文循环和水-土壤-植物系统水文循环三种。全球水文循环是空间尺度最大、最完整的水文循环，它涉及大气、海洋和陆地之间的相互作用，与全球气候变化关系密切。流域或区域水文循环实际上就是发生在一个流域或者区域的水文循环过程。降落到流域上的水，首先满足截留、填洼和下渗的要求后，剩余部分成为地表径流，汇入河网，再流到流域出口断面。截留最终耗于蒸发和散发。填洼的一部分将继续下渗，而另一部分也耗于蒸发。下渗到土壤中的水分，在满足土壤持水量需要后将形成壤中流或地下径流，从地面以下汇集到流域的出口断面。被土壤保持的那部分水分最终消耗于蒸发和散发。水-土壤-植物系统是世界上最小的水文循环，它由水分、土壤和植物构成，可以是流域或区域水文循环的一部分，也可以小到一个微小的土块。水文循环中降水进入该系统后将在太阳能、地球引力和土壤、植物根系等相互作用下发生截留、填洼、下渗、蒸发、散发和径流等现象，同时维持着植物的生命过程。

水资源之所以是一种可再生资源，是因为水文循环的存在，使得地球系统中的水可以不断循环更新。然而不同的水体的更新快慢不同，例如，全球的海水每更新一次需要2500年，湖泊水的更新周期是17年，河流水的更新周期是16天，而大气水更新一次只需要8天。据统计地球上总的水量约13.86亿km^3，按照平均每年57.7万km^3的水参与水文循环，完全更新一次大约需要2400年。

水文循环不仅是自然界水资源和水能资源可再生的根本原因，更是地球上自然环境形成、演化和生命繁衍生息的重要原因之一。由于太阳能时空分布的不均匀，通过水文循环进一步带来了地球上降水量和蒸发量时空分布的不均匀，使得地球上有了湿润区和干旱区的区分，有了汛期和枯水的季节差异，也有了丰水年和枯水年的区别，甚至带来了地球上洪、涝、旱一系列灾害，也造就了地球上丰富多彩、形态万千的自然景观。水文循环是自然界众多物质循环中最重要、最活跃的一种。水是良好的溶剂，同时水的流动又赋予了它携带物质的能力，因此，自然界有许多物质，如泥沙、有机质、无机质，甚至是生命体，都能以它为载体，参与各种物质循环。假如自然界没有水文循环，那么许多物质循环，例如碳循环、磷循环、氮循环等都是不可能发生的。

2.1.2　水量平衡分析

2.1.2.1　水量平衡概述

如表2.1所列的多年平均状态下地球上各种水体的储量，地球水总量为13.86亿km^3，主要由大气水、地表水、地下水和生物水4种水体组成。其中，地表水为主，为13.62亿km^3，占总量的98.3%，常常存储于海洋、冰川、河流、湖泊、水库、沼泽等水体中；地下水有2340万km^3，占1.71%；大气水有1.29万km^3，占0.001%；生物水总量最少，仅有0.112万km^3，占0.0001%。尽管当中的大气水总量较小，但却十分活跃的，大气水因降水而减少，又通过各种蒸发作用得到补充，通过大气运动在高低纬之间、海陆之间、不同高度之间得到交换。而地表水中绝大部分水分布在海洋中，多年平均海洋总水量约13.38亿km^3，海水都是咸水（以含盐浓度大于等于1g/L为标准），覆盖了地球表面71%的区域，其余的地表水中淡水总量约为 2416.869 万 km³，而这当中分布在南北两极无法被人类直接开发利用的冰川积雪水就有 2406.41 万 km³，约占地球淡水总量的 68.70%。其他分布在河流、湖泊、沼泽、土壤、地下、大气与生物体内的这部分与我们生存与发展密切相关的淡水，总量仅有 1096.51 万 km³，占地球总水量不足 0.008%。

表 2.1　　　　　　　　　　　多年平均状态下地球上各种水体的储量

序号	水 体 种 类		储量/万 km³	占总量的百分比/%	占淡水的百分比/%
1	海洋水		133800	96.54	
2	地下水		2340	1.71	30.1
	其中	地下咸水	1287	0.94	
		地下淡水	1053	0.76	
3	土壤水		1.65	0.001	0.05
4	冰川及永久积雪		2406.41	1.74	68.7
5	永久冻土层		30.0	0.022	0.86
6	湖泊水		17.64	0.013	0.26
	其中	咸水	8.54	0.006	
		淡水	9.10	0.007	
7	沼泽水		1.147	0.0008	0.03
8	河网水		0.212	0.0002	0.006
9	生物水		0.112	0.0001	0.003
10	大气水		1.29	0.001	0.04
总　计			138598.461	100.0	
其中　淡水			3502.921	2.53	100

水量平衡是在水循环过程中应遵循质量守恒定律的基础上，对任意区域内水分的收支平衡这一结构的定量表述，它可以用来定量评估逐日、逐周、逐月、逐年的地-气之间的水分供求关系。例如，大气降水为地表提供了水分，而蒸发可以视为地表对水分消耗的需求。水量平衡可用于追踪水分是如何分配到水循环各个环节。对陆地而言，应用水量平衡有最直接的实际意义，即降水量与蒸发量之差，决定了陆地的径流量以及人类可利用的水量。对于大气水分而言，用水量平衡进行供需计算，可作为全球水量平衡的基础。此外，水量平衡也可用于不同的时空尺度，利用同期的降水和蒸发可以表达气候特征，由此可以进行对比分析。

降水和蒸发在水量平衡中起着重要的作用，两者间的关系影响并驱动着地-气界面上的多种过程，体现了土壤水分的重要性。降水是一个常规测量的水文气象变量，而蒸发的测量与估算的难度则更大，结果的不确定性更高，目前针对最大蒸发量和实际蒸发量如何确定已经开展了许多的研究。

从系统的角度分析水量平衡关系，不仅地球是一个系统，一个流域或一个区域，甚至小到一个微小的水-土-植结构，都可以当成是一个系统。在系统中发生的水文循环，年复一年，永不休止，这是既是自然界遵循物质不灭定律的体现，也是水量平衡在自然界广泛适用的体现。换言之，水量平衡是水文循环得以存在的支撑。因此，可根据水量平衡原理列出以下水量平衡的通用表达式：

$$W_I - W_O = \Delta W_S \tag{2.1}$$

式中：W_I 为给定时段内进入系统的水量，m^3 或 mm；W_O 为给定时段内从系统中输出的水量，m^3 或 mm；ΔW_S 为给定时段内系统中蓄水量的变化量，m^3 或 mm，可正可负，ΔW_S 为正值表明时段内进入系统蓄水量增加，反之蓄水量则减小。

时段内进入系统的水量是系统"收入"的水量，时段内系统输出的水量是系统"支出"的水量，时段内系统蓄水量的变化量是系统"库存"水量的变化。因此，式（2.1）实际上就是系统的水量收支平衡关系式。

2.1.2.2 地表水量平衡

在不同的时空尺度上都可以借助水量平衡分析系统的水分收支状况。例如，全球尺度上，水量平衡可用以表示以各种存储形式和状态存在的、长期的水分状况。以陆地表面作为系统进行水量平衡分析，地表水量平衡可以描述降水在地-气界面的转化过程，方程形式为

$$\frac{\partial St_S}{\partial t} = -H_D R_S - H_D R_U - (ET - P) \tag{2.2}$$

式中：St_S 为地表及地表以下的水分储量，mm；t 为时间，d；H_D 为水平散度，d^{-1}；R_S 为地表径流，mm；R_U 为地下径流，mm；ET 为蒸散量，mm；P 为降水量，mm。

除了上述地表及以下水分储量变化，地表径流、地下径流、降水、蒸散发这些过程外，其他过程，例如截流、渗透和深层渗透，都可以归结到这 5 个变量之中。事实上，对于一段较长时期的水量平衡，往往会假设各个存储项都很小，以致忽略不计。这种简化的依据在于在不受人类干扰的前提下，自然界绝大多数湖泊、水库和地下水的水位在 10 年或更长时间内总能维持大致不变的状态。因此，长期的地表水量平衡，可以简化为径流量等于去除蒸散量之后的降水量，通常以下式表述：

$$R_S = P - ET \tag{2.3}$$

式中：各符号的意义同前。

式（2.3）强调，在年际尺度上，全球总径流量等于去除蒸散量之后的全球总降水量。

对流域而言，根据水平衡的通用表达式（2.1）可以具体写为

$$P + R_{oI} = E + R_{sO} + R_{gO} + q + \Delta W \tag{2.4}$$

式中：P 为时段内流域内发生的总降水量，mm；R_{gI} 为时段内从地下流入流域的水量，mm；E 为时段内流域的蒸发量，mm；R_{sO} 为时段内从地面流出流域的水量，mm；R_{gO} 为时段内从地下流出流域的水量，mm；q 为时段内用水量，mm；ΔW 为时段内流域蓄水量的变化，mm。

式（2.4）是流域水量平衡方程式的一般形式。若流域为闭合流域，即 $R_{gI} = 0$，再假设用水量很小，即 $q \approx 0$，则式（2.4）将变成更简单的形式：

$$P = E + R + \Delta W \tag{2.5}$$

式中：R 为时段内从地表和地下流出的水量之和，mm，等于 $R_{sO} + R_{gO}$，即为总径流量；其余符号的意义同前。

若研究时段大于 1 年，为 n 年时，则由于在多年期间，ΔW 为正的年份与 ΔW 为负的年份相互抵消，即

$$\frac{1}{n} \sum_{1}^{n} \Delta W \approx 0 \tag{2.6}$$

故闭合流域多年水量平衡方程式可进一步简化为

$$P_0 = R_0 + E_0 \tag{2.7}$$

式中：P_0 为流域多年平均降水量，mm；R_0 为流域多年平均河川径流量，mm；E_0 为流域多年平均蒸散发量，mm。

2.1.2.3　大气水量平衡

大气水量平衡与地表水量平衡相似，只是它以大气为系统进行水量收支核算。地表水量平衡的部分变量可以补充并参与到大气水量平衡中，例如，地表水量平衡中降水量减去蒸散量反映了从大气到地表的净水分通量，此项放在大气水量平衡中为水分输出项，应为蒸散量减去降水量（$ET-P$），以表示离开地表补充大气水分的净通量。因此，大气水量平衡方程可以列为

$$\frac{\partial W}{\partial t} = -H_D R_A + ET - P \tag{2.8}$$

式中：W 为可降水含量；R_A 为由大气水平运动引起的水分输出量，主要以水汽形式存在；其余符号的意义同前。

其中，可降水量是假设在大气中固态与液态水很少的情况下，整个大气柱中的水汽存储量。因此，可降水含量是指单位截面积大气柱内的全部水汽全部凝结可生成的液态水量。

式（2.8）刻画了大气的水量平衡关系，可用于确定 R_A，类似于地表水量平衡式（2.2）中的 R_S。高分辨率大气数据的出现，为大气水量平衡估算提供了基础数据。通过考虑水分输出项 R_A，可以在各种尺度上计算水汽通量的辐合与辐散。

2.1.2.4　全球水量平衡

地球由陆地和海洋两部分组成，对应的年水量平衡方程式可以分别写为

$$E_C = P_C - R + \Delta W_C \tag{2.9}$$

和

$$E_S = P_S - R + \Delta W_S \tag{2.10}$$

式中：E_C 和 E_S 分别为年内陆地和海洋的蒸散发量；P_C 和 P_S 分别为年内陆地和海洋的降水量；ΔW_C 和 ΔW_S 分别为年内陆地和海洋的蓄水量变化量；R 为年内由陆地流入海洋的径流量。

若研究时段大于1年，为 n 年时，则由于 ΔW_C 和 ΔW_S 的多年平均值均趋于零，故式（2.9）和式（2.10）可变为

$$E_{c0} = P_{c0} - R_0 \tag{2.11}$$

和

$$E_{s0} = P_{s0} + R_0 \tag{2.12}$$

式中：E_{c0} 和 E_{s0} 分别为多年平均陆地和海洋蒸散发量；P_{c0} 和 P_{s0} 分别为多年平均陆地和海洋降水量；R_0 为多年平均由陆地流入海洋的径流量。

将式（2.11）和式（2.12）相加，得

$$E_0 = P_0 \tag{2.13}$$

其中

$$E_0 = E_{c0} + E_{s0}$$
$$P_0 = P_{c0} + P_{s0}$$

式中：E_0 为全球多年平均全球蒸散发量；P_0 为全球多年平均全球降水量。

式（2.13）即为全球多年水量平衡方程式。它表明，对全球而言，多年平均降水量是与多年平均蒸散发量相等的。

全球水平衡的结果见表 2.2。由表 2.2 可见，全球平均每年的蒸散发量为 57.7 万 km³，其中海洋蒸散发量为 50.5 万 km³，陆地蒸散发量为 7.2 万 km³。全球平均每年降水量也为 57.7 万 km³，其中海洋降水量为 45.8 万 km³，陆地降水量为 11.9 万 km³。这说明多年平均而言，地球上每年参与水文循环的总水量大体上是维持在 57.7 万 km³ 不变的状态。这样的结论科学吗？

表 2.2　　　　　　　　　　全球水量平衡统计

地区	面积/万 km²	水量/万 km³			深度/mm		
		降水量	径流量	蒸散发量	降水深	径流深	蒸发量
海洋	36100	45.8	0.47	50.5	1270	130	1400
陆地	14900	11.9	0.47	7.2	800	315	435
外流区	11900	11.0	0.47	6.3	924	395	529
内流区	3000	0.9	—	0.9	300	—	300
全球	51000	57.7		57.7	1130		1130

注　外流区为地表径流最终汇入海洋的地区；内流区为地表径流未能流入海洋，而消耗内陆的地区。

科学家认为，地球虽然不是一个封闭系统，但它从宇宙空间获得的水量大体上等于它向宇宙空间逸散的水量，两者基本平衡，对全球水平衡产生的影响可以忽略。地球可能通过两个途径获得来自宇宙空间的水量：一是随降落的陨石平均每年约带来 0.5km³ 的水；二是在地球大气圈上层由太阳辐射作用带来的质子形成的水分，这部分水量难以估计。而地球向宇宙空间逸散水分主要通过地球大气圈上层的水汽分子在太阳光紫外线作用下分解成氢原子和氧原子而消失在宇宙空间中，这部分水量也是难以估计的。

地质学家估计，虽然有可能从地球内部析出化合水，但是实际上平均每年因火山爆发从地球深处带到地表的原生水大约只有 1km³，这与现在地球四个圈层拥有的 13.86 亿 km³ 的水比起来微乎其微，对全球水平衡格局的影响基本可以忽略，这说明地球上总水量不变的推理是可以成立的。不过再经过几亿年，情况就会有所不同了。

根据观测，1900—1964 年的 65 年中，全球海平面平均上升大约 100mm，平均每年上升约 1.5mm。这是否意味着上述全球水平衡出问题了？研究表明：1900—1964 年，由于气候变暖，全球年均气温平均上升 1.2℃，导致了地球上的冰川消融，平均每年这部分融化的冰川折合成水量约为 250km³，这可使海平面平均每年上升约 0.7mm；20 世纪期间，干旱使得内陆湖面普遍下降，例如从 1900—1964 年，黑海水位下降了 33m，咸海水位下降了 0.7m，大盐湖水位下降了 3.5m，死海水位下降了 4.5m。这些陆地水体水面下降导致陆地水储蓄量平均每年减少约 80km³，这造成海平面平均每年上升 0.2mm；近 100 年来，地下水量每年减少约 300km³，这使得海平面平均每年上升约 0.8mm；此外，人类由于修建水库和直接从河中取水，可使海平面平均每年下降约 0.1mm。综上所述，科学家间接推算得 1900—1964 年期间海平面平均每年上升约 0.7＋0.2＋0.8－0.1＝1.6（mm），这与直接观测结果基本吻合。也就说明，海平面的变化并不能改变全球水平衡的基本格局。

2.2 能量循环与能量平衡

2.2.1 太阳辐射

气候系统是一个开放系统，不断地从太阳获取能量。太阳辐射是地球上气候系统的主要能量来源。太阳表面温度高达 6000K，以短波辐射形式向地球传输能量。地面和大气在获得太阳辐射的同时，自身也释放热辐射，以便达到辐射平衡。太阳、地球和大气之间复杂的能量转换，形成地表复杂的热力状况，维持着地表的热量平衡，是天气变化和气候演变的基本要素及根本驱动力。地球绕太阳公转的轨道是椭圆形的，日地间的距离随时间而变化，近日点为 14700 万 km，远日点为 15200 万 km。大气上界的太阳辐射强度随着日地距离的变化而不同，太阳常数指地球位于日地平均距离（约为 14960 万 km）时，单位面积单位时间内接受的太阳辐射能量。世界气象组织推荐太阳常数的值为 $(1367 \pm 7)\mathrm{W/m^2}$。太阳辐射通过地球大气时，会产生反射、吸收和透射等过程（图 2.2）。通过大气到达地球表面的太阳辐射不仅在数量上小于太阳常数，光谱成分也发生很大的变化。这里只讨论大气层对太阳辐射量的削弱作用。

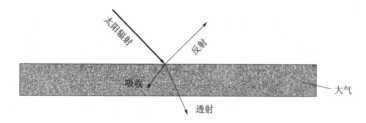

图 2.2 大气对太阳辐射的吸收、反射和透射（缪启龙等，2010）

大气能够直接吸收部分太阳辐射。大气分子被入射的太阳辐射激发，由低能级向高能级跃迁的过程称为吸收。大气吸收辐射能量后转换成自身的内能而增温。大气中吸收太阳辐射的主要成分是水汽、二氧化碳、氧气、臭氧、一氧化氮、甲烷和一氧化碳等。大气中的尘埃等杂质也能吸收少量太阳辐射。大气对太阳辐射的吸收，在平流层以上主要是氧气和臭氧对紫外辐射的吸收，在平流层以下主要是水汽对红外辐射的吸收。整层大气的吸收作用使太阳辐射减弱了 20%，低层大气因为吸收太阳辐射而导致的增温是很小的，太阳辐射不是对流层大气的直接热源。据估计，对流层大气因为直接吸收太阳辐射而导致的增温每天不到 1℃。

大气中的云层和较大颗粒的尘埃能将太阳辐射中的一部分能量反射到宇宙空间去。反射具有一定的方向性，与入射角有关。云的反射能力取决于云的种类、厚度和云量。云层越厚反射率越大。薄云层的反射率为 10%～20%，高云层的反射率为 25%，中云层的反射率为 50%，低云层的反射率为 55%，厚云层的反射率可达 90%。总体而言，云层的平均反射率为 50%～55%，大约使太阳辐射削弱 16%。因此，云层的反射作用十分显著，阴天地面接收的太阳辐射能量特别少。火山爆发导致的尘埃也是影响大气反射率的重要因素。例如，1991 年 6 月菲律宾皮纳图博火山爆发，大量的火山灰进入大气层，造成反射率明显增加，这导致在以后的几年里，北半球的平均气温降低 0.5～1℃，南半球的平均气温降低 0.25～0.5℃。

大气对太阳辐射的另一种削减作用是散射（图 2.3）。散射是指散射质点（例如空气分子、水汽、气溶胶等）改变太阳辐射的传递方向，将入射的辐射重新向各个方向辐射出去的一种现象。散射作用不能发生能量转换，但是能将部分能量返回宇宙空间，使到达地面的太阳直接辐射有所减少。当大气中的尘埃、微粒、云量等减少时，散射减弱；反之，散射增强。全球大约 6% 的太阳辐射因为后向散射而返回宇宙空间。

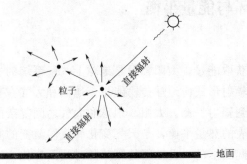

图 2.3　大气对太阳辐射的散射作用
（缪启龙等，2010）

以上三种大气对太阳辐射的削弱作用，反射作用最重要，散射作用次之，吸收作用很小。太阳辐射有大约 30% 因反射和散射作用回到宇宙空间，大约 19% 被大气吸收，其余到达地面。

太阳以平行光的形式直接投射到地面上的那部分辐射称为太阳的直接辐射。到达地面的太阳直接辐射（S）与散射辐射（D）之和，称为太阳总辐射（Q）：

$$Q = S + D \tag{2.14}$$

晴天时，总辐射由直接辐射和散射辐射两部分组成；阴天时，总辐射等于散射辐射。我国各地太阳总辐射年总量大致为 $3350 \sim 8370 \mathrm{MJ}/(\mathrm{m}^2 \cdot \mathrm{a})$，主要取决于云量和所处纬度。我国年太阳总辐射的最大值出现在西藏自治区，青海省、新疆维吾尔自治区、黄河流域（除青海省外）次之，最小值出现在四川盆地东南部。除了四川贵州地区之外，全国大部分地区太阳总辐射基本上呈由东向西增加。西部地区太阳总辐射的分布基本与海拔高度一致，青藏高原最大，新疆天山南北的塔里木盆地和准噶尔盆地较小。东部地区以四川贵州及长江以南为最小，分布向南、向北增加。太阳总辐射一般在夏季最大，冬季最小。

到达地面的太阳总辐射并不都为地面所吸收，其中有一部分会被地面反射回大气和宇宙空间，这部分辐射能量称为地面反射辐射，另一部分总辐射被地面吸收并转化为热能。地面对太阳辐射的反射能力常用反射率 r 来表示，反射率是地面各方向上总反射辐射与投射到地面的总辐射 Q 的比值。相对应，吸收率即为 $1-r$。因此，地面吸收转化为热能的太阳辐射总量为

$$Q' = Q(1 - r) \tag{2.15}$$

陆地上有多种类型的下垫面，不同性质和状态的下垫面都有各自不同的反射率。表 2.3 列举了各种典型下垫面的反射率，其中，雪面的反射率最大，森林、湿地、草地、水体等反射率较小。

表 2.3　　　　　　　　　　　　典型下垫面类型的反射率

下垫面类型	反射率	下垫面类型	反射率
新雪	0.85～0.90	水面	0.07～0.10
沙漠	0.25～0.30	湿地	0.05～0.10
干草地	0.20～0.25	谷类作物	0.15～0.20
落叶树森林	0.15～0.25	城区	0.10～0.15
常绿森林	0.07～0.15		

2.2.2　地面和大气的辐射

太阳辐射虽然是地球上的主要能量来源，但是大气直接吸收的太阳短波辐射却很少。相反，地面却能大量吸收太阳辐射，并转化为长波辐射供大气吸收。因此，地面是大气的主要和直接热源。

地面在吸收太阳短波辐射的同时，也按其本身的温度不断地向外发射长波辐射，称为地面辐射。大气在吸收地面长波辐射的同时，也按其本身温度向外发射长波辐射，称为大气辐射。大气辐射中的一部分外逸到宇宙空间，另一部分投向地面。到达地面的这部分辐射能量，称为大气逆辐射。因为地面不是黑体，所以地面只吸收一部分大气逆辐射。通过这种长波辐射，地面和大气之间进行相互热量交换。地面所放射的辐射量与被地面所吸收的那部分大气逆辐射量之差，称为地面有效辐射，常以 F 表示。地面有效辐射实际上就是地面长波辐射收支相抵后的剩余部分，所以又称为长波辐射净通量。通常状况下大气温度低于地面温度，地面辐射大于大气辐射，地面会因为有效辐射而失去热量，导致温度降低。

大气对太阳短波辐射吸收很少，能让大量的太阳短波辐射穿过大气到达地面，但是大气能强烈地吸收地面的长波辐射而增温，并又以大气逆辐射的形式返给地面一部分，对地表有保温效应，这称为大气的温室效应，又称为花房效应。据估计，如果没有大气，那么地表平均温度为 $-23℃$。而由于大气温室效应，实际上地表平均温度是 $15\sim23℃$。温室效应的产生主要是因为大气中的水汽、二氧化碳、甲烷、臭氧等气体能强烈地吸收地面的长波辐射，从而减少了外逸到宇宙空间的长波辐射。这些具有温室效应的气体，统称为温室气体。水汽是最重要的温室气体。国际社会普遍认为，人类活动所排放的温室气体增多，是导致最近几十年来全球变暖的主要原因。然而，水汽含量主要由大自然决定，直接受人类活动影响的温室气体主要包括二氧化碳、甲烷等，因此，通常所说的温室气体不包括水汽。

2.2.3　净辐射

地面和大气因为辐射进行热量交换，其能量收支状况由短波和长波辐射收支作用的总和决定。地面收入辐射能与支出辐射能的差额称为净辐射或辐射差额，用 R 表示：

$$R=(S+D)(1-r)-F \tag{2.16}$$

式中：$(S+D)$ 为到达地面的太阳总辐射；r 为地面反射率；F 为地面有效辐射。地面辐射能量的收支状况取决于净辐射。当 $R>0$ 时，地面有热量积累，地面温度升高；当 $R<0$ 时，地面热量亏损，地面温度降低。地面有效辐射 F 一般保持相对稳定，昼夜变化不大。而太阳辐射则有显著的昼夜变化，因为只有白天才能接受到大量的太阳辐射，而夜间无法接收到太阳辐射或只能接收少量的散射辐射。因此，净辐射也有显著的昼夜变化。

思考题

1. 水文循环的内外因是什么？
2. 研究一个地区的水量平衡有何意义？
3. 地表、大气和地气系统的能量平衡方程及其表达的物理意义是什么？

第3章 降 水

3.1 降 水 的 形 成

液态或固态的水汽凝结物在重力作用下，克服空气阻力，从空中落到地面的现象称为降水。降水是水文循环中最活跃的因子，它既是一种水文要素，也是一种气象要素。因此，降水是水文学和气象学共同研究的对象。降水的主要形式是降雨和降雪，前者称为液态降水，后者称为固态降水。其他的降水形式还有露、霜、雹等。我国大部分地区，一年内降水以雨水为主，雪仅占少部分，所以，这里降水主要指降雨。

3.1.1 降水的天气系统

天气系统是指具有一定的温度、气压或风场等气象要素空间结构特征的大气运动系统。例如有的以空间气压分布为特征组成高压、低压、高压脊、低压槽等；有的则以风的分布特征来分，例如气旋、反气旋、切变线等；有的又以温度分布特征来确定，例如锋；还有则的以某些天气特征来分，例如雷暴、热带云团等。通常构成天气系统的气压、风、温度及气象要素之间都有一定的配置关系。

大气中各种天气系统的空间范围是不同的，水平尺度可从几千米到 2000km。其生命史也不同，从几小时到几天都有。

3.1.1.1 气团

气团是指气象要素（主要指温度和湿度）水平分布比较均匀的大范围的空气团。在同一气团中，各地气象要素的垂直分布几乎相同，天气现象也大致一样。气团的水平范围从几百千米到几千千米，垂直高度可达几千米到十几千米，常常从地面伸展到对流层顶。按气团热力性质的不同，可以划分为暖气团和冷气团。凡是气团温度高于流经地区下垫面温度的，称暖气团。相反，气团温度低于流经地区下垫面温度的，称冷气团。暖气团一般含有丰富的水汽，容易形成云雨天气。冷气团一般形成干冷天气。

3.1.1.2 锋面系统

锋面（图 3.1）是温度、湿度等物理性质不同的两种气团的交界面，又称为过渡带。锋面与地面的交线，称为锋线，简称为锋。由于锋两侧的气团性质有很大差异，所以锋附近空气运动活跃，在锋中有强烈的升降运动，气流极不稳定，常造成剧烈的天气变化。因此，锋面附近容易出现云、雨、大风天气。锋面系统是影响我国的主要天气系统，我国的降水和一些灾害性天气大多数都与锋面有联系。

根据锋两侧冷、暖气团移动方向和结构状况，一般把锋分为冷锋、暖锋、准静止锋和锢囚锋四种类型。

冷锋是锋在移动过程中，锋后冷气团占主导地位，推动着锋面向暖气团一侧移动的锋。冷锋又因移动速度快慢不同，分为一型（慢速）冷锋和二型（快速）冷锋。暖锋是锋在移动过程中，锋后暖气团起主导作用，推动着锋面向冷气团一侧移动的锋。准静止锋是冷、暖气团势力相当或有时冷气团占主导地位，有时暖气团又占主导地位，锋面很少移动或处于来回摆动状态的锋。锢囚锋是当冷锋赶上暖锋，或两支冷锋迎面相遇时，冷锋前的暖空气被抬离地面锢囚到高空，在前进的冷空气和被抬升的暖风下部间形成的锋。

冷锋在我国一年四季都有，尤其在冬季。例如：冬季及秋末、初春的寒潮，北方夏季的暴雨，北方春季的沙尘暴，都是冷锋快速移动造成的。

冷锋系统和暖锋对天气的影响可以分为过境前、过境时和过境后三个阶段，在不同阶段的特征见表3.1。

表 3.1   冷 锋 与 暖 锋 的 特 点

锋面类型	特 点	天 气 变 化		
		过 境 前	过 境 时	过 境 后
冷锋	冷气团主动移向暖气团	气温高，气压低，晴朗	阴雨，大风，降温	气温降低，气压升高，晴朗
暖锋	暖气团主动移向冷气团	气温低，气压高，晴朗	阴雨天气	气温升高，气压降低，晴朗

3.1.1.3 低压（气旋）和高压（反气旋）系统

凡是等压线闭合，中心气压低于四周气压的区域就是低气压。凡是等压线闭合，中心气压高于四周气压的区域就是高气压。气流由四周向中心旋转运动，形成中心气压比四周低的漩涡，称为气旋，又称为低压；反气旋则是气流由中心向四周旋转流出的漩涡，又称为高压。低压或气旋，高压或反气旋，分别是对同一个天气系统的不同描述。低压与高压是指气压分布状况而言的，气旋与反气旋是指气流状况而言的。

从高气压延伸出来的狭长区域叫高压脊，等压线上弯曲最大的各点连线叫脊线，好比地形上的山脊。从低气压延伸出来的狭长区域叫低压槽。低压槽好比地形上的峡谷，等压线上弯曲最大的各点连线叫槽线。

1. 低压（气旋）

气旋近似于圆形或椭圆形，大小悬殊。小气旋的水平尺度为几百千米，大的可达三四千千米。通常按气旋形成和活动的主要地区或热力结构进行分类。按地区可分为温带气旋、热带气旋和极地气旋性涡旋等，按热力结构可分为冷性气旋和热低压等。气旋的垂直气流是上升的。气旋过境时，中心地区云量增多，常发生阴雨天气。北半球气旋东侧刮偏南风，空气来自低纬地区，气温高，水汽含量多，所以多云雨。西侧刮偏北风，空气来自高纬，降水少，常出现大风降温天气。

影响我国的气旋有温带气旋和热带气旋。我国全年都受温带气旋的影响，夏秋季节我国沿海常见的台风是热带气旋强烈发展的一种特殊形式。

2. 高压（反气旋）

反气旋是占有三维空间的大尺度的空气涡旋。在北半球，反气旋区气流自中心向外做顺时针方向旋转，南半球做逆时针方向旋转。反气旋的范围在地面天气图中，以最外一条闭合等压线代表。它的水平范围比气旋大得多，发展强盛时，常常可与整个大陆或海洋相比拟。反气旋的强度用中心气压值来表示。中心气压值越高，则反气旋的势力越强。冬季，反气旋控制下的地区可能会出现寒冷、干燥、晴朗的天气，还可能出现大风降温天气，甚至出现寒潮。夏季，反气旋控制下的地区则可能出现炎热、晴朗的高温天气。反气旋按热力状况分为冷性反气旋和暖性反气旋，按其地理位置分为温带反气旋和副热带反气旋。反气旋过境晴朗，冬季寒潮，夏季伏旱。

影响我国的反气旋有发生在热带海洋上的太平洋暖性反气旋和温带大陆上的蒙古冷性反气旋；发生在热带海洋上的太平洋暖性反气旋，造成我国夏季炎热干燥，例如长江流域的伏旱；在温带大陆上的蒙古冷性反气旋，造成我国冬季寒冷干燥，例如我国位于蒙古高原形成的反气旋的东侧，冬季多寒冷干燥的偏北风，在秋末、冬季、春初时节常会形成寒潮。

气旋与反气旋的特点见表 3.2。

表 3.2   气旋与反气旋的特点

气旋类型	气压类型	气 流 运 动 方 向		天气状况
		水平运动	垂直运动	
气旋	低气压	四周向中心	上升	阴雨
反气旋	高气压	中心向四周	下沉	晴朗

3.1.1.4 锋面气旋

地面气旋和锋面联系在一起，称为锋面气旋。它是我国北方中高纬度地区常见的天气系统。北半球的锋面气旋一般在其低压中心东侧形成暖锋，在西侧形成冷锋。其原因在于低压中心东侧一般吹偏南风，暖气团势力大，低压中心西侧一般吹偏北风，冷气团势力大。

锋面气旋系统形成之后，由于气流从四面八方流入气旋中心，中心气流被迫上升而凝云致雨，所以气旋过境时，云量增多，经常出现阴雨天气，即气旋雨。在锋面天气系统中，无论冷锋还是暖锋，锋面上方的暖气团都是沿锋面抬升的，都将形成有云和降水的天气，即锋面雨。当两种系统结合在一起形成锋面气旋后，将辐合成更强烈的上升气流，天气变化将更为剧烈，往往会产生云、雨甚至造成暴雨、雷雨、大风天气。

3.1.2 一般降水的形成过程

降水主要来自云中，但是有云不一定有降水。这是因为云滴的体积很小（通常把半径小于 $100\mu m$ 的水滴称为云滴，半径大于 $100\mu m$ 的水滴称为雨滴）。标准云滴半径为 $10\mu m$，标准雨滴半径为 $1000\mu m$。从体积来说，半径 1mm 的雨滴约相当于 100 万个半径为 $10\mu m$ 的云滴。只有当云滴增长为雨滴，雨滴增长到能克服空气阻力和上升气流的顶托，并且在降落至地面的过程中不致被蒸发时才形成降水。因此，降水形成过程首先是云滴增长成雨滴的过程。其形成条件有水汽条件、垂直运动条件、云滴增长条件。前两个条件是云滴形成的条件，是宏观过程。后一个是雨滴形成的条件，是微观过程。

一般认为云滴增长的过程有两种：一种是云中有冰晶和过冷却水滴同时存在，在同一温度下（以 $-20\sim-10℃$ 为最有利），由于冰晶的饱和水汽压小于水滴的饱和水汽压，所以水滴蒸发并向冰晶上凝华，即所谓的"冰晶效应"；另一种是云滴的碰撞合并作用。当云层较厚，云中含水量较大并有一定的扰动时，则有利于云滴的碰撞合并，使云滴增大形成降水。上述两种过程，对不同纬度、不同季节的降水有着不同的作用。在中高纬度，云内的"冰晶效应"起着重要作用。当云层发展很厚，云顶温度低于 $-10℃$，云的上部具有冰晶结构时，就会产生强烈的降水。当云层较薄，完全由水滴组成时，则只能降毛毛雨或小雨。在低纬度和中纬度夏季，由于－10℃等温线较高，所以有些云往往发展不到这个高度，云中只有水滴，不含冰晶。当云层发展较厚时，云滴的碰撞就起着重要的作用，因此也能降较强的雨。

由上可见，云滴增长的条件主要取决于云层厚度，而云层的厚度又取决于水汽和垂直运动的条件。水汽供应越充分，则云底高度越低，上升运动越强，则云顶高度越高，因此云层越厚，云滴增长越快，降水量越大。

3.2 降水类型及影响因素

3.2.1 降水的类型

降水类型一般依据降水量、降水强度以及持续稳定的状况而定。

3.2.1.1 按降水强度分

按降水强度的大小，降水可分为小雨、中雨、大雨、暴雨、大暴雨、特大暴雨、小雪、中雪、大雪等。其划分标准见表3.3。

表3.3 　　　　　　　　　　　　降 水 强 度 标 准　　　　　　　　　　　单位：mm

雨量类型	小 雨	中 雨	大 雨	暴 雨	大暴雨	特大暴雨
1h雨量	≤2.5	2.6～8.0	8.1～15.9	≥16.0	—	—
24h雨量	<10	10.1～25.0	25.1～50.0	50.1～100	100.1～200	200以上

注 "—"表示未对该类型降水进行明确定义。

3.2.1.2 按冷却条件分

若按动力冷却条件分，降雨则可分为气旋雨、对流雨、台风雨和地形雨等四类。

1. 气旋雨

气旋或低气压过境带来的降雨称为气旋雨，它是非锋面雨和锋面雨的总称。气流向低压辐合引起气流上升冷却造成的降雨称为非锋面雨。冷气团楔入暖气团底部迫使暖气团抬升而形成的降雨称为锋面雨。锋面雨又可分为暖锋雨和冷锋雨（图3.1）。当冷、暖气团同向运动且暖气团的运动速度快于冷气团时，冷、暖气团相遇形成暖锋面[图3.1（a）]。暖湿气流沿暖锋面爬升到冷燥的冷气团之上而发生动力冷却，从而形成降雨，称为暖锋雨。这种降雨落区大，雨强小，历时长。当冷暖气团相对运动时，冷燥的冷气团就会楔入暖湿的暖气团的下部，迫使暖湿气流沿冷锋面爬升发生动力冷却[图3.1（b）]从而形成降雨，称为冷锋雨。这种降雨落区较小，雨强大，历时短。

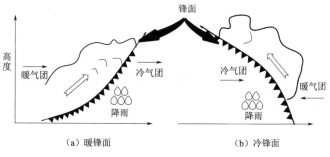

图3.1 锋面雨示意图

中国大部分地区处于温带，多为南北向气流，是暖湿气流和冷燥气流交绥地带，因此，气旋雨十分发达。各地气旋雨都占年降雨量的 60% 以上，其中华中地区和华北地区超过 80%，西北内陆地区也达到 70%。

2. 对流雨

地面受热，温度升高，下层空气因受热而膨胀上升，上层温度较低的空气则下沉补充，从而形成空气的对流运动。当大气层下层带有丰富水汽的暖空气通过对流运动上升到温度较低的高空时，水汽因为动力冷却而凝结，从而形成降雨，这就是对流雨。一般而言，对流雨多发生在夏季酷热的午后，具有降雨强度大、历时短、落区小的特点，常常会使小面积集水区形成陡涨陡落的突发性洪水。

3. 台风雨

热带海洋上的风暴（热带气旋）登陆大陆带来的降雨称为台风雨。发生台风雨时，狂风暴雨，雷电交加，往往一天的降雨量可达数百毫米，极易酿成洪涝灾害。中国南方的浙江省、福建省、广东省、海南省和台湾省是台风雨多发地区，台风雨占全年降雨量的比重一般要达到 30% 左右。

4. 地形雨

暖湿气团在运动过程中如果遇到山岭阻碍，就会被迫沿着山坡上升，这就是地形抬升作用。由地形抬升作用导致的降雨称为地形雨。地形雨多发生在迎风的山坡上。在背风坡，由于大量水汽已经在迎风坡释放，因此雨量稀少，形成雨荫。表 3.4 为中国南岭山地南北坡雨量的比较，由表可见，7 月雨量，岭南比岭北大一倍，这是因为夏季风来自南方，而 1 月雨量，岭南小于岭北，这是因为冬季风来自北方。

表 3.4　　　　　　　　　中国南岭山地岭南与岭北降雨量比较

地区	雨量站	7 月雨量/mm	1 月雨量/mm
岭北	赣县	81.5	64.1
	零陵	66.5	75.1
	衡阳	88.2	64.2
岭南	连县	165.2	45.4
	南雄	134.1	49.1
	乐昌	168.6	32.2

3.2.1.3　按降水量及过程特征分

按降雨量及过程特征进行分类，一般将降雨分为暴雨、暴雨型霪雨和霪雨三类。暴雨主要由对流作用形成，具有强度大、历时短、笼罩面积不大的特点。暴雨型霪雨的特点是历时较长，往往长达几昼夜；降雨强度变化剧烈，平均强度较大，个别时段内的降雨强度可能特别大。暴雨型霪雨一般由冷暖气团交绥所致，常常是造成大面积洪涝灾害的主要原因。霪雨是指历时很长、强度较小、降雨时断时续且空气湿度较大的一种降雨，一般也是冷暖气团交绥所致。

3.2.2　影响降雨的因素

影响降雨量及其时空分布的因素主要有地理位置，气旋、台风路径等气象因子以及地形、森林、水体等下垫面条件。对降雨的影响因素进行研究，有利于掌握降雨特性，判断降雨资料的合理性和可靠性。

1. 地理位置

低纬度地区，气温高，蒸发大，空气中水汽含量高，故降雨多。地球上大约有 2/3 的雨量降落在南纬 30° 和北纬 30° 之间的地区。以赤道附近为最多，逐渐向两极递减。

沿海地区，因为空气中水汽含量高，所以一般雨量丰沛。越向内地雨量越少，例如中国沿海的青岛，年降水量为 646mm，向西至济南减少为 621mm。再向西至西安和兰州，分别减少为 566mm 和 326mm。又比如中国华北地区的降水量明显少于华南地区。

2. 锋面、气旋和台风路径等气象因子

中国的青藏高原阻碍了西风环流，迫使其分为南北两支。在中国的西南部，这种分裂较容易引发波动，导致气旋向东移动。在春夏季节，这些气旋通常会经过我国东部地区。由于气旋的存在，空气被迫上升，形成云层，并引发降雨。因此，这些气旋经过的地区，降雨量一般较多。

中国的东南沿海还受台风的侵袭产生大量降雨。台风自东南沿海登陆后，有时可以深入江汉平原，然后绕北而上，再经过华北向东入海。台风经常路过的地方雨量就较多。

3. 地形

地形对降雨的直接影响是地形具有强迫气流抬升的作用，从而使降雨量增加，至于增加的程度，则要视空气中水汽含量的多少而定。研究发现，有些地区的平均年降雨量与地面高程有密切的关系。这些地区不仅平均年雨量随高程变化明显，而且雨量随高程的增率也不同（表 3.5），东南沿海地区的增率显著高于西北内陆地区，这显然与空气中水汽含量的多少有关。

表 3.5　　　　　　　　　　　　中国若干地区年降雨量随高度的增率

地区	年平均雨量增率/(mm/100m)	地区	年平均雨量增率/(mm/100m)
台湾省中央山脉两侧	105	陕西省秦岭	20
浙江省天台山	44	甘肃省祁连山	7.5
四川省峨眉山	42	—	—

地抬升作用的大小与地形变化的程度有关。地形坡度越陡，对气流的抬升作用越强烈，同样水汽含量情况下降雨量增加得就越多。但有时也会出现降雨量随高程的变化达到极大值后，抬升高程再增加，雨量反而有减少的现象。这是因为，雨云层距地面的高度为 100～200m，当山脉较低时，其对雨云的阻挡作用较小，地形对降雨的影响就不明显；当山脉较高时，由于其对雨云的阻挡作用大，地形对降雨的影响就比较显著。但在山顶附近，气流又变得通畅，地形的阻挡作用将明显减弱，因此对降雨的影响反而又减小。

山脉的缺口即山口和海峡一般是气流的通道。在这些地区，气流运动速度加快，且不受阻挡，因此降雨机会将减少。例如中国台湾海峡和琼州海峡两侧雨量的减少就较明显，阴山和贺兰山之间的大缺口也使鄂尔多斯和陕北高原的雨量有所减少。

4. 其他因素

森林对降雨的影响主要表现在它能使气流运动速度减缓，使潮湿空气积聚，因此有利于降雨。此外，由于森林增加了地表起伏，产生热力差异，增加了空气的对流作用，所以也会使降雨的机会增多。

水面例如海面、湖面、大型水库等，由于水面蒸发量大，所以对促进水分的内陆循环有积极作用。但是由于表面摩擦力小，气流受到的阻力较小，运动速度加快，因此减少了降雨的机会。此外，在温暖季节里，水温比陆地温度低，水面上空的空气可能出现逆温现象，以致水面上空的气团比较稳定，不易形成降雨。

海洋暖流经过的附近地区，贴底层的气温增高，将使地面上空的气团不稳定，因此有利于降雨。而在寒流经过的地区，情况恰好相反，因此不利于形成降雨。

3.3 降水要素及其时空变化

3.3.1 降水的基本要素

描述降水这种现象的基本物理量称为降水基本要素。在水文气象学里，常用的降水基本要素如下。

1. 降雨量（深）

时段内降落到地面上一点或一定的面积上的降雨总量称为降雨量。前者称为点降雨量，后者称为面降雨量。点降雨量以 mm 计，而面降雨量以 mm 或 m³ 计。以 mm 作为降雨量单位时，又称为降雨深。

2. 降雨历时

一次降雨过程中从一个时刻到另一个时刻经历的降雨时间称为降雨历时。特别的，从降雨开始至结束所经历的时间称为次降雨历时，一般以 min、h 或 d 计。

3. 降雨强度

单位时间的降雨量称为降雨强度，一般以 mm/min 或 mm/h 计。降雨强度一般有时段平均降雨强度和瞬时降雨强度之分。

时段平均降雨强度定义为

$$\bar{i} = \frac{\Delta p}{\Delta t} \tag{3.1}$$

式中：$\bar{i}$ 为时段平均降水强度；Δt 为时段长；Δp 为时段 Δt 内的降雨量。

在式（3.1）中，若降雨量时段长 $\Delta t \to 0$，则其极限称为瞬时降雨强度，即

$$i = \lim_{\Delta t \to 0} \bar{i} = \lim_{\Delta t \to 0} \frac{\Delta p}{\Delta t} = \frac{\mathrm{d}p}{\mathrm{d}t} \tag{3.2}$$

式中：i 为瞬时降雨强度；其余符号意义同前。

4. 降雨面积

降雨笼罩范围内的水平投影面积称为降雨面积，一般以 km² 计。

3.3.2 降雨随时间变化的表示方法

1. 降雨量累积过程线和降雨强度过程线

从降雨开始至某时刻的降雨量与该时刻时间之间的关系称为降雨量累积过程线，一般以 $p(t)$ 表示。降雨强度与相应时间之间的关系称为降雨强度过程线。一般以 $\bar{i}(t)$ 或 $i(t)$ 表示。$\bar{i}(t)$ 表示时段平均降雨强度与响应时段之间的关系，而 $i(t)$ 表示瞬时降雨强度与相应时刻之间的关系。根据这些定义，不难求得降雨量累积过程线与降雨强度过程线之间存在如下关系：

$$p(t) = \sum_{t=1}^{n} \bar{i}(t) \Delta t = \sum_{t=1}^{n} \Delta p(t) \tag{3.3}$$

$$\bar{i} = \frac{\Delta p(t)}{\Delta t} \tag{3.4}$$

$$p(t) = \int_0^t i(t)\,dt \tag{3.5}$$

$$i(t) = \frac{dp(t)}{dt} \tag{3.6}$$

由式（3.3）～式（3.6）可见，降雨量累积过程线的割线斜率即为时段平均降雨强度，而其切线的斜率就是瞬时降雨强度。反之，时段平均降雨强度过程线对时段求和或瞬时降雨强度过程线对时间积分即为降雨累积过程线。

【例 3.1】 表 3.6 为某雨量站用雨量器测得的一次降雨过程的雨量记录，试分析该次降雨的降雨量累积过程线。若取时段长 $\Delta t = 10\text{min}$，试给出该次降雨的 10min 时段平均降雨强度过程线。

表 3.6　　　　　　　　　　　某雨量站时段雨量摘录表

月	日	时：分	降水量/mm	月	日	时：分	降水量/mm
8	20	11：50	0	8	20	14：00	0
		55	3.4			15：00	0.3
		12：00	12.3			30	0.1
		05	20.2			48	1
		10	23.1			16：00	0.2
		15	13.2			17：00	0.2
		25	8			30	0.3
		50	4.3			18：00	0.5
		13：00	3				
		10	6.1				
		20	0.6				

根据表 3.6 所列求得其降雨累积过程线见表 3.7 和图 3.2。在图 3.2 上，用 $\Delta t = 10\text{min}$ 作为时间间隔摘取不同时刻的降雨量累积值，然后就可以算出 10min 时段平均降雨强度过程线，见表 3.8 和图 3.3。

表 3.7　　　　　　　　　　某雨量站降雨量累积及过程线计算表

月	日	时：分	降水量/mm	累积降水量/mm	月	日	时：分	降水量/mm	累积降水量/mm
8	20	11：50	0	0	8	20	14：00	0	94.2
		55	3.4	3.4			15：00	0.3	94.5
		12：00	12.3	15.7			30	0.1	94.6
		05	20.2	35.9			48	1	95.6
		10	23.1	59			16：00	0.2	95.8
		15	13.2	72.2			17：00	0.2	96
		25	8	80.2			30	0.3	96.3
		50	4.3	84.5			18：00	0.5	96.8
		13：00	3	87.5					
		10	6.1	93.6					
		20	0.6	94.2					

表 3.8　　　　　　　　　　　　某雨量站时段平均降雨强度计算表

月	日	时：分	累积降水量/mm	10min 时段降水量/mm	10min 平均雨强/(mm/min)
		11：50	0	0	0
		12：00	15.7	15.7	1.57
		10	59	43.3	4.33
		20	76.2	17.2	1.72
8	20	30	81.06	4.86	0.486
		40	82.78	1.72	0.172
		50	84.5	1.72	0.172
		13：00	87.5	3	0.3
		10	93.6	6.1	0.61
		20	94.2	0.6	0.06

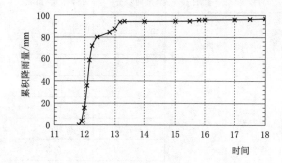

图 3.2　降雨量累积过程线

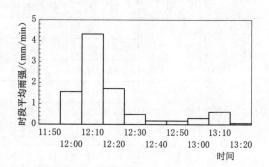

图 3.3　时段平均降雨过程强度线

2. 时段降雨量柱状图

时段降雨量与相应时段之间的关系图称为时段降雨量柱状图。

【例 3.2】　利用表 3.8 所给出的资料绘制某雨量站该场降雨 $\Delta t = 1h$ 的时段降雨量柱状图。

取 $\Delta t = 1h$，根据表 3.7 所列数据计算出时段降雨量，然后绘制时段降雨量柱状图。结果见表 3.9 和图 3.4。

表 3.9　　某雨量站时段降雨量计算成果

月	日	时：分	时段降水量/mm
8	20	11：50	84.5
		12：50	9.7
		13：50	0
		14：50	1.4
		15：50	1.4

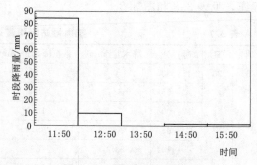

图 3.4　时段降雨量柱状图

3.3.3　等雨量线

一个区域内一般设立有若干个雨量站，称其总和为雨量站网。将区域面积除以区域内雨量站数目得每个雨量站平均代表的面积，称其为雨量站网密度。将每个雨量站所测得的同一时段的时段降雨量或一次降雨的降雨量标注在各自的测站位置上，然后将降雨量相等的测站点连成光滑曲线。这样的光滑曲线称为等雨量线。根据雨量站网观测的资料绘制等雨量线一般必须采用内插技术。如果相邻雨量站之间在地形上没有明显的高地或低洼地，那么一般假设两站时间的降雨量呈线性变化。因此，线性插值方法在绘制等雨量线中就得到广泛应用。

绘制等雨量线的精度与站网密度和雨量站的代表性有关。一般而言，雨量站网密度大，雨量站代表性好，则绘制的等雨量线的精度就好。

3.3.4 降雨量综合特性曲线

除了上述只能表示降雨量时间变化或降雨量空间变化的一些方法外，还有一些综合性表示降雨特性的方法，称为降雨综合特性曲线。常见的有下列三种。

1. 降雨强度与历时关系曲线

对每一次降雨过程，统计计算其不同历时的最大时段平均降雨强度，然后点绘最大时段平均降雨强度与相应历时的关系，所得的曲线称为降雨强度与历时关系曲线。大量实测资料分析表明，这条曲线是一条随历时增加而递减的曲线（图3.5）。

2. 降雨深与面积关系曲线

在一定的历时降雨量的等雨量线图上，从暴雨中心开始，分别计算每一条等雨量线所包围的面积及该面积的降雨平均深度，点绘这两者的关系，所得曲线称为降雨深与面积关系曲线（图3.6），它是一条随着面积增加而递减的曲线。

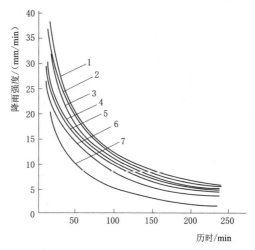

图 3.5 降雨强度与历时关系曲线
1—东南沿海区；2—华北平原区；3—华中平原区；
4—四川盆地区；5—东北平原区；6—西南高原区；
7—西北黄土高原区

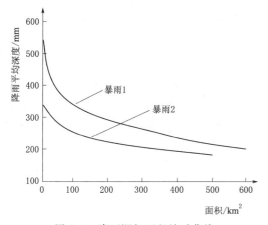

图 3.6 降雨深与面积关系曲线

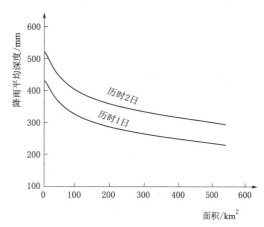

图 3.7 降雨深与面积历时关系曲线

3. 降雨深与面积和历时关系曲线

如果分别对不同历时的等雨量线图点绘降雨深与面积关系曲线，就可得到一组以历时为参数的降雨深与面积历时关系曲线（图3.7）。此曲线簇称为降雨深与面积和历时关系曲线，简称时-面-深关系曲线。

3.4　降　水　的　监　测

降水监测是指在时间和空间上对降水量和降水强度进行的观测。测量方法包括用雨量器、量雪尺的直接测定方法以及用天气雷达、卫星云图估算降水的间接方法两种。使用雨量器测量降水，雨量站网必须有一定的空间密度、观测频次和传递资料的时间。和雨量器观测相比，天气雷达具有覆盖面积大、分辨率高的优点，其有效半径一般为 200 多千米，可提供一定的区域上降雨量和降雨时空分布的资料。20 世纪 70 年代以来，天气雷达已经在很多国家的洪水预报和城市水资源管理上发挥了重要作用。

3.4.1　器测法

降水量以降落在地面上的水层深度表示，以 mm 为单位。观测降水量的仪器有雨量器和自记雨量计。

3.4.1.1　雨量器

雨量器是用于测量一段时间内累积降水量的仪器。常见的雨量器外壳是金属圆筒，分为上下两节，上节是一个口径约为 20cm 的盛水漏斗，为防止雨水溅入，筒口呈内直外斜的刀刃状；下节筒内放一个储水瓶用来收集雨水。测量时，将雨水倒入特制的雨量杯内（图 3.8）读出降水量毫米数。

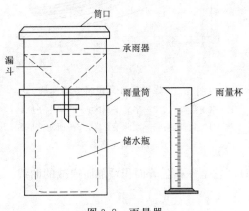

图 3.8　雨量器

降雪季节将储水瓶取出，换上不带漏斗的筒口，雪花可以直接收集在雨量筒内，待雪融化后再读数，也可以将雪称出重量后根据筒口面积换算成毫米数。一般采用定时观测，通常在每天 8 时与 20 时，称两段制观测。雨季增加观测段次，例如四段制、八段制，雨大时还要加测。其分辨率一般为 0.1mm。

3.4.1.2　自记雨量计

自记雨量计连续记录降水量及其发生时间，并且可以计算短历时降水强度。自记雨量计有三种，即翻斗式（图 3.9）、称重式、虹吸式（图 3.10）。其中称重式自记雨量计可以连续记录接雨杯上的以及存储在其内的降水的重量，用以连续测量记录降雨量、降雨历时和降雨强度，其优点是能够记录雪、冰雹及雨雪混合降水。主要适用于气象台（站）、水文站、环保、防汛排涝以及农、林等有关部门用来测量降水量。下面主要介绍应用较为广泛的翻斗式雨量计和虹吸式雨量计。

1. 翻斗式

翻斗式雨量计是由感应器及信号记录器组成的遥测雨量仪器。其工作原理为：雨水由最上端的承水口进入承水器，落入接水漏斗，经漏斗口流入翻斗，当积水量达到一定高度时，翻斗失去平衡翻倒。而每一次翻斗倾倒，都使开关接通电路，向记录器输送一个脉冲信号，记录器控制自记笔将雨量记录下来，如此往复即可将降雨过程测量下来。翻斗式雨量计自动化程度高，不仅能及时自动获取降水量，还能够获取降水发生的起止时间，应用非常广泛。

此外，由于翻斗式雨量计适合于数字化方法，所以对自动天气站特别方便。降雨强度适用范围：4.0mm/min以内，最小分辨率为0.1 mm。

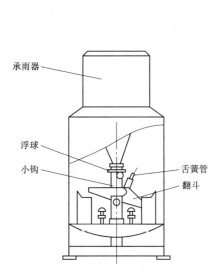

图3.9 翻斗式自记雨量计

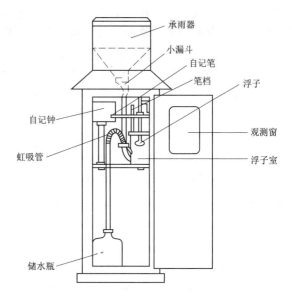

图3.10 虹吸式自记雨量计

2. 虹吸式

虹吸式自记雨量计的一般构造如图3.10所示。雨水从承雨器流入容器内。器内浮子随水面上升，并带动自记笔在附于自记钟上的记录纸上画出曲线，当容器内的水面升至虹吸管的喉部时，容器内的水就通过虹吸管排至储水瓶。与此同时，自记笔亦下落至原点，之后再随着降雨量的增加而上升。其降雨强度适用范围为0.01～4.0mm/min。

3. 器测法的局限性

由于雨量计的承雨器距离地面有一定的高度，雨量器会受到风、旋涡、树木和自身设计的影响，对安装环境有一定的要求，因此，需要对安装环境进行改良。

（1）将雨量器安装在有稠密而均匀的植被的地方。植被应当经常修剪，使其高度与雨量器受水口高度保持相同，用于减少湍流的影响。在其他地方，可采用合适的围栏达成类似的效果。

（2）为减少风对落入承雨器雨量的影响，可在雨量器周围安装防风圈。

（3）雨量器周围地表可以用短草覆盖，或用砾石或卵石铺盖，但应该避免整块混凝土那样坚硬而平整的地面，以防止过多的雨水溅入。

但是，当风力过大时，测量结果会严重偏小。此外，当温度接近冰点时，会引起雨水结冰，堵塞漏斗。因此，在这两种情况下雨量计不实用。而在测量积雪时，风对雨量计会产生很大的影响，即使是集聚在雨量筒中的雪，在融化之前也会被风吹走，负偏差可高达50%。因此，也不推荐用雨量计测量降雪。

3.4.2 雷达测雨

雷达可以实时监测区域降水，且具有较高的时空分辨率，在估算区域和无数据区降水方面，存在较大的优势。校准后的天气雷达可以更准确地反映短期降水的空间分布规律，可以有效弥补器测法的局限性。

气象雷达利用云、雨、雪等对无线电波的反射现象（回波）来发现目标。不同回波反映不同性质的天气系统、云和降水等。根据雷达探测到的降水回波位置、移动方向、移动速度和变化趋势等资料，可以预报探测范围内的降水量、降水强度及降水开始和终止时刻。雷达的回波可以在雷达显示器上显示出来。描述雷达回波强度与雷达参数、目标物理性质、雷达行程距离和其间介质状况之间关系的方程式称为雷达气象方程。根据所建立的雷达气象方程，就可以利用雷达测定的回波强度来推测降水情况。

雷达回波的信号强度与目标的密度和尺寸有关，用雷达反射率因子 Z 表示。雷达天线接收到的是一群大小不同的云、雨滴的后向散射功率的总和。假设组成这群云、雨滴的粒子是相互独立的、无规则分布的，则这群粒子同时在天线处造成的总散射功率平均值，等于每个粒子散射功率的总和。为此，定义雷达反射率 Z 为单位体积内全部降水粒子的后向散射截面之和。

$$Z = \sum_{i=1}^{N} D_i^6 = \sum_{D_i=1}^{D_{max}} D_i^6 N(D_i) \Delta D \tag{3.7}$$

式中：D_i 为某个雨滴的直径；$N(D_i)\Delta D$ 表示单位体积内，直径为 D_i 到 $D_i + \Delta D$ 之间的雨滴数；Z 为雷达反射率，单位是 mm^6/m^3。

由于云雨粒子的后向散射截面通常随着粒子尺度的增长而增大，因此反射率越大，说明单位体积中降水粒子的尺度大或者数量多，即气象目标强度大。

雷达反射率强度还可以用分贝（dBZ）表示：

$$1dBZ = 10 \lg \frac{Z}{1mm^6/m^3} \tag{3.8}$$

dBZ 越大，雷达接收的回波信号越强。小雨的反射率是 20～30dBZ，中雨的反射率是30～45dBZ。当回波信号高于 45dBZ 时表示强降水，当回波信号高于 60dBZ 时往往预示着有冰雹。

由于降雨速率与雨滴体积成正比，而反射率与表面积成正比。因此，通过大量实验可以建立降雨速率与雷达反射率之间的关系，常称为 $Z-R$ 关系：

$$Z = aR^b \tag{3.9}$$

式中：R 为降雨速率，mm/h；a、b 为系数。

a 的变化区间为 70～500，国产多普勒雷达 a 通常设为 300。b 值变化范围为 1.0～2.0，国产多普勒雷达 b 通常设为 1.4。系数 a 和 b 除了与雷达本身有关外，还与当地的地形、气候及降雨成因有很大的关系。

雷达测雨与传统雨量站网测雨的主要不同在于：传统的雨量站测雨总是先测得点雨量，若要求（流域）平均降雨量，则必须通过计算得到，而这些计算方法都有其局限性。雷达测雨则不同，它可以直接测得降雨的空间分布，能直接提供区域（流域）平均降水量。此外，雨量站网实时跟踪暴雨中心走向和暴雨时空分布变化的能力较差。而雷达测雨在这方面就具有比较明显的优势。

雷达能够迅速、准确、细致地测定降水区的位置、范围、强度、性质以及它们随时间的变化情况，它是一种掌握降水动态和提供降水临近预报的有效工具。自 20 世纪 50 年代以来，天气雷达在中尺度天气研究中发挥了重要的作用。现今适用的 S 波段（10cm）和 C 波段（5cm）天气雷达所观测到的回波，绝大多数来自降水，它能够随时探测到测站周围一定的范围内降水的产生、发展、消散以及移动等情况。后期发展起来的多普勒雷达可以探测到降水云内和晴空大气中的水平风场及铅直风场、降水滴谱和大气湍流等，因此还可以探测冰雹、龙卷风、下击暴流等。雷达能够提供频繁的、详细的、空间连续的观测资料，它与静止气象卫星都是识别重要的中尺度天气现象的极为有用的工具。它不仅可以识别这些天气事件的发生，而且还可以依据概念模式推测出雷达未能探测到的特征。

雷达通过遥感的方法间接测量降雨，存在误差是不可避免的，误差来源主要有三种类型。

1. 测量误差

测量误差又称为系统误差，是指雷达测量的回波与实际降雨不符所产生的误差。测量误差一般由硬件性能、硬件标定、地物阻挡、异物回波、异常传播、亮带、衰减、波束充塞等原因引起。

2. 算法误差

雷达降雨定量估算均采用 $Z-R$ 关系，即根据实测的雷达降雨回波率，利用 $Z-R$ 关系反推降雨率。对于多普勒雷达，采用的 $Z-R$ 关系是基于统一的参数 a 和 b，而 a 和 b 的值是基于统一的滴谱分布而提出来的，实际情况并非如此。对于不同的降雨类型及地形条件，a 和 b 的值会有所不同，若采用不变的 a 和 b 值，则会引起误差。

3. 雨量计-雷达采样偏差

为了率定雷达气象方程，往往采用雨量计对雷达进行校正。由于雨量计测量的是点雨量，是实际降落到地面的雨量，而雷达测量的是通过三维方式间接估测的位于高空一定位置的体积降雨量，由于两者的采样测量方式不同，相应的测值是有差异的，所以在应用雨量计-雷达联合校准时，应该考虑两者的差异。

3.4.3 卫星云图估算降水

由于卫星监测降水的覆盖面积广，所以在海洋和陆地上获得了广泛应用。卫星上携带各种气象观测仪器，能测量大气参数，这种专门用于气象目的的卫星称为气象卫星。气象卫星按其运行轨道分为静止气象卫星和极地轨道卫星。

3.4.3.1 静止气象卫星

静止气象卫星轨道的倾角等于 $0°$，赤道平面与轨道平面重合，卫星在赤道上空运行，并且卫星的周期等于地球自转周期（$23°56'4''$），其旋转方向相同。从地面上看，地球同步卫星轨道上的卫星好像静止在天空某个地方不动似的，所以又被称为静止卫星。静止气象卫星有以下特点。

（1）卫星高度高，视野广阔，扫描范围为 70°S～70°N，东西 140 个经度，约占地球表面的 1/3。

（2）可以对某个固定区域进行连续观测，约半小时提供一张全景圆面图，当有特殊需要时，在 3～5min 内可以对某个区域进行一次观测。

（3）可以连续监测天气云系的演变，特别是生命短、变化快的中小尺度天气系统，可以连续观察天气云系的演变。

（4）不能观测南北极区。

（5）由于静止气象卫星离地球很远，所以要想得到清楚的图片，对仪器的要求很高。

（6）卫星轨道有限。

3.4.3.2 极地轨道卫星

极地轨道卫星的轨道平面和太阳始终保持相对固定的取向，所以其轨道也被称为太阳同步轨道。太阳同步轨道的轨道平面是绕地球自转轴旋转的，方向与地球公转方向相同，旋转角速度等于地球公转的平均角速度（360°/a），它距地球的高度不超过6000km。由于这种轨道的倾角接近90°，卫星要在极地附近通过，所以又称它为近极地太阳同步卫星，有时简称极地轨道卫星。极地轨道卫星有以下特点。

（1）由于太阳同步轨道近似为圆形，所以轨道预告、接受和资料定位都很方便。

（2）太阳同步轨道卫星可以观测全球，尤其可以观测两极地区。

（3）在观测时有合适的照明，可以得到充足的太阳能。

（4）虽然可以取得全球资料，但是观测间隔长，对某固定地区，一颗卫星在红外波段一天可取得两次资料。

（5）观测次数少，不利于分析变化快的中小尺度天气系统。

3.4.3.3 降水反演算法

卫星降水产品发展至今，根据传感器类型，已有的各类卫星降水产品分为可见光/红外、被动微波、主动微波（雷达）以及多传感器联合等。其中多传感器联合反演的降水方法已经成为反演高精度、高分辨率降水产品的主要途径，并且成为未来卫星降水反演算法的发展方向。其代表产品主要有热带降水测量卫星（TRMM）、美国气候预测降水中心融合技术降水产品、全球卫星降水制图算法、美国海军研究实验室联合算法和神经网络降水算法等。受数据源和反演算法等因素的影响，不同卫星降水产品的精度各异。受气候类型、时间尺度和地形等因素的影响，同一卫星降水产品在不同区域的精度也存在差异。

（1）可见光/红外降水反演算法。可见光/红外降水反演算法是最早提出并且也是最为简单的一种方法，该算法利用了冷云和暖云的物理性质。冷云和暖云的存在与对流有关，对流云系会产生降水。在可见光及红外光波段测得的云顶信息，可以用来间接估算地表降水。具体而言，即建立云顶红外温度与降雨概率和强度之间的关系。

（2）微波遥感。微波遥感是指通过微波传感器获取从目标地物发射或反射的微波辐射，通过判读处理来识别地物的技术。分为主动式遥感和被动式遥感两种。与可见光或红外光相比，微波具有穿云透雾的能力；不受太阳辐射的影响，可以全天候工作；微波对地球表面的穿透能力较强，因此还具有某些独特的探测能力，可以实现对海洋、土壤水分的测量。

3.4.4 降水资料的检验

由雨量站通过雨量器（计）观测到的降雨量资料，除了满足观测精度以外，还应该符合一致性要求。一般来说，雨量站的降雨资料有可能由于某种原因，例如雨量器（计）型号的变更、位置的挪动、周围环境的改变，甚至于观测人员的变换等，使变动前后的降雨资料可能存在系统偏差，这种偏差导致了资料的不一致性。凭直觉不易发现这种不一致性，但用双累积曲线则可以容易地对此加以识别。

双累积曲线是指被检验的雨量站的累积降雨量与其周围若干雨量站平均值的累积雨量的相关曲线（图3.11）。由图3.11可见，某雨量站10月至次年4月的降雨量的逐年累积值与其附近10个雨量站的10月至次年4月降雨量的平均值的逐年累积值的相关曲线，在1961

年发生了明显转折。经过调查得知该站在 1961 年曾经变更了雨量计的位置。因此，由这个转折显然可以断定由于雨量计位置的变更使该雨量站在 1961 年前后的降雨资料的一致性遭到了破坏。

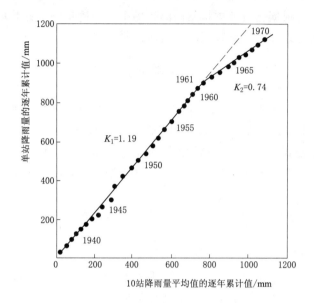

图 3.11　某雨量站 10 月至次年 4 月降雨量双累积曲线

双累积曲线不仅可以用于识别降雨资料的一致性，而且可以用于修正雨量资料的不一致性。仍如前例，如果将 1961 年以前的降雨资料乘以按下式求得的 α 值，就可以将它修正到与 1961 年以后相一致的降雨资料。

$$\alpha = \frac{K_2}{K_1} \tag{3.10}$$

式中：K_1 为情况变更之前的双累积曲线的坡度；K_2 为情况变更之后的双累积曲线的坡度。

为了避免偶然性因素的干扰，只有在双累积曲线的坡度变化显著，且坡度转折后有连续 5 年以上的观测资料时，方可使用双累积曲线进行降雨量资料一致性的识别与修正。

3.5　区域（流域）面平均降雨量计算方法

3.5.1　基本原理

在实际生产应用和科学研究中，区域控制断面的洪水是由集水面积上所有的降雨贡献的，因此常常需要知道研究区域，例如流域或行政区的某时段以深度表示的区域（流域）平均降雨量。从理论上说，降雨量的空间分布可以表达为

$$p = f(x, y) \tag{3.11}$$

式中：p 为时段或次降雨量；x、y 为地面一点的横、纵坐标。

根据式（3.11）就可以利用下式来计算区域（流域）平均降雨量：

$$\overline{p} = \frac{\int_A f(x, y) \mathrm{d}x \mathrm{d}y}{A} \tag{3.12}$$

式中：$\overline{p}$ 为区域（流域）平均降雨量，mm；A 为区域（流域）面积，km^2。

但式（3.12）的具体数学表达式是难以得到的，一般是将计算区域（流域）离散化，也就是用一定的方法将计算区域（流域）划分成若干个不嵌套的计算单元，使每个单元的雨量空间分布近似均匀；再根据已有的雨量站网测得的雨量来确定每个计算单元的降雨量。这两个问题一旦解决，就可以按下式计算区域（流域）平均降雨量。

$$\overline{p} = \frac{1}{A}\sum_{i=1}^{n}a_i p_i \tag{3.13}$$

式中：n 为区域（流域）的计算单元数目；a_i 为第 i 个计算单元的面积，$i=1,2,\cdots,n$；p_i 为第 i 个计算单元降雨量，$i=1,2,\cdots,n$；其余符号含义同前。

式（3.13）显然是式（3.12）的离散形式，是建立实用的计算区域（流域）平均降雨量的理论依据。因此，基于实测点对计算区域进行合理划分后，便可根据式（3.13）计算出面雨量。

常用的根据点雨量推求面雨量的方法有等雨量线法、泰森多边形法、算术平均法和距离平方倒数法。

3.5.2 算术平均法

如果区域（流域）内的雨量站网由 n 个雨量站组成，假设每个雨量站的代表面积相同，均为区域（流域）面积的 $1/n$，那么式（3.15）变为

$$\overline{p} = \frac{1}{A}\sum_{i=1}^{n}p_i\frac{A}{n} = \frac{1}{n}\sum_{i=1}^{n}p_i \tag{3.14}$$

式中：p_i 为第 i 个雨量站的降雨量；其余符号含义同前。

算术平均法计算方便，但忽略了雨量站分布不均匀、地形对降雨的影响等客观情况。

3.5.3 泰森多边形法

泰森于 1911 年提出用垂直平分法来划分计算单元。具体做法为：根据计算区域（流域）内的雨量站网，以雨量站为顶点连接成若干个不嵌套的三角形（见图 3.12，图中 p_i 为雨量站），并尽可能使构成的三角形为锐角三角形。然后求每个三角形的外心（三角形三边垂直平分线的交点）。以这些三角形的外心为顶点、垂直平分线为边，可以将计算区域（流域）划分成若干个计算单元。这样就能够保证在每个计算单元的中心附近有一个雨量站且泰森多边

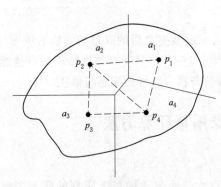

图 3.12 泰森多边形

形内任一点离该站点最近。如果假设计算单元内的降雨量分布是均匀的，则可以该站点作为计算单元的代表站。根据式（3.13）可导得用泰森多边形法计算区域（流域）平均雨量的公式为

$$\overline{p} = \frac{1}{A}\sum_{i=1}^{n}p_i a_i \tag{3.15}$$

式中：a_i 为第 i 个泰森多边形即第 i 个计算单元的面积；p_i 为第 i 个泰森多边形即第 i 个计算单元的雨量，$i=1,2,\cdots,n$；n 为区域（流域）内泰森多边形的数目；其余符号含义

同前。

泰森多边形考虑了站点分布不均的情况，调整了面积权重，但仍忽略了地形等因素对降水的影响。

3.5.4　等雨量线法

如果采用等雨量线离散化计算区域（流域），那么相邻两条等雨量线之间的面积即可作为一个计算单元。如果假设相邻两条等雨量线代表的降雨量的算术平均值可以作为该计算单元的降雨量，根据式（3.13）可得利用等雨量线计算区域（流域）平均降雨量的公式为

$$p = \frac{1}{A} \sum_{i=1}^{n} \frac{p_{i-1} + p_i}{2} a_i \tag{3.16}$$

式中：p_{i-1}、p_i 分别为第 $i-1$ 条和第 i 条等雨量线代表的降雨量，$i = 1, 2, \cdots, n$；a_i 为第 $i-1$ 条和第 i 条等雨量线之间的面积，$i = 1, 2, \cdots, n$；其余符号含义同前。

等雨量线法意义明确，在计算面雨量的同时还能获取空间内任一点的年雨量，较为实用，但计算工作量大。

3.5.5　距离平方倒数法

这是一个 20 世纪 60 年代末提出的计算区域（流域）平均雨量的方法，近些年来在美国天气局得到了广泛的应用。该方法将计算区域（流域）划分成许多网格，每个网格均为一个长宽分别为 dx 和 dy 的矩形（图 3.13）。

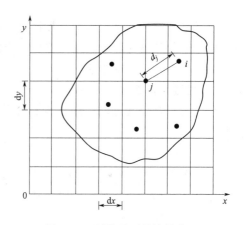

图 3.13　网格及雨量站的位置

网格的格点处的雨量用其周围邻近的雨量站按距离平方的倒数差值求得：

$$x_j = \frac{\sum_{i=1}^{m} \frac{p_i}{d_i^2}}{\sum_{i=1}^{m} \frac{1}{d_i^2}} \tag{3.17}$$

式中：x_j 为第 j 个格点的雨量；p_i 为第 j 个格点周围邻近的第 i 个雨量站的雨量；d_i 为第 j 个格点到其周围邻近的第 i 个雨量站的距离；m 为第 j 个格点周围邻近的雨量站数目。

由于格点的数目足够多，而且分布均匀，因此，在使用式（3.17）求得每个格点的雨量后，就可以按算术平均法计算区域（流域）平均雨量：

$$\overline{p} = \frac{1}{n} \sum_{j=1}^{n} x_j = \frac{1}{n} \sum_{i=1}^{n} \left[\sum_{i=1}^{m} \frac{p_i}{d_i^2} \Big/ \sum_{i=1}^{m} \frac{1}{d_i^2} \right] \tag{3.18}$$

式中：n 为区域内格点的数目；其余符号含义同前。

不难看出，在距离平方倒数法中，计算单元为一个网格，而每个网格的雨量则由式（3.17）求得。

3.5.6　讨论

以上各方法中，算术平均法最为简便。在区域（流域）面积不大、地形起伏较小、雨量站分布比较均匀的情况下，采用该方法的精度可以得到保证的，但如果区域（流域）内地形复杂、站点分布不均匀时，算术平均法计算面雨量误差较大。泰森多边形法也比较简单，精

度较为可靠，且能够更好适应站点分布不均的情况；但该法将各雨量站权重视为定值，并假设站与站之间呈线性变化，不适应降雨空间分布复杂多变的特点。等雨量线法在理论上是比较完善的，但要求有足够大的雨量站网密度，而且对每次降雨都必须绘制等雨量线图，故计算工作量较大。距离平方倒数法改进了站与站之间的雨量呈线性变化的假设，整个计算过程虽然较其他方法复杂，但是十分便于计算机处理。值得指出的是该方法可以根据实际雨量站网的降雨量插补出每个网格格点上的雨量，便于为分布式流域水文模型输入基于网格的分布式降雨。此外，如果发现雨量不与距离平方成反比关系，那么也容易改成其他幂次，这也是该方法的一个特点。

实践证明，对长历时降雨，例如年降雨量，上述各种计算区域（流域）平均降雨量的方法都能得到相近的结果。随着降雨历时的减小，各方法计算结果的差异就会越来越明显地显示出来。

3.6　降雨的统计分析

统计量是统计理论中用来对数据进行分析、检验的变量。在长期观测资料中，年降水量或一定历时的年最大降水量往往视为一个随机变量，在对这类降水的统计特征进行分析时，主要采用以下几个特征参数。

3.6.1　位置特征参数

位置特征参数就是描述随机变量在数轴上的位置的特征量，主要有平均数、众数和中位数。

1. 平均数

设离散型随机变量 X 有以 $p_1, p_2, p_3, \cdots, p_n$ 为概率的可能值 $x_1, x_2, x_3, \cdots, x_n$。用下式计算所得的数值称为随机变量的平均数，并记为

$$\overline{x} = \frac{x_1 p_1 + x_2 p_2 + \cdots + x_n p_n}{p_1 + p_2 + p_3 + \cdots + p_n} = \frac{\sum\limits_{i=1}^{n} x_i p_i}{\sum\limits_{i=1}^{n} p_i} \tag{3.19}$$

但是因为 $\sum\limits_{i=1}^{n} p_i = 1$，故 $\overline{x} = \sum\limits_{i=1}^{n} x_i p_i$。

p_i 可以看作 x_i 的权重，这种加权平均数也称为数学期望值，记为 $E(x)$。这里的 E 可以作为一个运算符号，表示对随机变量 x 求期望值（即平均数）。对于连续型随机变量，可以用类似的方法求出平均数，即

$$E(x) = \sum_{i=1}^{n} x_i p_i = \int_a^b x f(x) \mathrm{d}x \tag{3.20}$$

平均数是一个非常重要的参数，它为分布的中心，能代表整个随机变量的水平。

2. 众数

众数是表示概率密度分布峰点所对应的数，记为 $Mo(X)$。对于离散型随机变量 X，当 $p_i > p_i + 1$ 且 $p_i > p_i - 1$ 时，p_i 所对应的值 x 就是分布的众数。对于连续型随机变量，众数就是使分布密度函数 $f(x)$ 为极大的 X 值。

3. 中位数

中位数是把概率密度分布分为两个相等部分的数，记为 $Me(X)$。对于离散型随机变量，将随机变量所有的可能取值按大小次序排列，中位数为位置居中的数字；对连续型随机变量，中位数将概率密度曲线下的面积划分为各等于 1/2 的两个部分。即随机变量大于或小于中位数的概率都各等于 1/2。

图 3.14 举出了对称的、具有左偏态（负偏态）和右偏态（正偏态）的频数分布的例子。注意到它们的特点是：①对称分布的众数、中位数和算术平均数相同；②具有偏倚性的分布，算术平均数突出在外，偏向分布的尾端，而中位数则介于众数与算术平均数之间。

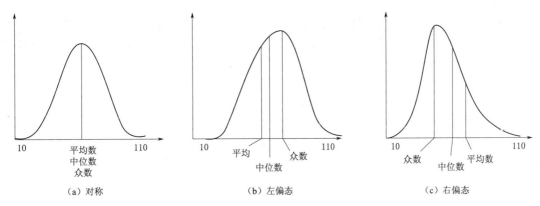

图 3.14 众数、中位数和算术平均数的相对位置关系

3.6.2 离散特征参数

离散特征参数是刻画随机变量分布离散程度的指标，这类参数通常有下述几种。

1. 标准差（均方差）

离散特征参数可以用相对于分布中心的离差（差距）来计算。设以平均数代表分布中心，由分布中心计量随机变量的离差为 $(x-\overline{x})$，因为随机变量的取值有些是大于 x 的，有些是小于 x 的，故离差 $(x-\overline{x})$ 有正有负。其平均值则为零，以离差本身的值来说明离差程度是无效的。为了使离差的正值和负值不致相互抵消，一般取 $(x-\overline{x})$ 平方的平均数，然后开方作为离散程度的计量标准，并称为标准差（或均方差），即

$$\sigma=\sqrt{E(x-\overline{x})^2} \tag{3.21}$$

式中：$E(x-\overline{x})^2$ 为 $(x-\overline{x})^2$ 的数学期望，即 $(x-\overline{x})^2$ 的平均数。

标准差的单位与 x 相同，显然：分布越分散，标准差越大；分布越集中，标准差越小。图 3.15 表示标准差对概率密度曲线的影响。在统计上，标准差的平方，即 σ^2 称为方差。

2. 变差系数（离差系数、离势系数）

标准差虽然说明随机变量分布的离散程度，但是对于两个不同的随机变量分布，如果它们的平均数不同，用标准差来比较这两种分布的离散程度就不合适了。例如：甲地区的年雨量分布的均值 $x_1=1000\text{mm}$，标准差 $\sigma_1=360\text{mm}$；乙地区的年雨量分布的均值 $x_2=800\text{mm}$，标准差 $\sigma_2=320\text{mm}$，这时就难以用标准差来判断这两个地区年雨

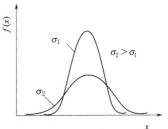

图 3.15 标准差 σ 对
密度曲线的影响

量分布的离散程度哪一个大。因为尽管 $\sigma_1 > \sigma_2$，但是 $x_1 > x_2$，所以应该从相对观点来比较这两个分布的离散程度。现在用一个无因次的数字来衡量分布的相对离散程度。

$$C_v = \frac{\sigma}{E(x)} = \frac{\sigma}{\bar{x}} \tag{3.22}$$

C_v 称为变差系数，为标准差与数学期望值（平均数）之比。由上式可以算得上述两个地区年雨量的变差系数，$C_{v1} = 0.36$，$C_{v2} = 0.40$，这就说明甲地区的年雨量离散程度较乙地区的小。

C_v 对密度曲线的影响如图 3.16 所示。

3. 偏态系数（偏差系数）

对于随机变量的分布，期望值（平均数）为分布重心，变差系数显示出离散的特征，而分布相对于重心（期望值）是否对称，这两个参数均不足以说明，所以需要引入另一个参数来反映分布是否对称的特征。通常将下式定义为偏态系数，记为 C_s。

$$C_s = \frac{E(x - \bar{x})^3}{\sigma^3} \tag{3.23}$$

C_s 表示特征分布不对称的情况。偏态系数为无因次数。

若密度曲线对称，则 $C_s = 0$。若密度曲线不对称，当正离差的立方占优势时，$C_s > 0$，称为正偏；当负离差的立方占优势时，$C_s < 0$，称为负偏。

C_s 对密度曲线的影响如图 3.17 所示。

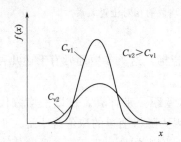

图 3.16 C_v 对密度曲线的影响

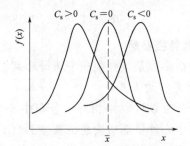

图 3.17 C_s 对密度曲线的影响

3.6.3 相关统计量

1. 皮尔逊相关系数

简单相关系数又称为皮尔逊相关系数或皮尔逊积矩相关系数，它描述了两个定距变量间联系的紧密程度。样本的简单相关系数一般用 r 表示，计算公式为

$$r = \frac{\sum\limits_{i=1}^{n}(X_i - \overline{X})(Y_i - \overline{Y})}{\sqrt{\sum\limits_{i=1}^{n}(X_i - \overline{X})^2} \sqrt{\sum\limits_{i=1}^{n}(Y_i - \overline{Y})^2}} \tag{3.24}$$

式中：n 为样本量；X_i、Y_i 和 $\overline{X}$、$\overline{Y}$ 分别为两个变量的观测值和均值。

r 描述的是两个变量间线性相关强弱的程度。r 的取值在 -1 与 $+1$ 之间，若 $r > 0$，则表明两个变量是正相关，即一个变量的值越大，另一个变量的值也会越大。若 $r < 0$，则表明两个变量是负相关，即一个变量的值越大，另一个变量的值反而会越小。r 的绝对值越大表明相关性越强，要注意的是这里并不存在因果关系。若 $r = 0$，则表明两个变量之间不是

线性相关，但有可能是其他方式的相关（比如曲线方式）。

利用样本相关系数推断总体中两个变量是否相关，可以用 t 统计量对总体相关系数为 0 的原假设进行检验。若 t 检验显著，则拒绝原假设，即两个变量是线性相关的。若 t 检验不显著，则不能拒绝原假设，即两个变量不是线性相关的。

2. 自相关系数

自相关系数是描述某个变量不同时刻之间相关性的统计量。将滞后长度为 j 的自相关系数记为 $r(j)$。$r(j)$ 亦是总体相关系数 $\rho(j)$ 的渐近无偏估计。不同滞后长度的自相关系数可以帮助我们了解前 j 时刻的信息和与其后时刻变化之间的联系。由此判断由 x_i 预测 x_{i+j} 的可能性。对变量 x，滞后长度为 j 的自相关系数为

$$r(j) = \frac{1}{n-j} \sum_{i=1}^{n-j} \frac{x_i - \bar{x}}{s} \frac{x_{i+j} - \bar{x}}{s} \tag{3.25}$$

式中：s 为长度为 n 的时间序列的标准差。

3.6.4 重现期及其与频率关系

对于极端降水事件，在对其量级和危害程度进行描述时，往往采用重现期的概念。所谓重现期，是指某一水文事件的取值在长时期内平均多少年出现一次，又称多少年一遇。

频率 P 与重现期 T 的关系在研究洪水和干旱事件时有不同的表示方法。

（1）研究暴雨洪水问题时，一般设计频率 P 小于 50%。则

$$T = \frac{1}{P} \tag{3.26}$$

式中：T 为重现期，年；P 为频率，以小数或百分数计。

例：当设计洪水的频率采用 $P=1\%$ 时，代入式（3.26）得 $T=100$ 年，称为百年一遇洪水。当设计暴雨的频率采用 $P=1\%$ 时，代入式（3.26）得 $T=100$ 年，称为百年一遇暴雨。

（2）研究枯水问题时，为了保证灌溉、发电及给水等用水需要，设计频率 P 常常用大于 50%，则

$$T = \frac{1}{1-P} \tag{3.27}$$

例：当灌溉设计保证率 $P=80\%$ 时，代入式（3.27）得 $T=5$ 年，称作以五年一遇的枯水年作为设计来水的标准，也就是说平均五年中有一年来水小于此枯水年的水量，而其余四年的来水等于或大于此数值，说明平均具有 80% 的可靠程度。

必须指出，由于水文现象一般并无固定的周期性，上面所讲的频率是指多年中的平均出现机会。重现期也是指多年中平均若干年可以出现一次。

思考题

1. 一般降水的形成过程是什么？
2. 影响降雨的因素有哪些？
3. 表征降水的特征值有哪些？
4. 什么是泰森多边形？怎样绘制流域泰森多边形并计算流域平均降雨量？
5. 怎样用等雨量线法求算流域平均降雨量？
6. 泰森多边形法和等雨量线法各有什么优缺点和适用性？
7. 降水的统计特征参数有哪些？

第4章 暴　雨

4.1　暴　雨　概　述

在人口持续增长和经济迅速发展的情况下，洪水灾害仍然是经济损失最严重、人口伤亡最多和社会影响最大的自然灾害之一。随着水利水电工程的大量兴建，水工建筑物本身的安全也受到洪水的威胁。此外，山洪、泥石流等灾害对广大山丘地区的影响也很大，有时还能形成局部地区的毁灭性灾害，因而防止洪水灾害历来都是水利工作的重大任务。

暴雨是形成中国洪水的主要来源。我国绝大多数河流的洪水由暴雨形成。特别是长城以南、西宁以东的广大地区，全年的洪水几乎都由暴雨形成。东北地区北部、新疆阿尔泰山等地冬季积雪在春季大量融化，有时也能形成明显的融雪洪水；西北山地和青藏高原河流，夏季高温时还可能形成融冰洪水。但全国各地代表性河流水文站历年最大的几次洪水成因分析显示，暴雨形成的洪水占绝大多数，即使在西部地区也是如此。例如天山地区1996年7月下旬，自西向东出现了一次暴雨过程，一些测站最大1d降雨超过50mm，形成了当地重现期在50年以上的稀遇洪水。

可见，暴雨研究是水文学、气象学、地理学研究的一个重要组成部分。对于各暴雨因子的深入研究丰富了气候学的内容，研究成果的积累逐渐形成了中国的暴雨气候学。

4.1.1　暴雨的概念

暴雨一般指降雨强度很大的降雨。1d（或24h）降雨量在50~100mm的降水称为暴雨；100~200mm的降水称为大暴雨，大于200mm的降水称为特大暴雨。这种划分基于某一个测站固定历时（1d或24h）的雨量值，对于各地区之间，各年份（或季节）之间的比较无疑是必要的，因此得到广泛的应用。

中国各地区之间的暴雨量差别较大，例如年最大24h点（测站）雨量的多年平均值在广大西部干旱地区（除了个别山峰以外）都在50mm以下，戈壁沙漠地区更是在10mm以下，并且长期没有超过50mm/d的雨量出现。而在华南沿海山丘区，年最大24h点雨量的多年平均值有不少地区超过200mm，台湾省有的山地竟达400mm以上，那么将50mm作为暴雨标准又显得偏低。因此，有些暴雨较小地区将暴雨标准降低到25mm/d，而有些湿润地区提高到80mm/d。此外，也有人提出采用年降水量气候平均值的1/15作为当地的暴雨标准。

从事水利水电工程及河道、湖泊防汛工作的部门，往往将导致某个河段或某个地区内多条河流产生明显洪水过程的降雨称为一次暴雨过程。水文部门选用的暴雨分析对象往往是由其所形成的洪水来决定的。引起全国关注的特大洪水有长江1954年汛期、海河1963年8月、河南1975年8月以及长江、闽江、珠江、松花江流域1998年汛期等暴雨洪水，地方上则关心当地的中小河流暴雨洪水。因此，对于不同的河流和不同的河段，各地区对暴雨的时间长短、面积大小具有不同的暴雨量级标准。这个标准有时大致可以与洪水的稀遇程度（重现期）相联系。但由于河段的地形条件、防洪能力等方面的差异，稀遇程度也不是绝对的标准。

由于暴雨量的概率分布是连续变化的，因此水利水电部门习惯上规定若干个标准历时（例如 1h、24h、7d 等）和标准面积（例如 100km²、1000km²、10000km² 等），逐年统计其相应的年最大值进行统计参数分析（例如多年平均值、极值、变差系数以及某个频率的值），便于进行地区之间的比较和概率分析。因此，年最大雨量也相当于一种暴雨的标准。

实际研究中常常将年最大雨量作为暴雨进行多年统计分析研究，有时也讨论单站 24h 雨量大于 50mm 的地区分布。在研究单次大暴雨时，常常把一次洪水所形成的降水过程称为暴雨。

4.1.2 暴雨研究的内容

暴雨研究可分为以预报为目的的暴雨形成、发生、发展的分析以及以水利水电等工程设计为目的的暴雨多年统计与设计计算两个研究方向。

大气科学领域对暴雨的研究有着悠久的历史，主要聚焦于研究大气中水汽的输送、辐合以及降水的形成等与天气分析和暴雨预报相关的问题。重点关注地面以上的大气层中出现的现象，旨在揭示暴雨发生的物理条件、发展过程和机制，以及导致暴雨的大尺度环流和天气系统条件，同时强调对中尺度系统的深入分析。通过运用物理量的诊断分析计算，系统解析暴雨的形成过程并进行理论计算。在研究中广泛应用地面和高空探测资料的基础上，还将雷达回波特征和卫星云图等观测结果作为暴雨分析的数据资料。此外，研究也涵盖了暴雨气候特征，为全面理解和应对暴雨现象提供重要的分析依据。

水文学方向的研究以实用性的设计暴雨研究为主，并探讨暴雨有关因子的分布规律和地形、气象对暴雨的影响。研究重点为降落到地面上雨量的各种分布规律，适当涉及形成雨量的天气条件以及降雨所产生的洪水过程。研究以流域规划和水利水电工程设计与运行为主要服务对象，同时还需要利用暴雨监测和预报为江河及水利水电工程的防汛服务。交通、城市建设等部门集中研究小面积中短历时设计暴雨，而水利水电部门则需要考虑各种大小面积流域所需的各种长短历时、各种面积的暴雨。

4.1.3 中国暴雨分布简况

4.1.3.1 暴雨多年均值的地区分布

根据中国年最大 24h 点雨量多年均值等值线数据，50mm 等雨量线从西藏自治区东南部开始，沿青藏高原东南部北上，经过秦岭西段、黄土高原中央、内蒙古阴山延伸到东北大兴安岭。该线的东南方向大多数是暴雨区，均值在 200mm 以上的暴雨高值区有台湾省和华南沿海地区，其他暴雨较大的地区还有浙江沿海山地、四川盆地西侧和鸭绿江口等地区。该线以西暴雨出现的机会很少，新疆维吾尔自治区南部、西藏自治区北部、内蒙古自治区和青海省的西部广大地区不足 20mm。

4.1.3.2 暴雨极值的分布

中国暴雨点雨量很大，短历时极端降雨量已经接近世界最高纪录，例如河南省中部林庄 1975 年 8 月最大 6h 降雨量为 830.1mm。最大点雨量的极值在中国的东西部地区存在明显差异，东部地区的南北差异相对较小。以实测和调查得到的最大 3d 点雨量为例，台湾省的新寨最大，达 2748.6mm，广东省、海南省、福建省、湖北省、河南省、河北省的实测最大值以及内蒙古自治区中部、辽宁省西部的调查值都超过了 1000mm，青海省、新疆维吾尔自治区的调查值也超过了 200mm。

各历时各面积最大雨量记录显示，短历时暴雨的极值受地形影响小，地区分布较为均匀，北方暴雨一般还大于南方；长历时暴雨极值都出现在东部地区，南北方都较大，主要有台湾省的热带气旋暴雨、江淮和海河流域的低涡切变线暴雨，大多数暴雨中心与地形分布有关。与国外同类资料比较，中国暴雨中心雨量和小面积雨量极值超过了美国和印度。面积较大时，短历时面雨量小于美国，长历时面雨量大于美国，但小于印度。

4.1.3.3　暴雨的季节变化

逐月最大 1d 雨量的多年平均值分布显示，江南、华南、新疆维吾尔自治区西北部以 6 月暴雨最大。从东北到华北东部、淮河延伸到云南省，以及新疆维吾尔自治区东南地区以 7 月暴雨为最大。东北东部、黄河流域、青藏高原广大地区和台湾省，以 8 月暴雨为最大。东南沿海及海南省，则以 9 月暴雨为最大。

中国全年各月均有部分测站有 1d 降雨 200mm 以上的记录，其中 4—11 月超过 500mm，7—10 月超过 1000mm，冬季各月的大暴雨仅出现于从云南省到江苏省一线以南地区，夏季大暴雨则可以出现于绝大多数地区。

海河和辽河流域是暴雨发生季节最集中的地区，绝大多数暴雨出现于 7—8 月。东北北部和淮河流域的暴雨集中程度次之，珠江流域、江南和新疆维吾尔自治区西北部最为均化。

4.1.4　中国区域性暴雨概况

雨季是我国暴雨发生的主要时期。我国东部地区在东亚夏季风的影响下，有季节性大雨带维持并推进，西部地区也具有显著的干季和雨季。在区域雨季期内，形成了独特的区域性暴雨，各自具有显著的特点。总的来说，我国主要有以下一些区域性暴雨：华南前汛期暴雨、江淮初夏梅雨期暴雨、北方盛夏期暴雨、华南后汛期暴雨、华西秋雨季暴雨、西北暴雨等。

（1）华南前汛期暴雨：我国的广东省、广西壮族自治区、福建省和湖南省、江西省南部及海南省统称华南。每年受夏季风的影响最早（4 月前后），结束最晚（10 月前后），汛期最长（为 4～9 个月）。由于影响降雨的大气环流形势和天气系统不同，通常有前汛期（4—6 月）和后汛期（7—9 月）之分。前汛期受西风带环流影响，产生降雨和暴雨天气系统主要是锋面、切变线、低涡和南支槽等。暴雨历时最短不足 1d，长的可达 5～7d。暴雨强度很大，24h 雨量在 200～400mm 是很平常的，特大暴雨可达 800mm 以上。根据多年的实测资料统计，华南地区历时最长的特大暴雨几乎都发生在前汛期。

（2）江淮初夏梅雨期暴雨：每年初夏时期（6 月中旬至 7 月下旬），在长江中下游、淮河流域至日本南部这个近似东西向的带状地区，都会维持一条稳定持久的降雨带，形成降雨非常集中的特殊连阴雨天气。其降雨范围广，持续时间长，暴雨过程频繁，是洪涝灾害最集中的时期。由于此时正是江南特产梅子成熟之际，所以称为江淮梅雨或黄梅雨。又因为梅雨期气温较高，空气湿度大，衣物、食品容易霉烂，所以又有霉雨之说。梅雨一般在 6 月中旬前后开始，称为入梅；7 月上中旬结束，称为出梅。但是，每年入梅和出梅时间的早晚、梅雨期长短以及梅雨量大小的差别很大。一般梅雨期可以持续 25d 左右，最长的可达 60d 以上，而最短的只有几天。若连续降雨日不足 6d，则称为空梅。

（3）北方盛夏期暴雨：江淮梅雨结束后，7 月中下旬我国的主要降雨带跳至华北和东北一带，造成这些地区暴雨频繁发生。很多影响大、致灾严重的特大暴雨都发生在这个时期，例如 1975 年 8 月河南省特大暴雨、1963 年 8 月海河特大暴雨、1953 年 8 月辽河大暴雨和 1981 年 7 月四川盆地大暴雨等。这个时期发生的暴雨具有显著的特点：强度大，降雨范围小，24h 最大暴雨量一般可达 300～400mm，在山地迎风坡甚至可达 2000mm 以上。

（4）华南后汛期暴雨：这个阶段的暴雨主要由热带气旋造成，而受影响的主要区域为我国东南沿海一带。热带气旋暴雨是造成我国沿海地区洪涝灾害和风暴潮灾害的重要因素。根据 1951—2000 年的统计资料，每年影响我国的热带气旋平均为 15.5 个，且主要在西北太平洋（包括我国南海地区）上生成。热带气旋是最强的暴雨天气系统，我国很多特大暴雨都是由热带气旋或受其影响造成的，例如 1967 年 10 月，台湾省新寮地区受热带气旋影响，24h 暴雨量就达到 1672mm，并且热带气旋深入内陆以后也会产生暴雨，导致严重灾害。1975 年 8 月河南省驻马店市泌阳县板桥镇林庄特大暴雨的一个重要原因就是台风影响，24h 暴雨量达 1060.3mm。

（5）华西秋雨季暴雨：每年 9—10 月，影响我国东部地区的夏季风向南撤退，大陆地区陆续进入秋季，降雨明显减少。但在我国西南部，包括陕西省、甘肃省南部、云南省、贵州省、四川省西部、汉江上游和长江三峡地区在内的华西地区，出现了第二个降雨集中期，称为华西秋雨期。此间也会出现暴雨，暴雨中心位于四川省东北部大巴山一带，降雨范围大，持续时间长，而降雨强度一般。

（6）西北暴雨：西北地区多数地方年降雨量少，日降雨量达到 50mm 的机会也很少，特别是新疆维吾尔自治区，80% 的测站从未出现过日雨量 50mm 以上的降水。因此，按日雨量计算，西北很难达到通常定义的暴雨或特大暴雨的标准，暴雨极少。但实际上，由于西北地区容易出现较强的短历时暴雨，因此经常发生暴雨危害。会引起地面径流沿坡沟地形迅速下泄，汇集成局地洪水和泥石流。因此，西北各地区都根据各自的经验重新划定对当地有影响的强降水日雨量作为暴雨标准。西北地区大到暴雨（日雨量大于等于 25mm）降水频数自东南和西北两方面向中间减少，新疆维吾尔自治区东部最少，并且有向山脉附近集中的趋势，但山区暴雨并不向山顶集中。

4.2 可降水量与水汽

4.2.1 大气可降水量

大气中的水分是从海洋、河、湖、潮湿土壤和植物等表面蒸发而来的。水汽进入大气后，由于它本身的分子扩散和气流的传递而分散在大气中。在一定的条件下，水汽会发生凝结，产生云、雾等许多天气现象，并以雨、雪等降水形式重新回到地面。地球上的水分就是这样通过蒸发、凝结、降水等物理过程循环不已。

表示大气湿度的物理量很多，通常有水汽压、绝对湿度、相对湿度、比湿、露点等。在水文气象学中，可降水量是表示大气湿度的通用物理特征量之一。所谓可降水量是指垂直空气柱中的全部水汽凝结后在气柱底面上所形成的液态水的深度，以 W 表示，单位为 mm。可降水量是一个重要的概念，目前可能最大降水的估算方法就是建立在可降水量这个基本概念的基础之上的。但是应该指出，可降水量并不是真正完全可降的。例如，在大暴雨之后大气中仍然储存大量水汽，随着大气运行输送到其他地方，并不降落。另外，我国某些地区实际发生的暴雨强度往往可以超过该时刻当地上空可降水量的若干倍。例如，"75·8"暴雨时，林庄附近 $W=80\mathrm{mm}$，而 24h 降水高达 1060mm，为前者的 13 倍。因此，仅靠当地水汽形成不了大暴雨。

4.2.1.1 可降水量的计算方法

1. 根据探空气球资料分层积分计算

设有一横截面积为 $1\mathrm{cm}^2$、厚度为 ΔZ 的湿空气块，其水汽含量为

$$\Delta W=\rho_{\mathrm{w}}\Delta Z \tag{4.1}$$

式中：ρ_{w} 为水汽密度，$\mathrm{g/cm}^3$。

将大气静力学方程 $\Delta Z=-(1/\rho g)\Delta p$ 代入式（4.1）中得

$$\Delta W=-\frac{\rho_{\mathrm{w}}}{\rho g}\Delta p=-\frac{1}{g}q\Delta p \tag{4.2}$$

式中：ρ 为空气密度，$\mathrm{g/m}^3$；q 为比湿；Δp 为湿空气块上下两层的气压差，hPa；g 为重力加速度，取 $g=980\mathrm{cm/s}^2$。

从地面（大气压强为 P_0）到大气顶界（大气压强 $P=0$）对式（4.2）求和，便得到可降水量，即

$$\Delta W=-\frac{1}{g}\sum_{P_0}^{0}q\Delta p=0.01\sum_{0}^{P_0}q\Delta p \tag{4.3}$$

由于水汽主要集中在对流层下部，因此通常只需从地面计算到大气压强为 300hPa 或 200hPa 的高度处即可。在具体计算时，通常采用大气分层的办法。

（1）具体步骤为：

首先根据各高度上的露点计算出各高度上的水汽压 e（hPa）。

（2）用 $q=622\dfrac{e}{p}$ 式计算各高度上的比湿。

（3）用式（4.4）先计算各层之间的水汽含量，再积分求和即得到可降水量，即

$$W=0.01\sum\frac{q_i+q_{i+1}}{2}(P_i-P_{i+1}) \tag{4.4}$$

具体计算实例见表 4.1，从地面到 750hPa 高度处的可降水量 W 应为 31.6mm。

表 4.1　　　　　　　　　　　　　　　可 降 水 量 W 的 计 算

测点编号 (1)	气压 P /hPa (2)	比湿 q /(g/kg) (3)	气压差 $\Delta P=P_i-P_{i+1}$ (4)	平均比湿 $(q_i+q_{i+1})/2$ (5)	乘积 (4)×(5) (6)	两层之间的水汽含量/mm (7)
1	1005	14.2	155	13.3	2062	20.6
2	850	12.4	100	11.0	1100	11.0
3	750	9.5				

2. 根据地面露点查算

探空气球观测资料主要由气象部门高空探测站提供，但是高空探测站相对较少且观测年限较短，很多情况下雨区没有实测高空观测资料。因此，通常需要根据地面露点资料估算大气可降水量。假设暴雨期间对流层内整层空气呈饱和状态，即各层气温 t 均等于该层的露点

t_d。也就是说，该状态下大气温度随高度的变化是按照湿绝热线递减，每一个地面露点值便对应一条湿绝热线（如图4.1斜线所示）。

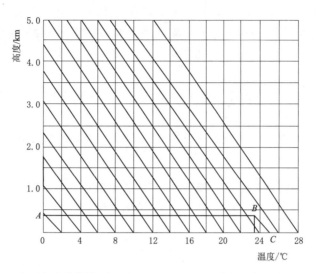

图 4.1　由测点高度换算到1000hPa（地面）处露点温度对应的湿绝热线

利用图4.1由测点高度换算到1000hPa处地面露点温度值对应的湿绝热线，即根据测点高度与气温绘制平行于横坐标轴的线段 AB，由于大气温度随高度的变化是按湿绝热线递减，因此过 B 点沿着（斜线）湿绝热线方向绘制的平行线段 BC 就可用于将测点高度的露点温度换算成海平面（1000hPa）处的地面露点温度（C 点横坐标值）。

因此，水汽含量（可降水量）是地面露点的单值函数。据此可制成海平面（$Z=0$，或 $P=1000\text{hPa}$）至水汽顶界（取为 $Z_m=12000\text{m}$，或 $P=200\text{hPa}$）不同露点（海平面上）对应的可降水量表，见表4.2。

表 4.2　　　　　　1000hPa 地面到 200hPa 间饱和假绝热大气中露点温度与可降水量的对应表

露点/℃	15	16	17	18	19	20	21	22	23	24	25	26	27	28
可降水量/mm	33	36	40	44	48	52	57	62	68	74	81	88	96	105

高程 Z_0 至水汽顶界 Z_m 之间的可降水量 W 的计算步骤如下：

（1）首先将地面露点值 $t_{d,z}$ 化算为海平面（1000hPa）露点值 $t_{d,0}$。方法是由坐标 $(t_{d,z}，Z)$ 在图4.1中找到其相应位置，自该位置平行于最靠近的湿绝热线至 $Z=0$ 处，其温度即 $t_{d,0}$。

（2）按表4.2查算海平面至200hPa的可降水量，$W_{(0\sim Z_m)}$。

（3）按表4.3查算海平面至地面的可降水量，$W_{(0\sim Z_0)}$。

（4）地面以上大气的可降水量为 $W_{(Z_0\sim Z_m)}=W_{(0\sim Z_m)}-W_{(0\sim Z_0)}$。

计算原理如图4.2所示。

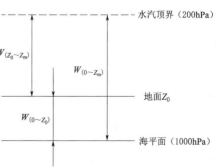

图 4.2　大气可降水量 W 的计算

【例 4.1】　某测站地面高程 $Z_{地面}=400m$，地面露点 $t_d=23.6℃$。求地面至水汽顶界的可降水量 W（地面～Z_m）。

解：（1）由坐标（$t_{d,z}=23.6℃$，$Z_{地面}=400m$）在图 4.2 上得 B 点，自 B 点平行于最接近的饱和湿绝热线向下至 $Z=0$ 处得点 C，读 C 点的温度值得 1000hPa 的露点为 $t_{d,0}=25℃$。

（2）查表 4.2 得地面露点温度为 25℃ 对应的 1000hPa 地面到 200 hPa 间饱和假绝热大气中的可降水量 $W(0～Z_m)=81mm$。

（3）查表 4.3 得地面露点温度为 25℃ 对应的 1000hPa 地面到 400m 高度间饱和假绝热大气中的可降水量 $W(0～400m)=9mm$。

（4）该站地面（高程 400m）至水汽顶界（200hPa）的可降水量 W（地面～Z_m）$=81mm-9mm=72mm$。

表 4.3　　　　　　**1000hPa 地面到指定高度间饱和假绝热大气中的可降水量（mm）**
与 1000hPa 地面露点的函数关系

高度/m ＼ 温度/℃	15	16	17	18	19	20	21	22	23	24	25	26	27	28
200	2	3	3	3	3	3	4	4	4	4	4	5	5	5
400	5	5	5	6	6	6	7	7	8	8	9	9	10	10
600	7	7	8	8	10	11	11	12	13	14	14	15	15
800	9	10	10	11	12	13	14	15	16	17	18	19	20
1000	11	12	13	13	14	15	16	17	18	20	21	22	23	25
1200	13	14	15	16	17	18	19	20	21	23	24	26	27	29
1400	15	16	17	18	19	20	22	23	24	26	28	29	31	33

4.2.1.2　可降水量的变化

一般说来，一个地区的可降水量取决于该地区的气柱高度、纬度、地面高程、距海远近、气象条件等。

可降水量是随纬度的增大而减小的。低纬度可降水量大，纬度越高，可降水量越小。最大值出现在低纬度大洋上，例如印度洋北部一直到孟加拉湾是最大可降水量中心所在，平均为 50mm 以上；北极地区为小于 10mm 的低值中心。

海拔高度越高，气柱越短，可降水量越小。因此，高原可降水量小，平原可降水量大。例如，我国东部平原、长江中下游、四川盆地以及东南沿海可降水量达 50～62mm（7 月），而青藏高原可降水量在 20mm 以下。

可降水量也随季节不同而变化。在我国，可降水量夏季大，冬季小，其中以 7 月最大，1 月最小。这与我国对流层内平均温度年变化是一致的。研究发现，在最大 24h 雨量出现当天或者前 1～2 天，可降水量往往出现一个峰值，这表明此刻水汽输送达到最大值。此刻的可降水量即可作为与该场暴雨最大 24h 雨量相对应的代表性可降水量。这个概念在可能最大降水的估算中十分重要。

4.2.1.3　可降水量与暴雨的关系

从总体的时空分布上看，可降水量和暴雨量还是具有对应关系的。暴雨多年统计值的季节变化与可降水的变化也是一致的。热季的气温高，水汽压大，最大露点高，暴雨量大；冷季则相反。从地区分布上看，中国东部地区可降水极值大，暴雨量也大。从单次暴雨的雨量和可降水量分析成果来看，这种关系比较复杂。

4.2.2 水汽输送

对可降水量与暴雨量关系的分析表明，气柱中所含的静态可降水量一般不会超过100mm。然而，实际上一次降水过程的总降水深度可达1000mm以上。因此，贡献一次暴雨的水汽量绝不是当地气柱中水汽所能承担的，主要的水汽供应来自于水汽的远距离输送。这突显了暴雨事件背后的水汽来源复杂，通常涉及大范围的水汽输送过程。

1. 影响水汽输送的主要因素

（1）大气环流。水汽输送形式有两种（大气环流输送和涡动输送），其中环流输送处于主导地位。这和大气环流决定着全球流场和风速场有关。而流场和风速场直接影响全球水汽的分布变化以及水汽输送的路径和强度。因此大气环流的任何改变，必然通过流场和风速场的改变而影响到水汽输送的方向、路径和强度。

（2）地理纬度。地理纬度的影响主要表现为影响辐射平衡值，影响气温、水温的纬向分布，进而影响蒸发以及空中水汽含量的纬向分布，基本规律是水汽含量随纬度的增高而减少。

（3）海陆分布。海洋是水汽的主要来源地，因此距离海洋远近直接影响空中水汽含量的多少，这也正是我国东南沿海暖湿多雨，越向西北内陆腹地伸展，水循环越弱、降水越少的原因。

（4）海拔高度与地形屏障作用。这个影响包括两方面。首先是随着地表海拔高度的增加，近地层湿空气层逐步变薄，水汽含量相应减少，这也是青藏高原上雨量较少的重要原因。其次是那些垂直于气流运行方向的山脉，常常成为阻隔暖湿气流运移的屏障，迫使迎风坡成为多雨区，背风坡绝热升温，温度降低，水汽含量减少，成为雨影区。

2. 我国水汽输送的基本特点

关于我国水汽输送，刘国纬和崔一峰（1991）通过选用全国122个探空站及国外27个探空站的资料，并以1983年为典型年进行了比较系统的分析、计算与研究，得出了如下的基本结论。

（1）我国水汽输送主要存在三个基本的水汽来源，三条输出输入路径，并有明显的季节变化。三个来源分别是极地气团的西北水汽流、南海水汽流及孟加拉湾水汽流。西北水汽流自西北方向入境，于东南方向出境，大致呈纬向分布，冬季直达长江，夏季退居黄河以北。南海水汽流自广东省、福建省沿海登陆北上，至长江中下游地区偏转，并由长江口附近出境，夏季可以深入华北平原，冬季退缩到北纬25°以南地区，水汽流呈明显的经向分布，由于水汽含量丰沛，所以输送通量值大。而孟加拉湾水汽流通常自北部湾入境，流向广西壮族自治区、云南省，继而折向东北方向，并在贵阳—长沙一线与南海水汽流汇合，而后亦进入长江中下游地区，然后出海，全年中春季强盛，冬季限于华南沿海。

（2）水汽输送既有大气平均环流引起的平均输送，又有移动性涡动输送，其中平均输送方向基本上与风场相一致。而涡动输送方向大体上与湿度梯度方向相一致，即从湿度大的地区指向湿度小的地区。涡动输送的这个特点对于把东南沿海地区上空丰沛的水汽向内陆腹地输送具有重要作用。

（3）地理位置、海陆分布与地貌上的总体格局，制约了全国水汽输送的基本态势。青藏高原雄踞西南，决定了我国水汽输送场形成南北两支水汽流，北纬 30°以北地区盛行纬向水汽输送，30°以南具有明显的经向输送。而秦岭-淮河一线成为我国南北气流经常汇合的地区，是水汽流辐合带。海陆的分布制约了我国上空湿度场的配置，并呈现由东南向西北递减的趋势，进而影响我国降水的地区分布。

第四，水汽输送场垂直分布存在明显差异。在 850hPa 气层上，一年四季水汽输送场形势比较复杂。在 700hPa 气层上，在淮河流域以北盛行西北水汽流，淮河以南盛行西南水汽流，两股水汽流在北纬 30°～35°一带汇合后东流入海。在 500hPa 高度上，一年四季水汽输送呈现纬向分布。而低层大气中则经向输送比较明显，因此自低层到高层存在经向到纬向的顺时针方向切变。

3. 水汽输送与降水量的关系

由于较小面积流域的水汽净输送量计算误差很大，所以水文气象研究人员常常分析水汽输送与一次暴雨降水量的关系。长江中下游地区曾分析水汽入流指标 VW 与雨量的关系，其中 W 为可降水量，V 为同时的风速，VW 就代表了水汽输送的一种指标。该值一般取自某个代表层（例如 3000m 左右），选用暴雨前水汽来源方向具有代表性的测站，然后建立 24h 雨量与 VW 的关系。

4.2.3 暴雨的物理上限

我国水利部、电力工业部在进行水利水电工程设计洪水计算时曾提出，在现代气候条件下，特定流域一定历时的降水从物理成因来说应该有一个上限，这个上限降水，目前只能近似地求得，这就是可能最大降水。2009 年 WMO 出版的 PMP 估算手册第三版对可能最大降水定义为，一年的特定时间中、在特定地点和给定时段内、在某个设计流域上或者给定暴雨面积下，气象上所可能降下的最大雨量，这个降水量不考虑气候的长期变化趋势。可能最大降水（PMP）产生的洪水称为可能最大洪水（PMF）。降水是否有一个上限问题，可以从以下几个方面来讨论。

（1）地球大气是一个不断运动的总体。为了维持地气系统的能量和热量平衡，大气环流对水汽、热量、能量等具有自动调整的功能。例如太阳辐射使地面不均匀加热产生对流，成云致雨，但云系又可以减弱太阳辐射，降雨也使下垫面降温和均化，从而抑制对流，使它不会无限发展。特大暴雨是大气环流异常的产物，而大气环流特别是长期过程，除了受辐射因子影响以外，还受高原、海洋和极冰等热力因子及动力因子的作用与制约。例如，海洋对大气加热，使大气运动，并通过切应力推动洋流以及使海水上翻，这样海温就得以调整。海气相互调整使大气环流不致过分异常，也不允许天气长期向一个方向发展。

（2）作为暴雨形成主要因子之一的大气水汽含量（即可降水量）也是有上限的。大气中的水汽主要来自海洋蒸发。估算可能最大降水可以用最大代表性露点温度的方法推求，而最大代表性露点温度受海温控制，海温又受制于大气运动与洋流。多年观测表明海温变化相对较小，而且不可能无限增大。因此，大气中水汽的上限受到海温和气候系统的调控，这也限制了可能的最大降水量。

（3）从降水的长期气候变化来看，降水具有周期性振荡，而非持续的无限增长。

（4）国内外实测大暴雨也是在一个有限范围内变动。根据国内外不同历时最大暴雨记录，最大暴雨点据基本位于雨量-历时关系线的下方。也就是说，世界范围内的特大暴雨存在一个近似的物理上限。

4.3 暴雨成因分析与暴雨天气系统

4.3.1 暴雨成因分析

暴雨形成过程比较复杂，尤其是特大暴雨，其中包含一系列的宏观条件和微观物理过程。从宏观条件来说，大气中必须有充沛的水汽、强烈持续的上升运动以及不稳定大气层结。从微观物理过程而言，需要具备足够的凝结核，一定数量的、能启动降水的大云滴成冰晶，持续的云滴凝结和碰并增长条件等。此外，有利地形亦是影响暴雨的重要因素。本节只讨论暴雨形成的宏观物理条件。

4.3.1.1 充沛的水汽

水汽是降水的必要原料。尤其是特大暴雨必须具备充沛的水汽，而且源源不断地供给与集中。这就要求大气本身水汽含量高，饱和层厚，还要有辐合强度大的流场。

表 4.4 是北京、上海等站 7 月当天 7 时（北京时间）700hPa 上不同比湿条件下暴雨（日雨量大于 50mm）出现次数。比湿的表达式可以写成

$$q = 622 \frac{e(T_d)}{p} \qquad (4.5)$$

式中：e 为水汽分压力，它是露点温度的函数；p 为气压，hPa。

表 4.4   **7 月当天 7 时 700hPa 上不同比湿条件下**
暴雨（日雨量大于 50mm）出现次数（1960—1969 年）

站名	比湿/(g/kg)								
	4.0～4.9	5.0～5.9	6.0～6.9	7.0～7.9	8.0～8.9	9.0～9.9	10.0～10.9	11.0～11.9	≥12.0
	暴雨次数								
北京			1		1	2	1	1	
上海						1	2	2	
汉口		1			1	3	3	2	2
广州					1	3	1	2	1
昆明							2	2	

由表 4.4 可以看出，各站的暴雨绝大多数出现在比湿 $q \geqslant 8g/kg$ 的情况下，尤其是特大暴雨比湿几乎都达到或超过了这个标准。例外的情形是北京和汉口，10 年内只有一次，当出现暴雨时，比湿在 5.0～6.9g/kg 范围内。比湿小于 5g/kg 时，一次暴雨或大雨也没有出现过。

然而只靠气柱内的水汽上升凝结并全部降落也不足以造成一场特大暴雨，关键问题是暴雨区内要有源源不断的水汽入流与辐合。如 1981 年 7 月四川省大暴雨期间，气柱内的水汽不断增加，暴雨也不断增强，但当暴雨最强时，成都龙泉驿站 24h 雨量为 314mm，而大气中的可降水量只不过 70mm（13 日），前者为后者的 4.5 倍。因此，要产生和维持强烈的降水，必须有非常潮湿的暖空气自水汽源地向暴雨区输送，并在云内辐合上升，不断凝结下

降，这种循环过程往往需要重复几次或几十次。

一般说来，造成我国暴雨的水汽来源于西太平洋、南海和孟加拉湾。暴雨发生前或暴雨时，往往在 $600\sim900\text{hPa}$ 出现一支风速大于 12m/s 的低空西南急流或东南急流。这是一支极其强烈的水汽和能量输送带。它不仅携带大量的水汽源源不断地供应暴雨区，而且使低层不稳定能量大大增加，形成湿舌或湿中心并使空气达到饱和，湿层增厚，不稳定度增大，造成强烈暴雨。

水汽输送的有利条件往往是和大尺度环流、低空急流、低值涡旋系统相联系的。例如，高空槽前、切变线低涡成锋面附近以及副热带高压的西北侧或西南侧，常出现强烈的暖湿平流和低空辐合。湿舌一般位于 700hPa 槽前或切变线附近，轴线与槽线或切变线大体上平行，并随天气系统的演变而移动或发展。

4.3.1.2　强烈而持久的上升运动

水汽并不是降水的唯一条件，要产生暴雨除了有水汽源源不断供给以外，尚需要强烈而持续的上升运动。假设饱和湿空气持续上升并且凝结的水滴全部下落成为降水，那么，在 Δt 时间内单位面积上的降水量为

$$R = -\frac{1}{g}\int_{t}^{t+\Delta t}\int_{0}^{p_0}\frac{\text{d}q_{\text{s}}}{\text{d}p}\omega\,\text{d}p\,\text{d}t \tag{4.6}$$

式中：q_{s} 为饱和比湿；ω 为 p 坐标中的上升速度；$\dfrac{\text{d}q_{\text{s}}}{\text{d}p}=F$ 称为凝结函数。

如果求得上升速度和凝结函数，就可以计算降水强度。显然，降水强度的大小取决于上升速度与凝结函数。一般说来，大暴雨是和大的上升速度相联系的。持续性大暴雨不仅要有强烈的上升运动，而且要求持久。如果上升速度很大而维持时间不长，那么往往不会产生大暴雨。例如，我国沿海地区夏季短暂的热雷暴就是如此。然而上升运动过大，势必将一部分云滴自云顶卷出云外而蒸发，反而不会产生暴雨。观测表明，当上升气流速度大于 25m/s 时，降水效率只有百分之几或近于零。

暴雨期间，F 的量级为 10^1，ω 的量级为 $10^0\sim10^2\text{cm/s}$。大气中与降水强度有关的上升运动可以分为以下四类。

（1）大范围上升运动，包括锋面抬升和低层辐合上升运动。这类上升运动多出现在高空槽前，低涡、切变线或锋区附近。它的分布范围广，但量级小，约为 10^0cm/s。由这类上升运动所造成的降水也比较小，24h 降雨量为 $10^0\sim10^1\text{mm}$。

（2）中尺度系统内的上升运动。中尺度低压、辐合线、切变线等系统内，上升速度比较强，可达 10^1cm/s，它比天气尺度系统内的上升速度约大一个量级。由这类上升速度所造成的降水量可达 10^1mm/h。

（3）小尺度系统活动所引起的上升运动。强积雨云或超级对流单体中的上升运动非常强烈，其量级可达 10^2cm/s。在极端情况下，可达 40m/s，其所造成的降水量约为 10^2mm/h。

表 4.5 为不同尺度系统中的上升运动量级。尽管天气尺度系统内的上升运动在垂直尺度上可能较小，但其范围广，持续时间长。这为中、小尺度上升运动的发生和发展提供了环流背景和环境条件。因此，大尺度上升运动的发展与维持仍然是暴雨的一个先决条件。

表 4.5 不同尺度系统内的上升运动量级

系统尺度 ＼ 特征值	水平尺度/km	时间尺度/s	地面辐合/s^{-1}	上升速度/(cm/s)
天气尺度	10^3	10^5	10^{-5}	$10^0 \sim 10^1$
中尺度	10^2	10^4	10^{-4}	$10^1 \sim 10^2$
小尺度	10^1	10^3	10^{-3}	$10^2 \sim 10^3$

（4）地形引起的上升运动。气流在山脉的迎风坡由于强迫抬升，常引起强烈而持久的上升运动。如果山脉坡度很陡，并且与山脉成正交的风速分量甚大，那么强迫上升速度越强。观测表明，夏季在山脉迎风坡往往有强大的积雨云发展，并产生暴雨。显然，这与地形抬升作用及触发有关。

与大暴雨直接相关联的强上升运动，主要是由中小尺度系统活动引起的。暴雨实例分析发现，在两个或两个以上的大尺度上升运动区相遇的地方，经常触发强上升运动的中小尺度暴雨系统。例如，1963 年 8 月河北省特大暴雨就是西南低涡与北方西风槽相遇触发造成的。

4.3.1.3 位势不稳定能量的释放与再生

强对流的发生必须具备不稳定层结。当对流开始后，大气中的不稳定能量便迅速释放出来。如果欲使暴雨持久，就要求在暴雨区内有位势不稳定能量不断释放和再生。对夏季大暴雨过程来说，低层暖湿空气入流十分重要，它将增加大气的位势不稳定能量。如果遇到弱冷空气或有利地形的抬升作用，就可以使这种不稳定能量迅速释放，引起强对流，并伴随大量潜热释放，反馈大气，从而导致上升速度增强。

重建位势不稳定层结的有利条件是高空出现干冷平流和低层出现暖湿平流，尤其是低空急流的加强和发展。这些条件通常是位势不稳定层结形成的重要因素。在这种气象背景下，上层大气的冷热分布和下层大气的湿度分布创造了不稳定的气象环境，有利于对流层结的形成和维持。特别是低空急流的加强，更加有助于位势不稳定的形成。因此，这些条件的相互作用促使位势不稳定层结的重建。

4.3.2 暴雨天气系统

4.3.2.1 概述

暴雨中心是中小尺度天气系统的产物，但整个暴雨笼罩地区的暴雨全过程则由各种尺度天气的相互作用以及和下垫面有利的组合所形成。对不同历时、不同笼罩面积的暴雨起主导作用的是不同尺度的天气系统。

小尺度系统包括局地强对流风暴、雷暴、对流单体等。积雨云是产生暴雨的降水单体，其水平尺度一般为几千米，生命周期为 10～30min，降水强度很大，形成暴雨中心地区雨强最大的部分，但面积很小，它是构成中尺度暴雨系统的基本成分。

中尺度天气系统包括中尺度切变线、中尺度低压、中高压（雷暴高压）、对流层中层湿度不连续带、飑线、热带风暴等。它直接形成暴雨，并对积云对流活动有明显的组织和增强作用。中尺度扰动是在天气尺度和中间尺度气旋性系统中生成的。中尺度系统有若干个积雨云的对流活动，可以形成雨团，水平尺度 10～300km，持续几个小时，降雨强度可达 10mm/h 以上，形成暴雨区。

中间尺度天气系统有梅雨锋上的小低压、西南涡、西北涡，流场表现比较明显。它在天气尺度背景下发生发展，发展强烈时，可以变成天气尺度天气系统。

天气尺度天气系统主要包括锋面和温带气旋、切变线和低涡、高空槽、低空急流、热带气旋和东风波等。它可以多次产生中尺度系统和雨团，形成暴雨区水汽的集中，造成位势不稳定层结。水平尺度在 1000km 上下，持续时间为 1～3d，有大范围雨区，可以形成特大暴雨或持续性暴雨。

行星尺度天气系统有超长波、长波槽、阻塞高压、副热带高压、热带辐合带等。它是组成大气环流的主要因子，可以制约天气尺度天气系统的活动，决定暴雨区的水汽输送，影响大范围降水区的稳定或移动，对长历时大面积持续性暴雨有重要影响。

与暴雨有关的各类尺度的天气系统，可以综合成表 4.6。

表 4.6 各种尺度的天气系统及降水特征

天气系统分类	时间尺度	空间尺度/km	垂直尺度/(cm/s)	降水时间/h	降水面积/km²	降水率/(mm/h)
全球尺度	1～3 个月	半球、全球				
行星尺度	3～10d	3000～10000				
天气尺度	1～3d	1000～3000	<10	>12	>10000	1～2
中间尺度	10h～1d	300～1000		>10		
中尺度	1～10h	10～300	10～100	0.5～4	50～10000	2～10
小尺度	10min～3h	<40	>100	<0.5	5～50	10～100

由于一次暴雨往往是多种尺度天气系统综合作用的结果，所以在对具体某一次暴雨进行实际天气归类时，一般只能选用对其影响最大的系统，目前尚无具体统一的标准。在水利系统暴雨分析工作中往往将天气笼统地分成热带系统（例如热带气旋等）、低涡切变系统（包括锋面、气旋等温带系统）及局地暴雨（包括雷暴等中小尺度天气系统）等 3 大类。

4.3.2.2 主要暴雨天气系统

一次暴雨过程，从暴雨中心到雨区外围，从降水开始、发展到消亡，往往是多种天气系统综合作用的结果。现在将形成中国特大暴雨的几种常见天气系统分述如下。

1. 热带天气系统

影响中国暴雨的热带天气系统有热带气旋（台风）、东风波、赤道辐合带、热带云团和孟加拉湾风暴等。

（1）热带气旋是发生在热带洋面上强烈的暖性气旋性涡旋。水平尺度从几百到上千千米，从地面直达平流层底层，十分深厚。中心气压一般在 870～990hPa，中心附近最大风速一般为 30～50m/s，有时可以超过 80m/s。1989 年以前，中国规定中心附近最大风速小于17.1m/s（风力 7 级以下）称为热带低压，风速在 17.2～32.6m/s（风力 8～11 级）称为台风，风速超过 32.7m/s（风力 12 级以上）称为强台风。1989 年开始使用国际规定名称，最大风力 6～7 级（风速 10.8～17.1m/s）仍然称为热带低压，风力 8～9 级（风速 17.2～24.4m/s）称为热带风暴，风力 10～11 级（风速 24.5～32.6m/s）称为强热带风暴，风力为 12 级或更大（风速大于 32.7m/s）称为台风。

除了新疆维吾尔自治区以外，全国各地区均受到热带气旋直接和间接影响（包括输送的水汽），但主要影响地区则在东部，从云南省、贵州省的南部，经过湖南省、湖北省、河南省的西部、陕西省北部、内蒙古自治区中南部到黑龙江省中部一线以东的广大地区，都是热带气旋及其演变成的温带气旋的气旋中心所及范围。热带气旋可以深入内陆 600~1000km。

根据中国气象局热带气旋资料中心的统计，从 1949 年到 2021 年，台风登陆中国的次数共计 872 次。台风登陆最多的地区集中在华南地区。广东省是全国台风登陆次数最多的省份，达到 268 次。其次是海南省、台湾省和福建省，登陆次数分别为 171 次、150 次和 132次。热带气旋及其倒槽以及登陆后演变成的温带气旋，往往与西风带天气系统共同作用产生大暴雨。根据各地区暴雨和洪水资料点绘的热带气旋影响下的暴雨和洪水分区图发现，曾经发生过热带气旋暴雨的地区比热带气旋及其演变成的温带气旋所达到的范围稍小，分布于滇南、湘鄂豫西部、太行山、小兴安岭一线以东。在该地区内可以分为热带气旋暴雨区、热带气旋和非热带气旋暴雨混合区以及非热带气旋暴雨区等 3 个分区，分别表示热带气旋暴雨占该地区大暴雨总数的大多数、一部分和少数 3 种情况。第一类地区都位于沿海和东北地区的东部。

热带气旋登陆后一般很快减弱成为温带气旋，但是仍然可以深入内陆。登陆后的热带气旋移动路径一般有：从南海北部向西移动，深入大陆腹地后消亡；沿大陆东部或沿海向北转东北到达华北、东北地区。根据中国东部产生大暴雨的典型热带气旋移动路径及其大暴雨中心地点的分布可知，淮河流域及以南地区多次出现特大热带气旋暴雨，华北以及东北南部也有特大暴雨分布。沿中国地形的第二级阶梯东部山地东侧虽然离海较远，也有可能出现特大热带气旋暴雨。

（2）东风波是热带地区低空信风和高空东风气流中由东向西移动的一种波状扰动。西太平洋东风波大多数发生于东部，波长约 2000km，以每天 7 个左右经距的速度向西移动。当移经热带辐合带北侧时，经常促使热带辐合带内产生热带气旋。1977 年 8 月 21 日，上海市塘桥暴雨 24h 雨量高达 581.2mm，即由东风波影响所致。

（3）热带辐合带为南北半球气流形成的辐合地带，又称为赤道辐合带。北半球夏季，东北信风位置偏北，西南风与东北风相遇形成热带辐合带，其南侧的西南风还有较强的风速辐合。辐合带以南存在对流活动，有许多云团。云南省 1973 年 9 月 4 日发生的 24h 降雨155.2mm 的暴雨即为一例。

（4）热带云团为存在于热带地区由大气对流云所组成的云区。云团的尺度范围变化于小尺度和天气尺度之间，一般为 4~10 个纬距，可以发展成为东风波、热带气旋、孟加拉湾风暴等热带天气系统。1988 年 7 月 29—30 日，浙江省东部马岙出现的 24h 降雨 524.0mm 的特大暴雨，就是受副高南侧热带东风带中的中尺度对流云团影响所形成。

（5）孟加拉湾风暴是发生于孟加拉湾的热带气旋，也是影响中国西南地区暴雨的一种热带天气系统，但影响次数少，暴雨主要出现于云南省德宏傣族景颇族自治州盈江县等地。

2. 锋、切变线和槽

产生带状降水分布的天气系统有锋、切变线、低空急流和低压槽等，它们往往上下配合，形成一个地带的降水。

活跃在中国的锋主要是极地气团和热带气团之间的锋，称为极锋，随着季节的变化而南北推移。冷锋对中国的天气影响很大，西北地区大多数暴雨与冷锋有关。江淮流域的静止锋是形成江淮梅雨的主要天气系统。

对暴雨有重大影响的切变线有东西向和南北向两类。东西向切变线大多数为低压槽变窄，槽线由南北向转为东西向过程中，在槽前西南气流和槽后东北气流非常逼近的情况下形成的。江淮切变线比较稳定，其南侧经常平行产生暴雨带，切变线上东移的低涡则对应产生暴雨中心。南北向切变线往往形成于东西两个高压之间，例如 1963 年 8 月海河大暴雨即为日本海副热带高压与河西小高压之间一条稳定持久的南北向切变线形成的。

存在于对流层下部距地面 1～4km 的一支低空强风带为低空急流。北半球在副热带高压的西侧或北侧边缘，有一股偏南或西南气流，长度可达数百到几千千米，风速有明显的超地转特征，中心风速一般大于 12m/s，最大可达 30m/s。低空急流的左侧为主要上升运动区，右侧为下沉运动区。气流来自热带洋面，在低空输送大量热量、水汽和动量，形成对流性不稳定层结。急流左侧 200km 范围内易生成暴雨，华南前汛期暴雨与低空急流密切有关。

低压向外伸出的狭长区域或一组未闭合等压线向气压较高一方突出的部分为低压槽，低压槽中等压线曲率最大处的连接线为槽线。高空低压槽为对流层中层西风带上的短波槽，波长约 1000km，自西向东移动。槽前盛行暖湿气流，形成云雨，是影响中高纬度广大地区天气的重要天气系统。例如形成黄河上游特大洪水的 1981 年 8～9 月降水过程，就是一次由西北向东移动的槽和冷锋系统造成的。中国的高空槽有西北槽、青藏槽和印缅槽。大多数从上游移来，向东移动中如果遇到高压阻控，将减速或停滞，造成持续性降水。如果和两侧的低槽或低涡相遇，相互打通合并，那么降雨增强。

3. 气旋和低涡

青藏高原上移出的西风槽和西南涡东移时，在中国的中部和东部常有气旋形成。气旋的尺度变幅较大，从几百到三四千千米。气旋根据其生成的源地，可分为蒙古气旋、东北气旋、黄河气旋、江淮气旋和东海气旋。蒙古气旋大多发生在蒙古的中东部地区，向东移入中国，但一般带来大量降水。东北气旋（即东北低压）多由蒙古气旋东移发展而成，天气主要以大风为主。在关内形成的气旋向北偏东移入东北地区时，常引发东北南部暴雨。黄河气旋有几个源地，其中生成于河套北部的黄河气旋向东移时可导致内蒙古中部和华北北部的降水。在晋陕地区形成的气旋通常只带来零星降水。而在黄河下游华北平原地区，气旋数量较多，且可能加深发展，引发东北南部的暴雨。江淮气旋发生于长江中下游、湘赣地区及淮河流域，通常由西风槽或西南低涡东移时在地面静止锋上诱发，或由地面冷锋进入暖性低槽后锋面波动形成。大多数向东北偏东方向移动入海，是形成江淮暴雨的主要天气系统之一。东海气旋对中国陆地暴雨影响较小。

对流层中上层出现的冷性低气压为低涡，有些从高空西风带深槽中切断而来，有的在特定地形条件下产生。低涡按其发生源地有华北低涡、东北低涡、西南低涡和西北低涡。华北低涡（东蒙冷涡）形成于华北较深厚的高空冷性系统，形成后进入东北、内蒙古和河北北部，在华北产生暴雨。当与其他系统结合时可以产生大暴雨。东北低涡为形成于贝加尔湖附近，经过中国东北移向堪察加半岛的冷性涡旋，尺度较大，是深厚的冷性系统，可产生暴雨。西南低涡是在青藏高原地形影响下副热带西风气流中产生的中间尺度天气系统，垂直伸展比较浅薄，在 700hPa 面上较为明显。当它与高空槽相结合，低空又有强盛水汽输送时，可以发展为较深厚的低压系统。西南低涡按源地分为四川西部的九龙涡、西藏东北的黑河涡和四川盆地的盆地涡。西南低涡的发展和东移常给四川省、中国东部和北部地区带来大暴雨。例如 1981 年 7 月长江上游特大洪水就是在四川盆地内西南涡特大暴雨造成的。向东移动是西南低涡的主要路径，往往造成长江中下游的特大暴雨，例如 1969 年 7 月中旬江淮特大暴雨。西南低涡向东北移动也会给华北带来暴雨，例如 1963 年 8 月上旬海河特大暴雨。

西南涡也可能向东南移动，经过川黔滇到两广或闽浙出海。西北低涡出现于青藏高原东北的西侧柴达木盆地一带，能形成西北地区的暴雨。东移还能引起华北、甚至东北地区的暴雨。

4.4 地形对暴雨的影响

地形对垂直运动和降水的影响很大，当一个降水天气系统移近山岳地区时，往往使对流加剧，降水增强，或者使系统内的雨量分布很不均匀，降水历时也大大地延长。这些作用称为地形对降水的增幅作用。有时候一次暴雨过程在山区迎风坡造成的降水量可以是平原地区的十几倍，甚至更大，而在背风坡降水量明显减少。因此，山地迎风坡不仅暴雨频数增加，而且往往也是暴雨中心的所在地。地形对暴雨的增幅作用大致有三方面：抬升、触发和缩窄。

4.4.1 地形坡度对气流的强迫抬升作用

当气流与地形坡度成正交时，一方面气流被强迫抬升，另一方面在某些有利地形条件下（例如喇叭口地形、圈椅式地形），会产生辐合。这种强迫抬升与辐合作用不仅使上升运动加强，更重要的是已有的上升运动得以持续和发展。特别是当低层潮湿急流袭击山区并与山脉成正交的情况下，往往使上升运动猛烈增大，对流加剧，暴雨显著增强和持续。

以日本四国岛地形对降水的影响为例，四国中部和北部横亘着背棱山脉，为向南开口的圆弧形。1963 年 8 月 8—11 日有一个强台风从其西侧的九州岛北上，在四国岛南部产生了一场特大暴雨，总雨量极值超过 1200mm，大于 400mm 的地区几乎与四国背棱山脉的南坡和东南坡一致。从 3h 降雨 100mm 以上的暴雨区移动路径来看，它与地面风向的演变关系密切。也就是说，地形性暴雨中心都出现在低空风向与背棱山脉几乎成正交的迎风坡上。可见，大暴雨区的移动，实际上并不是由于扰动的移动，而是在台风北上过程中，由于低层暖湿急流方向的改变，引起地形性上升运动区移动的结果。

除了地形强迫抬升作用以外，地形辐合作用对暴雨的影响也很重要。有些著名的特大暴雨就是发生在喇叭口地形的迎风坡。例如，河南省林庄板桥水库附近的地形特点是三面环山向东开口的喇叭口地形，"75·8"暴雨中心正好位于喇叭口地区的迎风坡。当时山前地面为东风，风速为 8～14m/s。山前平原地区驻马店距迎风坡的林庄仅 30km，而两地雨量竟相差 3 倍多。

4.4.2 对位势不稳定能量释放的触发作用

在地形坡度不太大的山岳区或丘陵区，地形强迫抬升作用虽然较小，但是如果流入山坡的低层空气相当潮湿，那么这种下湿上干的气层略被抬升立即变为不稳定状态，迅速释放大量不稳定能量，产生对流，增强降水。这种作用称为对位势不稳定能量释放的触发作用。在"75·8"暴雨期间，深厚的、极端潮湿的东风气流与山脉成正交，这不仅由于山坡的影响会加强上升运动，而且有助于巨大的不稳定能量的进一步释放。实际分析结果表明，在气流的上游方向，一直维持着一个最大的位势不稳定中心区，使板桥水库附近对流活动频繁，雨量大增。

4.4.3 地形对中尺度暴雨天气系统的影响

一些直接产生暴雨的中尺度系统（包括辐合线、中低压、切变线、积雨云群等）在移入地形复杂的丘陵和山区时，往往减速停滞，从而使局地总雨量大大增加。在一些有利的地形区域，尤其是平原与山区之间的阶梯地形过渡带、河谷、三角洲平原、喇叭口地形等，往往是中尺度系统最易于发生发展的集中地区。

1976 年 7 月 23 日北京北部山区古北口一带发生了一场大暴雨，最大点雨量为 358mm，而且集中在上午 10—12 时两小时之内。这次暴雨的产生与地形有很大关系。23 日晨，北京北部山区正处于低压槽内，槽内有一条冷锋并有一条辐合线与之相对应。这条地面辐合线穿过古北口一带，有一些中尺度系统沿辐合线向山区缓慢移动，产生了雷暴降水。但不是沿辐合线处处都有强烈降水，雨区只限于古北口一带的峡谷区。这个峡谷区两面临山，向西南开口。当西南风低空急流进入这个峡谷区时，造成很大的低空辐合，再加上潮湿不稳定层结，因此产生了强暴雨，最大雨强 1h 为 150mm，5min 为 26mm。

4.4.4　地形的屏蔽作用与海拔高度的影响

地形障碍可使水汽入流减少，特别是大地形或者高于 1000m 的山脉，这种屏蔽作用尤为明显。例如，青藏高原及其北侧，水汽含量甚小，降水稀少，很少有暴雨发生。又如我国赣南盆地，因受南岭山脉、武夷山、雩山、诸广山、大庾岭的屏蔽作用，经常是暴雨的低值区。

由于大气中的水汽集中在低层，随高度而迅速减少，所以一般说来，降水量也应该随高度减小。但在同一个山区，由于迎风坡对潮湿气流的抬升和位势不稳定能量的触发，使降水量随地形海拔高度的升高而增大。这样一来，当到达某个高度后，降水量又要减少，这个高度在气候学上称为最大降水带高度。

4.4.5　地形对降水微观物理过程的影响

地形的作用还在于改变降水云系中的微观物理过程。从云物理学的观点来看，降水云可以分为两类。一类为过冷却云（温度低于 0℃），这类云的降水是通过冰晶效应形成的。换言之，如果有冰晶或雪晶播种于其中，那么就会产生冰晶效应，云滴迅速凝结碰并增长，形成降水。另一类为暖云（温度在 0℃ 以上），在这类云中，云滴的谱分布比较均匀，水分亦较充分，如果让云中引起碰并过程，启动降水，就必须有足够多的大云滴。这些大云滴既可以是由于吸湿性凝结核的加入而产生，也可以是来自积雨云的播种。

考虑到云滴的凝结与重力碰并作用，云滴半径增长方程可以写成

$$\frac{dr}{dt} = \frac{D\varepsilon}{r} + K_g a_w r^2 \tag{4.7}$$

式中：r 为云滴半径；D 为水汽扩散系数，cm^2/s；ε 表示绝对过饱和，它是一个无量纲的数值，与上升运动的大小有关，当上升速度 $w = 10cm/s$ 时，$\varepsilon \approx 5 \times 10^{-10}$，这相当于过饱和度的量级为 0.01%；$K_g$ 为重力碰并系数，$K_g \approx 3 \times 10^5 g/cm$；$a_w$ 为云中的液态含水量，g/m^3。

式（4.7）右端第一项为云滴的凝结增长，第二项为重力碰并增长。十分明显，云滴在开始形成阶段要有足够的过饱和环境。由于凝结作用，云滴增长是缓慢的，而且云滴的大小相当均匀，难以产生较大的降水。随着云滴半径的增长，重力碰并（第二项）起主要作用，这时云滴迅速增长，最后形成降水落到地面。地形的作用在于加强上升运动，提供过饱和环境，发展对流云并加强云中的碰并过程。

日本的武田桥男（1977）根据雷达资料，概括了地形改变降水微观物理过程的几种模式。

（1）在山区迎风坡由于地形上升运动有低云存在，当锋面上的中高云出现在低空层状云上空时，中高云内的雨滴下落，对低云进行播种，引起碰并作用，增强地面降水。

（2）当迎风坡有高层云覆盖的情况下，由于地形上升运动，触发低层位势不稳定能量释放，造成穿透高层云的强积雨云。这类云对流强，厚度大，云顶高，云的上部往往伸展到0℃层以上直至对流层顶，并出现冰晶化。积雨云中部含水量大，滴谱宽，大云滴多，当它与层状云相互作用时，往往会进行自然播种，迅速引起云滴碰并增长，加强降水。

（3）当对流云进入由地形影响所形成的水平辐合场内时，积雨云四周高度较低的积云变成层状云，而积雨云更加发展。在积雨云发展过程中，由于卷入了周围层状云内的小云滴，增加了积雨云中的含水量和胶性不稳定，从而加强了云滴的并合作用，形成降水。

（4）当锋前暖区有两层不稳定层存在时，低层水汽供应充分，如果低层不稳定层由于地形作用触发不稳定能量释放，使之冲破了两层之间的稳定层，就导致中层不稳定能量释放，对流加强，造成中层云系中降水质点下落，对低层云系播种，因此加强了造雨效率。

当气流越过山脉时，引起波动，在迎风坡上升，对流云发展，加强降水，背风坡下沉，抑制云的发展，常使降水减弱。有时在背风坡也会由于漫溢效应产生较大的降水。所谓漫溢效应就是向风坡云系内的雨滴被强大的水平气流携带越过峰顶，落到背风一侧，称为飘雨。风大时，这种飘雨比较明显。

4.5　典型大暴雨简介

4.5.1　"35·7"长江中游五峰暴雨

4.5.1.1　暴雨特点

1935年7月上旬长江中游发生了一次历史上罕见的特大暴雨（简称"35·7"暴雨）。它是我国有雨量资料以来著名的大暴雨之一。就其大面积降水而论，这次暴雨较"63·8"暴雨或"75·8"暴雨有过之而无不及。澧水、清江中下游、三峡峡区以及汉江中下游等地区普遍发生了洪水灾害，有些河流还产生了特大洪水。

"35·7"暴雨区大致在 $27°N\sim35°N$，$108°E\sim115°E$，包括湖南省澧水和湖北省清江、香溪河、黄柏河、沮河、漳河与南河等流域。暴雨笼罩面积广，7月3—7日总雨量200mm等值线所包围的曲面积达 119400km²。

7月3日开始系统性降水，4日长江南岸清江到澧水之间强度最大。5—6在长江以北、汉水以南地区再次增强，7日基本结束，主要降水持续5天。暴雨分布形式呈南北向的哑铃形，有两个中心：南部中心在五峰附近，五峰实测值24h最大雨量为423mm，过程最大雨量5d为1282mm，2—8日总雨量达1400mm，通称五峰大暴雨，北部中心在兴山附近，该站实测值5d为1084mm，2—8日总雨量达1200mm。

概括地说，这次暴雨的主要特征：①范围广、历时长、总降水量大；②暴雨位置少动，7月7日以前一直停留在湘西北-鄂西山地东侧；③暴雨带的长轴呈南北向，属于经向型暴雨。

4.5.1.2　地形对暴雨的影响

鄂西-湘西北山地东部边缘是一片纵横交错的山脉，长江横穿而过，在宜昌附近出口，往东是广阔的江汉平原和洞庭湖盆地，山地东侧正好是东南气流的迎风坡。当两次低涡先后在这里缓慢东移时,偏东气流加强。山地东坡两次轮番处于低层气旋性环流的东北方、北方和西北方,即一直处于迎风坡位置。

暴雨最强时,低涡正位于宜昌西南方的山区,长江中下游是一条带有暖锋性质的准静止锋。在低压的东南方,存在一个假相当位温高值舌区,其方向大于 355°,从南海伸向暴雨区。这表明在此次暴雨中有大量暖湿不稳定空气输送到暴雨区。由于低涡停滞少动,低涡东部潮湿不稳定气流沿地形抬升,使位势不稳定潜能首先在山地东坡释放,造成低涡东北部强烈的对流云。这种强对流云与低涡云系相互作用,增强了低涡的造雨效率,也增大了降水。

在天气尺度流场相当稳定的情况下,地形对潮湿不稳定气流的强迫抬升,可能是位势不稳定潜能释放的突破口,这种作用可能是非线性的。因此可以认为有利地形与天气学条件的最佳配合,也是形成此次持续性特大暴雨的一个重要原因。

4.5.2 "63·8"海河流域特大暴雨

1963 年 8 月上旬,在河北省沿太行山东麓、燕山南麓发生了一次持续性大暴雨(简称"63·8"暴雨)。这次暴雨过程长达 6~8d。此场暴雨中心有两个:南面的中心在滏阳河上游獐獏一带,8 月 4 日獐獏站 24h 降水量达 865mm,3d 降水量为 1457.5mm,7d 总降水量达 2051mm;北面的中心位于保定的司仓和七峪一带。司仓站 24h 暴雨峰值为 726mm,3d 降水量达 1130mm,7d 总降水量达 1329mm(七峪)。这次暴雨的特点是强度大、范围广、持续时间长,暴雨中心移动缓慢,总降水量大,造成海河流域各水系历史上罕见的洪水,河道漫溢,一片汪洋。

南北走向的太行山地形陡峻,京广铁路以西数十千米,地面高程从 50m 的平原陡升到 1000m 以上的山区。而且獐獏、司仓两个暴雨中心,又均属于东北向西南升高,由开阔逐渐收缩的喇叭口地形,强劲且湿层很厚的偏东风与山脉正交,而且在獐獏地区已经有西南涡云系存在。低层潮湿不稳定的空气由于地形强迫抬升,使位势不稳定能量的释放,形成强积雨云,此种积雨云伸展到西南涡云系上空,从积雨云顶部落下来的冰晶进入西南涡云系后,引起水滴和云粒合并形成强降水。可见,獐獏和司仓两个暴雨中心,受地形的影响是十分明显的。

4.5.3 "75·8"河南省特大暴雨

4.5.3.1 暴雨特点

1975 年 8 月 5—7 日,河南省西南部山区出现了历史上罕见的特大暴雨(简称"75·8"暴雨)。暴雨中心总降水量达 1631mm,3d 最大降水量达 1605mm。这场暴雨最强的暴雨带位于伏牛山麓的迎风坡,即洪汝河、沙颍河、唐白河上游的板桥、石漫滩两大水库地区及其周围。暴雨中心在板桥水库附近的林庄,石漫滩附近的油坊山以及郭林,中心最大过程雨量分别为 1631mm、1434mm、1517mm。400mm 以上的雨区面积达 19410km²。大于 1000mm 的暴雨区在京广铁路以西薄山水库西北经过板桥水库、石漫滩水库到方城一带。

这次暴雨强度之大,实属惊人。24h 最大雨量为 1060mm,1d 最大雨量为 1005mm,6h 最大雨量为 685mm,1h 最大雨量为 189.5mm。其中 1h 和 6h 雨强均创我国当时历史上最高纪录。

造成这次暴雨的天气系统主要是 7503 号强台风,它于 4 日 2 时在福建省登陆,以后减弱为低压，经过赣南、湖南省、湖北省到达河南省。5—7 日由于东亚环流形势调整，在台风北面形成一条高压坝，使台风停滞、徘徊达 20 多个小时之久，暴雨主要发生在台风东北侧。

"75·8"暴雨由三场暴雨组成。第一场暴雨出现在 5 日 14—24 时；第二场暴雨出现在 6 日 12 时—7 日 4 时；第三场暴雨出现在 7 日 16 时—8 日 5 时。其中以 7 日暴雨最大，5 日次之，6 日最小。7 日暴雨不仅范围广，强度大，而且 50%～80% 的雨量又集中在最后 6h。例如，7 日最后 6h 雨量达 685mm。

4.5.3.2　地形对暴雨的影响

"75·8"暴雨主要发生在与东风气流成正交的迎风坡。最大暴雨中心位于板桥水库附近三面环山的迎风喇叭口地带。比较一下山前平原、山脉迎风坡和山后 5～7d 的总雨量可知，迎风坡度雨量最大，达 1600mm（例如林庄）；山前平原地区雨量为 400～600mm；山后雨量仅为 200～400mm。这说明地形对降水的增幅作用是非常明显的。为了排除因暴雨系统的位置和强度不同而造成的雨量差异，选取平原与山区位于相同数值辐合区时段的雨量进行比较，结果表明林庄的雨量比驻马店的雨量大 2/3。也就是说，板桥水库附近地形的增幅系数约为 1.7。

总之，"75·8"暴雨是由多方面因素造成的。行星尺度环流引起台风深入内陆并在河南省境内减速停滞。天气尺度系统（包括低空偏东风急流）的活动，造成有利于中小尺度系统生成的环境，并为暴雨区输送大量水汽。中尺度系统沿着同一路径向暴雨区汇集，导致在暴雨区频繁出现强大的积雨云群。地形条件对降水起着明显的增幅作用。由于这些有利条件的最佳（最恶劣）配合才造成几百年来罕见的高效暴雨和特大洪水。

4.5.4　"67·10"台湾省新寮特大暴雨

1967 年 10 月 17—19 日在台湾省新寮出现了我国有气象、水文观测以来最大的暴雨。17 日 8 时—18 日 8 时 24h 最大降水量为 1672mm，3d 总量为 2749mm，与世界各地最大雨量相比，也仅次于法国留尼汪岛的 24h 雨量（1870mm）与 3d 总量（3240mm），居世界第二位。

"67·10"台湾省暴雨与 6718 号台风活动有关系。这次台风特大暴雨并不是台风中心登陆直接影响引起的，而是发生在台风北方，离台风中心约 7 个纬距的外围强劲的东风带里。15 日 8—20 时在西太平洋上有一个东风扰动形成，并以每 24h 8 个纬距的速度随台风向西移动。17 日 8 时移近台湾省，以后几乎停滞在台湾省，造成了台湾省维持三天的特大暴雨。

台湾省新寮特大暴雨主要降雨系统是 6718 号台风的倒槽。6718 号台风从菲律宾以东经巴士海峡进入南海过程中，台湾处于台风倒槽控制下。同时，新寮位于东风迎风坡上，台风倒槽前强劲的东风与地形正交辐合。在东风扰动随着台风西移而西移及静止锋天气过程同时影响下，24h 暴雨达 1672mm。

新寮位于台湾省东北部迎风山坡的喇叭口地形中，强劲的东风与山脉几乎正交，东风气流非常潮湿而不稳定。由于存在静止锋，新寮的山坡上已经有锋面的层状云系存在，从西太平洋移过来的东风扰动，在到达新寮上空时，东风扰动中的降水出现增幅作用，并且这种降水是从积雨云中落下来，大雨滴进入层状云中的小雨滴内，引起播撒作用，使降水量加大。

总之，这次暴雨是发生在台风外围的东风扰动和冷锋相遇处附近。由于台风减速，东风扰动停滞，冷锋呈准静止，所以造成了暴雨区停滞和维持。而 10 月 17 日的最强雨锋，则与地形对东风扰动中降水的增幅作用和积状云与层状云的相互作用有关系。

4.5.5 "09·8" 莫拉克台风暴雨

2009 年 8 月 8—10 日横扫中国台湾和东南诸省的莫拉克（Morakot）台风，给台湾中南部带来了史无前例的雨量，引起了空前的雨洪灾害，夺走了数百人的性命，并造成了数以百亿元计的财产损失，其 48h 和 3d 的雨量都接近世界纪录（表 4.7）。虽然莫拉克台风为中度台风，但是其引进的西南气流极为旺盛，造成台湾南部地区严重受创。此次莫拉克台风仍然重复前一年卡玫基的路径，仍然是台风外围雨带与更加强劲的西南气流交汇，辐合形成强对流，但是带来了更大的雨量，造成更大的人员伤亡和财产损失。

表 4.7   莫拉克台风与世界极端降雨纪录比较

历时/h	莫拉克降雨量/mm	世界极端纪录		
		降雨量/mm	发生地	发生时间
1	136.0	401.0	内蒙古	1975 年 7 月 3 日
6	548.5	840.0	内蒙古	1977 年 8 月 1 日
24	1623.5	1825.0	法属留尼汪岛	1966 年 1 月 7 日—1966 年 1 月 8 日
48	2361.0	2467.0	法属留尼汪岛	1958 年 1 月 8 日—1958 年 1 月 10 日
72	2748.0	3930.0	法属留尼汪岛	2007 年 2 月 24 日—2007 年 2 月 26 日

此次降雨区域主要影响范围涵盖 11 个县市。以 8 月 5 日 20 时—8 月 10 日 8 时的统计结果得知，本次阿里山站总累积雨量（3060mm）已经超越 1996 年贺伯台风（阿里山站，1987mm）、2005 年海棠台风（尾寮山站，2186mm）以及 2004 年艾利台风（马达拉站，1545mm）的累积降雨量记录，且阿里山站降雨历时 24h、48h 及 72h 累积雨量均为本次台风发生最大降雨量的测站，亦为台湾历年之冠（分别为 1623.5mm、2361mm 及 2748mm）。其中，24h 及 48h 降雨量甚至逼近世界降雨量极值（分别为 1825mm 及 2467mm，印度洋的留尼汪岛）。

频率分析结果显示，浊水溪、北港溪、朴子溪、八掌溪、急水溪、曾文溪、盐水溪、二仁溪、高屏溪、东港溪、四重溪流域有多站降雨量重现期超过 200 年，甚至有高达 2000 年以上。本次暴雨亦造成中南部河川的超大洪水。

山脉对台风莫拉克的暴雨增幅作用非常明显，台风莫拉克登陆前，台湾中央山脉以西地区，普遍有偏西强风，因此，已经在暴风圈内的台湾，再加上迎风坡的效应形成的地形雨，雨量更为猛烈。莫拉克登陆后进入台湾海峡，台风强度有所减弱，风力减弱到 12 级，但是此时台湾的地形雨和暴风雨的叠加更为猛烈。据统计，8 月 6—10 日 5 天之内台湾南部很多地方的雨量都超过了 1000mm，很多地方的雨量还超过 2000mm，在阿里山降下了 3004.5mm 的雨量，在屏东县三地门乡降下了 2908.5mm 的雨量，在高雄县桃源乡降下了 2820mm 的雨量，相当于台湾一年多的降雨量，即广州市近 2 年、上海市近 3 年、北京市近 6 年的降水量。

4.5.6 "7·20" 郑州特大暴雨

2021 年 7 月 18—22 日河南省郑州市出现罕见的特大暴雨（简称"7·20"暴雨）。这次河南极端强降雨主要集中在中部和西北部。郑州市（193 个自动雨量站，其中包括 8 个国家级气象站）平均降水量达 527.4mm，全市有 107 站累计降水量超过 500mm，有 53 站超郑州市年平均降水量（641mm）。最大累计降水量出现在新密白寨，达 985.2mm，郑州国家气象站（简称"郑州站"）累计降水量为 817.3mm。全市连续 4d 出现暴雨及以上量级降水，其中 19 日和 20 日连续两天出现区域性大暴雨、特大暴雨，8 个国家级气象站的日降水量全部突破建站以来历史极值，侯寨站 20 日的日降水量高达 663.9mm，单日降水超过郑州地区年平均降水总量。郑州站的单日降水量也达 624.1mm（20 日 8 时—21 日 8 时）、24h 降水量最大值为 645.6mm，出现在 20 日 4 时—21 日 4 时。值得指出的是，在 20 日 16—17 时这 1 个小时的时间内，郑州降水量达 201.9mm，一小时下了往年全年降雨量的 1/3，仅次于 1975 年河南"75·8"的降雨量。此次暴雨强度极大，持续时间长，连续多日的强降水导致郑州市区严重内涝。暴雨区域的降水量远超平常，极端天气导致城市排水系统不堪重负，造成大范围的积水和洪涝灾害。在这场灾害中，近 300 人失去生命，经济损失高达 500 多亿元。

造成此次暴雨的主要天气系统包括副热带高压和台风烟花的共同影响。南亚高压与沿海深厚低涡共存、中层海上副高与河套高压（反气旋环流）对峙及地面冷暖空气交绥，导致大气形势稳定，为郑州持续性降水的发生提供了背景条件。高层河套低槽加深、黄淮中西部高压脊发展，有利于低层黄淮低涡、切变线及河套附近反气旋环流的发展和维持。郑州短时强降水开始于 18 日 20 时前后，即切变线西移到郑州附近、地面有冷空气扩散南下之时；极强降水发生于南亚高压东伸、沿海低涡西进受阻、中层海上副高及台风西进、地面冷暖空气对峙的过程中，郑州站 700hPa 和 850hPa 附近强盛的东南风、东风急流为强降水的发生提供了有利的动力抬升条件，而海上副高、台风烟花西进过程中，其外围的东南风与黄淮地区东南气流叠加，形成深厚的水汽通道为郑州强降水提供了丰沛水汽。

郑州市临近区域北部有太行山、西部有秦岭余脉（伏牛山系），地势表现为西南高、东北低、呈阶梯状下降的态势。其中，西部、西南部的中低山为嵩山、箕山，二者呈东西向近于平行地展布在西部中间地带和西南部边缘。嵩山海拔一般为 500～1200m，最高峰海拔 1512.4m；箕山海拔一般为 500～800m（郑州市西南部边界）；中低山前部为丘陵，丘陵前面为倾斜（岗）平原，冲积平原广泛分布于东部地区。苏爱芳等（2021）分析郑州探空站点资料发现，19 日 20 时和 20 日 8 时该站点出现超低空东风急流，风速分别达 16m/s 和 14m/s，对于东风气流而言，嵩山可形成"迎风坡"效应，尤其对于超低空东风急流，抬升作用将更加显著，且在山谷地带可能产生"缩窄"效应，这可能是郑州西部从 18 日 20 时开始持续出现短时强降水的重要原因。

思考题

1. 什么叫可降水量？如何计算？

2. 已知某流域地面高程 500m，测得地面露点为 26℃（已化算至 1000hPa），要求计算该地面至水汽顶界（200hPa 等压面）的可降水量。

3. 什么叫代表性露点？如何选取代表性露点？

4. 试述降水（暴雨）存在物理上限的原因。

5. 试述地形对暴雨有哪些影响。

第 5 章　水文气象要素及其观测方法

5.1　陆地水文要素及其观测方法

5.1.1　水位

水位是指河流、湖泊、水库及海洋等水体的自由水面离固定基面的高程，以 m 计。而基面是确定水位与高程的起始面，与高程数值一样，水位需要指明其所用基面才有意义。目前全国统一采用黄海基面，但各地习惯性沿用以往采用的基面，例如大沽基面、吴淞基面、珠江基面，也有使用假设基面、测站基面或冻结基面的。在使用水位资料时一定要查清其基面。

水位观测的作用一是直接为水利、水运、防洪、防涝提供具有单独使用价值的资料，例如堤防、坝高、桥梁及涵洞、公路路面标高的确定，二是为推求其他水文数据而提供间接运用资料，例如根据已有的水位流量关系推求流量，或者根据上下游指定位置的水位差推求水面比降，或者用于水资源计算，还可以用于水文预报中的上下游水位相关法，等等。

水位观测的常用设备有水尺和自记水位计两类。

按水尺的构造形式不同，可以分为直立式、倾斜式、矮桩式与悬锤式等。观测时，水面在水尺上的读数加上水尺零点的高程即为当时的水位值。水尺零点高程则需要根据测站的校核水准点定期进行校核。

自记水位计能将水位变化的连续过程自动记录下来，除了老式的机械式父子水位计之外，新的仪器设备诸如压力水位计、超声波水位计、激光水位计等还能将所观测的数据以数字或图像的形式进行远程传输，极大地提高了观测效率，节省了人力资源。

水位观测包括基本水尺和比降水尺的水位观测。基本水尺的观测，以每日 8 时作为基本定时观测时间，当水位变化缓慢时（日变幅＜0.12m），每日 8 时和 20 时各观测一次（称为 2 段制观测）；枯水期日变幅在 0.06m 以内，用 1 段制观测；日变幅在 0.12～0.24m 时，用 4 段制观测；依次 8 段制、12 段制、24 段制或 48 段制；日变幅超过 0.48m 时洪水峰谷出现时要增加峰谷两边的测次。有峰谷出现时，还要加测。比降水尺观测的目的是计算水面比降，分析河床糙率等。其观测次数视需要而定。

水位观测数据整理工作的内容包括日平均水位、月平均水位、年平均水位的计算，日平均水位的计算方法有两种。

（1）如果一日内水位变化缓慢或水位变化较大，但系等时距人工观测或从自记水位计上摘录，就采用算术平均法计算。

（2）如果一日内水位变化较大且为不等时距观测或摘录，就采用面积包围法，即将当日

0～24h 内水位过程线所包围的面积,除以一日时间(图 5.1):

$$\overline{Z} = \frac{1}{24} \sum_{i=1}^{n} \frac{Z_{i-1} + Z_i}{2} \Delta i \qquad (5.1)$$

如果 0 时或 24 时无实测数据,那么需要根据前后相邻水位通过直线内插获得 0 时与 24 时水位。

根据逐日平均水位资料可以算出月平均式(5.2)和年平均水位式(5.3)。

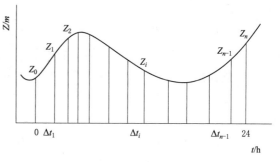

图 5.1　面积包围法

$$\overline{Z}_m = \frac{1}{n} \sum_{i=1}^{n} \overline{Z}_i , \quad n = 28,29,30,31 \qquad (5.2)$$

$$\overline{Z}_a = \frac{1}{n} \sum_{i=1}^{n} \overline{Z}_i , \quad n = 365,366 \qquad (5.3)$$

保证率水位是指一年中有多少天的日平均水位高于或等于某个水位时,则该水位值就称为多少天的保证率水位,例如 180 天保证率水位;或者用一年中日平均水位高于或等于某个水位天数与该年总日数相除得到的保证率,来定义该水位为对应的保证率水位,例如 90% 保证率水位。保证率水位是为了保证通航需求引入的,例如,考虑船底吃水深度、桥梁高度的设计、引水渠底的设计等。一般采用排序法,过去也采用列表法、图解法(图 5.2)等进行计算。

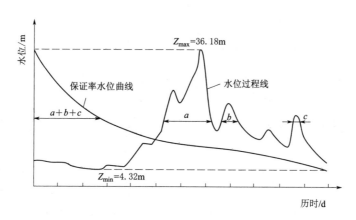

图 5.2　某站某年逐日水位过程线及保证率水位曲线

水位过程线是以水位 Z 为纵轴,时间 t 为横轴点绘的水位与时间的关系曲线 $Z = f(t)$,分为逐日平均水位过程线与逐时水位过程线两种。逐时水位过程线是水位观测后随时点绘的,供进行流量数据处理时掌握和分析水文情况时使用,也是流量数据处理时的一项重要的参考资料。逐日平均水位过程线反映了全年的水情变化,需要在图上用特定符号标明最高水位、最低水位、河干、断流、冰情等重要情况,其中最高水位、最低水位是瞬时水位。

5.1.2 流量

流量是单位时间内流过江河某个横断面的水量，以 m³/s 计。它是反映水资源和江、河、湖泊、水库等水体水量变化的基本数据，也是河流最重要的水文特征值。

流量是根据河流水情变化的特点，在水文站上用各种测流方法进行流量测验取得实际数据，经过分析、计算和整理而得的资料，用于掌握江河流量变化的规律，为国民经济各部门服务。

测流方法众多，按其工作原理，可以分为以下类型。

（1）流速面积法，包括流速仪法、航空法、比降面积法、积宽法（动车法、动船法和道积宽法）、浮标法（按浮标的形式可以分为水面浮标法、小浮标法、深水浮标法等）等。

（2）水力学法，包括量水建筑物和水工建筑物测流。

（3）化学法，又称为溶液法、稀释法、混合法。

（4）物理法，有超声波法、电磁法和光学法。

（5）直接法，有容积法和重量法，适用于流量极小的沟涧。

本书主要介绍流速仪法测流。

5.1.2.1 流速仪法测流的基本原理

河流过水断面内各点流速受断面形态、河床表面特性、河底纵坡、河道弯曲情况以及冰情等一系列因素的影响，流速随水平及垂直方向的位置不同而变化，即

$$v = f(b,h) \tag{5.4}$$

式中：v 为断面上某一点的流速，m/s；b 为该点至水边的水平距离，m；h 为该点至水面的垂直距离，m。

因此，通过全断面的流量 Q 为

$$Q = \int_0^A v \, \mathrm{d}A = \int_0^B \int_0^H f(b,h) \, \mathrm{d}h \, \mathrm{d}b \tag{5.5}$$

式中：A 为水道断面面积，$\mathrm{d}A$ 则为 A 内的单元面积（其宽为 $\mathrm{d}b$，高为 $\mathrm{d}h$），m²；v 为垂直于 $\mathrm{d}A$ 的流速，m/s；B 为水面宽度，m；H 为水深，m。

因为 $f(b,h)$ 的关系复杂，很难用数学公式表达，所以实际推求流量时会将上述积分式变成有限差分的形式。流速仪法测流，就是将水道断面划分为若干部分，用普通测量方法测算出各部分断面的面积，用流速仪施测流速，同时计算各部分面积上的平均流速，两者乘积即为部分流量，各部分流量之和即为全断面的流量，如图 5.3 所示。

$$Q = \sum_{i=1}^n q_i \tag{5.6}$$

式中：q_i 为第 i 个部分的部分流量，m³/s；n 为水道断面划分部分的数量。

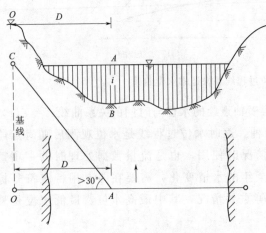

图 5.3 流速仪法测流断面示意

由此测流工作实质主要是横断面与流

速测量两部分。应该注意实际测流时不可能将部分面积分成无限多，只能分为有限个部分，所以实测值只是逼近真值。另外，河道测流过程时间较长，无法瞬时完成，因此实测流量实际为时段的平均结果。

5.1.2.2 断面测量

河流水道断面的测量通过在断面上布设一定数量的测深垂线，施测各条测深垂线的起点距和水深，同时观测水位，用施测时的水位减去水深，即得各测深垂线处的河底高程。

测深垂线的位置应该根据断面情况布设于河床变化的转折处，主槽密，滩地稀。测深垂线的起点距是指该测深垂线至基线上的起点桩之间的水平距离，如图 5.3 所示的测深垂线 AB 至起点桩 O 的距离 D。起点距测量的方法诸多，中小河流可以在断面上架设过河索道，直接读出起点距，此为断面索法。大河上常用仪器测角交会法，常用仪器为经纬仪、平板仪、六分仪等。如果用经纬仪测量，就在基线的另一端（图 5.3 的 C 点处）架设经纬仪，观测测深垂线 AB 与基线 OC 之间的夹角。因为基线长度已知，所以可以算出起点距。另外，还可以用全球定位系统（GPS）定位的方法，通过全球定位仪接收天空中的三颗 GPS 卫星的特定信号可以确定其在地球上所处位置的坐标。

水深一般用测深杆、测深锤或测深铅鱼等直接测量。超声波回声测声仪也可以施测水深，它是利用超声波定向反射的特性，根据声波在水中的传播速度和超声波从发射到回收往返所经过的时间计算出水深。它具有精度好、工效高、适应性强、劳动强度小，且不易受天气、潮汐和流速大小限制等优点。

河流水道断面扩展至历年最高洪水位以上 0.5～1.0m 的断面称为大断面。它一方面可以用于研究测站断面变化的情况，另一方面测流时若未施测则大断面可供借用断面数据。大断面的面积分为水上、水下两部分。水上部分面积采用水准仪测量计算；水下部分的测量也称为水道断面测量。由于水深测量工作困难，水上地形测量较易，所以大断面测量多在枯水季节施测，汛前或汛后复测一次。但对断面变化显著的测站，大断面测量一般每年除了汛前或汛后施测一次外，在每次大洪水之后应及时施测过水断面的面积。

5.1.2.3 流速测量

天然河道中一般采用流速仪法测定水流的流速。它是国内外广泛使用的测流速方法，是评定各种测流新方法精度的衡量标准。图 5.4 为两种常用的流速仪。

根据测速方法的不同，流速仪法测流可分为积点法、积深法和积宽法。最常用的积点法测速是指在断面的各条垂线上将流速仪放至不同的水深点测速。测速垂线的数目及每条测速垂线上测点的多少视测速精度要求、水深、悬吊流速仪方式、节省人力和时间等情况而定。

国外多采用多线少点测速。国际标准建议测速垂线不少于 20 条，任一部分流量不得超过断面总流量的 10%。通常测速垂线数目越多，所测流量的误差越小。国内畅流期用精测法测流时，如果采用悬杆悬吊，那么当水深大于 1.0m 时可以用五点法测流，也就是在相对水深（测点水深与所在垂线水深的比值）为 0.0、0.2、0.6、0.8 和 1.0 处施测。

为了消除流速的脉动影响，各测点的测速历时一般为 60～100s。但当受测流所需总时间的限制时，则可选用少线少点、30s 测流的方案。

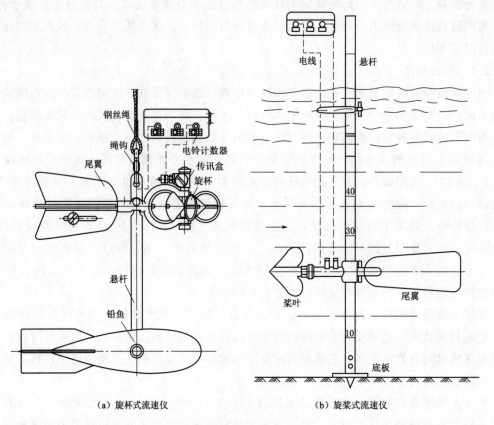

（a）旋杯式流速仪　　　　　　（b）旋桨式流速仪

图 5.4　常用的流速仪

5.1.2.4　流速仪法的流量计算

流量的计算方法有图解法、流速等值线法和分析法。以下介绍常用的分析法，如图 5.5 所示，具体步骤如下。

1. 垂线平均流速的计算

根据垂线上布置的测点数量，分别按下列公式进行计算：

一点法
$$V_m = V_{0.6} \tag{5.7}$$

二点法
$$V_m = \frac{1}{2}(V_{0.2} + V_{0.8}) \tag{5.8}$$

三点法
$$V_m = \frac{1}{3}(V_{0.2} + V_{0.6} + V_{0.8}) \tag{5.9}$$

五点法
$$V_m = \frac{1}{10}(V_{0.0} + 3V_{0.2} + 3V_{0.6} + 2V_{0.8} + V_{1.0}) \tag{5.10}$$

式中：V_m 为垂线平均流速，m/s；$V_{0.0}$、$V_{0.2}$、$V_{0.6}$、$V_{0.8}$、$V_{1.0}$ 均为与脚标数值相应的相对水深处的测点流速，m/s。

2. 部分平均流速的计算

（1）岸边部分：由距岸第一条测速垂线所构成的左岸和右岸两个岸边部分，按下式计算：

$$V_1 = \alpha V_{m1} \tag{5.11}$$

$$V_{n+1} = \alpha V_{mn} \tag{5.12}$$

式中：α 称为岸边流速系数，其值视岸边情况而定。

斜坡岸边 $\alpha = 0.67 \sim 0.75$，一般取 0.70，陡岸 $\alpha = 0.80 \sim 0.90$，死水边 $\alpha = 0.60$。

（2）中间部分：由相邻两条测速垂线与河底及水面所组成的部分，部分平均流速为相邻两条垂线平均流速的平均值，按下式计算：

$$V_i = \frac{1}{2}(V_{mi-1} + V_{mi}) \tag{5.13}$$

3. 部分面积的计算

因为断面上布设的测深垂线数目比测速垂线的数目多，所以先计算测深垂线间的断面面积。计算方法是距岸边第一条测深垂线与岸边构成三角形，按三角形面积公式计算，其余相邻两条测深垂线间的断面面积按梯形面积公式计算。接着，以测速垂线划分部分，将各个部分内的测深垂线间的各块断面面积相加得出各个部分的部分面积。若两条测速垂线（同时也是测深垂线）间无另外的测深垂线，则该部分面积就是这两条测深垂线间的面积。

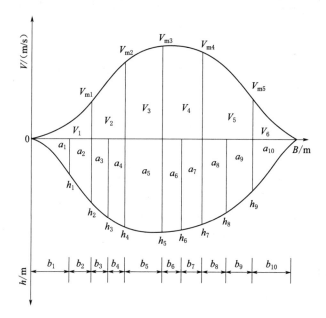

图 5.5 部分面积 A_i、部分流速 V_i 及部分流量 q_i 计算示意

由图 5.5 可得

$a_1 = \dfrac{1}{2}h_1 b_1$，$a_{10} = \dfrac{1}{2}h_9 h_{10}$，$a_i = \dfrac{1}{2}(h_{i-1} - h_i)b_i$，$i = 2, 3, \cdots, 9$

$A_1 = a_1 + a_2$，$A_2 = a_3 + a_4$，$A_3 = a_5$，$A_4 = a_6 + a_7$，$A_5 = a_8 + a_9$，$A_6 = a_{10}$

$V_1 = \alpha V_{m1}$，$V_6 = \alpha V_{m5}$，$V_i = \dfrac{1}{2}(V_{mi-1} + V_{mi})$，$i = 2, 3, \cdots, 5$

$q_i = V_i q_i$，$i = 1, 2, \cdots, 6$

$Q = \displaystyle\sum_{i=1}^{6} q_i$

4. 部分流量的计算

由各部分的部分平均流速与部分面积相乘即可得到部分流量：

$$q_i = V_i A_i \qquad (5.14)$$

式中：q_i、V_i、A_i 分别为第 i 个部分的流量、平均流速和断面面积。

5. 断面流量及其他水力要素计算

断面流量：
$$Q = \sum_{i=1}^{n} q_i \qquad (5.15)$$

断面平均流速：
$$\overline{V} = Q/A \qquad (5.16)$$

断面平均水深：
$$\overline{h} = A/B \qquad (5.17)$$

在一次测流过程中，与该次实测流量值相等的某个瞬时流量所对应的水位称为相应水位。它可以根据测流时水位涨落的不同情况分别采用平均或加权平均加以计算。

5.1.2.5　冰期测流

冰期施测流量时，测流断面情况如图 5.6 所示，其计算方法和畅流期的计算方法基本相同，特点如下。

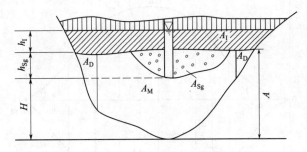

图 5.6　冰期测流断面示意

A—水道断面面积；A_M—流水断面面积；A_D—死水面积；A_1—水浸冰面积；

A_{Sg}—冰花面积；h_1—水浸冰厚；h_{Sg}—冰花厚；H—有效水深

1. 垂线平均流速的计算

六点法
$$V_m = \frac{1}{10}(V_{0.0} + 2V_{0.2} + 2V_{0.4} + 2V_{0.6} + 2V_{0.8} + V_{1.0}) \qquad (5.18)$$

三点法
$$V_m = \frac{1}{3}(V_{0.15} + V_{0.5} + V_{0.85}) \qquad (5.19)$$

二点法
$$V_m = \frac{1}{2}(V_{0.2} + V_{0.8}) \qquad (5.20)$$

一点法
$$V_m = K V_{0.5} \qquad (5.21)$$

式中测点流速的脚标分别为各测点对于所在测线有效水深（自冰底或冰花底至河底的垂直距离）的相对深度；K 为冰期半深流速系数，根据六点法或三点法测速资料分析确定，一般为 $0.88 \sim 0.90$。

2. 部分面积的计算

与畅流期相同，但冰期的水深 H 应为垂线上的有效水深。在有岸冰或清沟存在时，盖面冰与畅流期交界处同一条垂线上的水深用两种数值：当计算盖面冰以下的那一部分面积时，采用有效水深；当计算畅流部分的面积时，采用实际水深（水面算起的水深）。

3. 流量的计算

与畅流期一样，先求各部分流量后再求和。但此时应将断面总面积、水浸冰面积、冰花面积与水道断面面积一并算出。在有岸冰或清沟时，可以区分计算。这些面积，一般均先分区按梯形公式计算出部分面积，再求总和即可。

5.1.2.6　浮标法测流

当河道水流中杂物较多采用流速仪测流困难时，可以使用浮标测流的方法。浮标随水流漂移，其速度与水流速度之间关系密切，因此可以利用浮标漂移速度（称为浮标虚流速）与水道断面面积来推算断面流量。用水面浮标法测流时，应该先测绘出测流断面上水面浮标速度分布图，再结合水道断面，计算断面虚流量。利用断面虚流量乘以浮标系数，即得断面流量。

水面浮标常用木板、稻草等材料做成十字形、井字形，下坠石块，上插小旗以便观测。在夜间或雾天测流时，可以用油浸棉花团点火代替小旗以便识别。为了减少受风面积，保证测流精度，在满足观测的条件下浮标尺寸需要尽可能做得小一些。在上游浮标投放断面，沿断面均匀投放浮标，投放的浮标数目大致与流速仪测流时的测速垂线数目相当。如遇特大洪水，可只在中泓线投放浮标，或直接选用天然漂浮物作为浮标。用秒表观测各浮标流经浮标上、下断面间的运行历时 T_i，用经纬仪测定各浮标流经浮标中断面（流速仪测流断面）的位置（确定起点距），用上、下浮标断面的距离 L 除以 T_i 即得水面浮标流速沿河宽的分布图。若无法现场实测断面，则可以借用最近施测的断面。从水面的浮标虚流速分布图上内插出相应各测深垂线处的虚流速，再按式（5.11）～式（5.15）求得断面虚流量 Q_i，最后乘以浮标系数 K_f，即得断面流量 Q。

K_f 值的确定有实验比测法、经验公式法和水位流量关系曲线法。在未取得浮标系数试验数据前，可根据下列范围选用浮标系数：一般湿润地区可取 0.85～0.90；小河取 0.75～0.85；干旱地区大、中河流可取 0.80～0.85，小河取 0.70～0.80。

5.1.2.7　Z-Q 关系推求流量

常规的流量测验无法获得流量的连续变化过程，而逐日或逐时的流量数据对水文预报、水利工程规划与设计等均有重要价值。若能找到流量和与流量关系密切的某个水文要素两者之间的关系，便可以通过实时或连续监测该要素来推求流量，从而获得连续的流量数据。而河流中水位和流量的关系密切，且水位易于观测，因此通常建立水位流量（Z-Q）关系，利用观测获得的水位变化过程推求流量过程。而实际工作中所建的 Z-Q 关系曲线分为两种，即稳定的 Z-Q 关系曲线和不稳定的 Z-Q 关系曲线。

1. 稳定的 Z-Q 关系曲线

在一定的条件下水位和流量之间呈单值函数关系，即为稳定的水位流量关系，简称为单一关系。在普通方格纸上，纵坐标是水位，横坐标是流量，点绘的水位流量关系点据密集，分布呈带状，75%以上的中高水流速仪测流点据与平均关系线的偏离不超过±5%，75%的低水点或浮标测流点据偏离不超过±8%（流量很小时可适当放宽），且关系点没有明显的系统偏离，这时即可通过点群中心定一条单一线。绘图时，需要在同一张图纸上依次点绘水位流量、水位面积、水位流速关系曲线，并用同一水位下的面积与流速的乘积来校核 Z-Q 关系曲线中的流量（图 5.7）。利用单一关系计算前，需要对流速仪测流点据在关系线两侧分布的均匀性、定线有无系统偏差、测点与关系线偏离是否合理、关系线是否存在显著变化等方面进行检验。

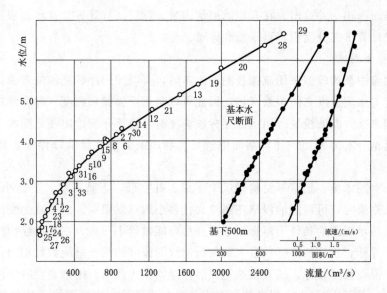

图 5.7 衢江衢县水文站 1972 年 Z - Q 关系（图中标注的数字为流量测验的测次号）

2. 不稳定的 Z - Q 关系曲线

当测验的河段受断面冲淤、洪水涨落、变动回水或其他因素的个别或综合影响时，水位与流量之间的关系不呈单值函数关系，这就是不稳定的水位流量关系，如图 5.8 至图 5.10 所示。针对不同的情况，可以选用不同的方法整编不稳定的水位流量关系，流量数据处理适用情况见表 5.1，可以归纳为两种类型。一种是水力因素型，其原理均出自水力学的推导，理论性强，要求测点少，适合计算机做单值化处理。此类方法均可用 $Q = f(Z, x)$ 形式表示不稳定的水位流量关系，其中 x 为某个水力因素。另一种类型为时序型，原理是以水流的连续性为基础，要求测点多且准确，需要能够控制流量的变化转折。此类不稳定的水位流量关系一般表示为 $Q = f(Z, t)$，t 为时间。时序型的方法适用范围较广，但有时效性。

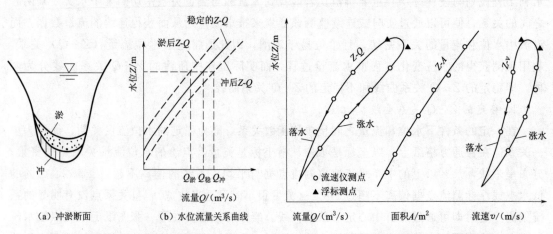

图 5.8 受冲淤影响的水位流量关系　　　　图 5.9 受洪水涨落影响的水位流量关系

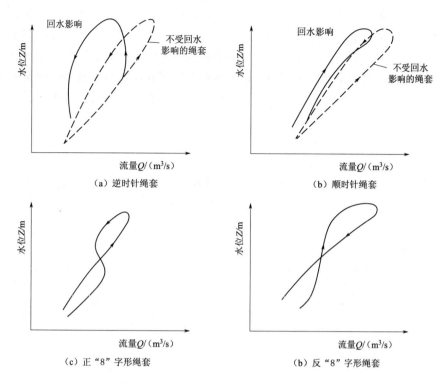

图 5.10 受变动回水影响的水位流量关系

表 5.1   流量数据处理适用情况

处 理 方 法		影 响 因 素						
		稳定	洪水涨落	变动回水	冲淤	水草	结冰	混合
水力因素型	单一线法	√						
	校正因素法		√					
	涨落比例法		√					
	抵偿河长法		√					
	落差法（等、正常、定）			√				
	落差指数法		√	√				√
时序型	临时曲线法				√	√	√	
	改正水位法				√	√	√	√
	连时序法		√	√	√	√	√	√
	连实测流量过程线法				√	√	√	
	改正系数法				√		√	

　　当流量变化平稳时，可以用日平均水位在水位流量关系线上推求日平均流量。当一日之内流量变化较大时，则用逐时水位推求得逐时流量，再按算术平均法或面积包围法求得日平均流量，再进一步计算逐月平均流量和年平均流量。

5.1.3　泥沙

　　河流泥沙对于河流的水情及河流的变迁有重大影响。泥沙资料也是一项水利工程设计、河道形态变化预测必不可缺的基础资料。河流中的泥沙，按其运动形式可分为悬移质和推移质。悬移质泥沙悬浮于水中并随之运动。推移质泥沙受水流冲击沿河底移动、滚动或跳动。按泥沙来源可分为冲泻质和床沙质，冲泻质是悬移质中不参与造床的那部分泥沙，而床沙质是参与造床的泥沙，包括小部分较粗的悬移质和所有的推移质。由于悬移质的运动与水流运动关系密切，河流从上游向下游输送的泥沙大部分来源于悬移质，因此常规的泥沙的观测通常针对悬移质进行。

5.1.3.1　悬移质的测验与计算

含沙量和输沙率是常用的描述河流中悬移质的定量指标。含沙量是单位体积内所含干沙的质量，常用 C_s 表示，单位为 kg/m^3。输沙率为单位时间流过河流某断面的干沙质量，以 Q_s 表示，单位为 kg/s。断面输沙率一般通过断面上含沙量的测验配合断面流量测量加以推求。

1. 含沙量测验

含沙量测验一般用采样器从水流中采取水样。常用的有横式采样器与瓶式采样器，如图 5.11 所示。若水样是取自固定测点，则称为积点式取样。若取样时，取样瓶在测线上由上到下（或上下往返）匀速移动，则称为积深式取样，该水样代表测线的平均情况。

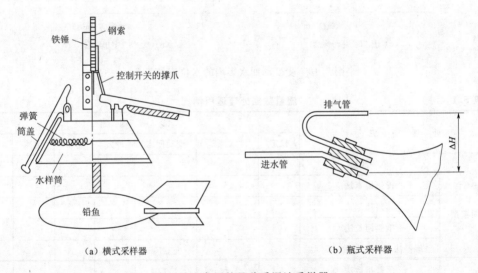

图 5.11　常用的悬移质泥沙采样器

取得的水样需要经过量积、沉淀、过滤、烘干、称重等实验过程，才能得出一定的体积浑水中的干沙重量。水样的含沙量可按式（5.22）计算：

$$C_s = \frac{W_s}{V} \tag{5.22}$$

式中：C_s 为水样含沙量，g/L 或 kg/m^3；W_s 为水样中的干沙重量，g 或 kg；V 为水样体积，L 或 m^3。

其他一些含沙量的测量设备比如光学含沙量测量仪与红外测沙仪，可以用于野外现场测定含沙量，省去取水样和处理水样的工作，同时有可连续自记的优点。但是，受泥沙颗粒级配和泥沙颜色的影响，浑水水样的浑浊度与含沙量的关系不稳定，一般含沙量较小时使用。同位素测沙仪、振动式测沙仪和超声波测沙仪的设备造价较高，多用于科学研究工作，其中同位素测沙仪可以在现场测定瞬时含沙量，可用于含沙量较大的河段。

2. 输沙率测验

输沙率测验工作由含沙量测定与流量测验两部分组成，其中流量测验方法前已介绍。为了测出含沙量在断面上的变化情况，需要在断面上布置适当数量的取样垂线。一般取样垂线数目不少于规范规定流速仪精测法测速垂线数的一半。当水位、含沙量变化急剧时，或积累相当资料经过精简分析后，垂线数目可适当减少。但不论何种情况，当河宽大于 50m 时，取样垂线不少于 5 条。当水面宽小于 50m 时，取样垂线不应该少于 3 条。垂线上的测点数量与分布，视水深大小及要求的精度而不同，可以用一点法、二点法、三点法、五点法等。

由测点的水样实验分析得到其含沙量之后，再用流速加权计算垂线平均含沙量。例如畅流期的垂线平均含沙量的计算公式为

三点法 $\qquad C_{sm} = \dfrac{1}{3V_m}(C_{s0.2}V_{0.2} + C_{s0.6}V_{0.6} + C_{s0.8}V_{0.8})$ （5.23）

五点法 $\quad C_{sm} = \dfrac{1}{10V_m}(C_{s0.0}V_{0.0} + 3C_{s0.2}V_{0.2} + 3C_{s0.6}V_{0.6} + 2C_{s0.8}V_{0.8} + C_{s1.0}V_{1.0})$ （5.24）

式中：C_{sm} 为垂线平均含沙量，kg/m^3；C_{sj} 为测点含沙量，脚标 j 为该点的相对水深，kg/m^3；V_j 为测点流速，m/s，脚标 j 的含义同上；V_m 为垂线平均流速，m/s。

如果采用积深法取样，那么其含沙量即为垂线平均含沙量。

利用各垂线的平均含沙量 C_{smi}，配合测流计算的部分流量，即可算得断面输沙率 Q_s（单位为 t/s）为

$$Q_s = \frac{1}{1000}\left[C_{sm1}q_1 + \frac{1}{2}(C_{sm1} + C_{sm2})q_2 + \cdots + \frac{1}{2}(C_{smn-1} + C_{smn})q_n + C_{smn}q_n\right]$$ （5.25）

式中：q_i 为第 i 根垂线与第 $i-1$ 根垂线间的部分流量，m^3/s；C_{smi} 为第 i 根垂线的平均含沙量，kg/m^3。

断面平均含沙量： $\qquad\qquad \overline{C}_s = \dfrac{Q_s}{Q} \times 1000$ （5.26）

3. 单位水样含沙量与单样含沙量、断面平均含沙量的关系

悬移质输沙率测验获得的是测验当时的输沙情况，而工程上往往需要一定的时段内的输沙总量及输沙过程。如果要用上述测验方法来获得输沙过程是很困难的，经过不断实践发现，当断面比较稳定，主流摆动不大时断面平均含沙量与断面上某一条垂线平均含沙量之间有稳定关系。通过多次实测资料，可以分析两者的相关关系。这种与断面平均含沙量有稳定关系的断面上有代表性的垂线和测点含沙量，称为单样含沙量。经常性的泥沙取样工作可以只在此垂线（或垂线上的某个测点）上进行，这样便大大地简化了测验工作。

根据多次实测的断面平均含沙量和单样含沙量的成果，以单样含沙量为纵坐标，以断面平均含沙量为横坐标，点绘单样含沙量与断面平均含沙量的关系点，再通过点群中心绘出单样含沙量与断面平均含沙量的关系线（图 5.12）。

平水期一般每日定时单样含沙量取样 1 次。含沙量变化小时，可以 5～10 日取样 1 次。含沙量有明显变化时，每日应该取 2 次以上。洪水时期，每次较大洪峰过程，取样次数不应该少于 10 次。

5.1.3.2 泥沙颗粒分析及级配曲线

泥沙颗粒分析的具体内容是将有代表性的沙样，按颗粒大小分级分别求出小于各级粒径

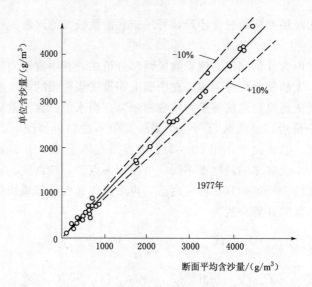

图 5.12　某水文站某年单位含沙量与断面平均含沙量的关系

的泥沙重量百分数。其成果以曲线表示绘制于半对数纸上，即为泥沙颗粒级配曲线。

　　泥沙颗粒分析方法应该根据泥沙粒径大小、取样多少进行选择。目前常用的有筛分析法、粒径计法、移液管法等。针对不同粗细的泥沙，这些方法可以相互配合使用。

　　筛分析法适用于粒径大于 0.1mm 的泥沙颗粒分析。先取适量沙样烘干称重。根据沙样中的最大粒径，准备好粗细筛数个，按大孔径在上、小孔径在下的顺序叠置。将沙样倒入粗筛最上层，加盖后放在振筛机上振动。然后从最下层筛开始，直至最上一层筛为止，依次称量各层筛的净沙重。根据称量结果，可以按式（5.27）计算小于某粒径的沙重百分数 P：

$$P = \frac{A}{W_g} \times 100\%$$

（5.27）

式中：A 为小于某粒径的沙重，g；W_g 为总沙重，g。

　　粒径计法、移液管法属于水分析法，都是以不同粒径的泥沙颗粒在静水中具有不同的沉速这个特性作为依据。颗粒沉降速度及水分析颗粒直径的计算，按颗粒大小，分别选用下列公式。

　　当粒径等于或小于 0.1mm 时，采用斯托克斯公式：

$$\omega = \frac{r_s - r_\omega}{1800\mu} D^2$$

（5.28）

　　当粒径在 0.15～1.5mm 时，采用冈查洛夫第三公式：

$$\omega = 6.77 \frac{r_s - r_\omega}{r_\omega} D + \frac{r_s - r_\omega}{1.92 r_\omega}\left(\frac{T}{26} - 1\right)$$

（5.29）

式中：ω 为沉降速度，cm/s；D 为颗粒直径，mm；μ 为水的动力黏滞系数，cm²/s；r_s 为泥沙的容重，g/cm³；r_ω 为水的容重，g/cm³；T 为温度，℃。

　　当粒径介于 0.1～0.15mm 时，可以将式（5.28）和式（5.29）的粒径与沉速关系曲线分别顺势外延连接后，再根据粒径查外延曲线求得沉速。

　　粒径计法适用于粒径为 0.01～0.5mm，分析水样的干沙重为 0.3～5.0g 的泥沙颗粒分析工作。粒径计管是长约 103cm 的玻璃管。将它垂直安装在分析架上。在管顶用加沙器加入沙样，直接测定不同历时后通过粒径计管下沉的泥沙重量。由于下沉的距离已知，由下沉历时可推出相应的沉速，沉速与粒径之间的关系可由前述公式确定。通过测出不同时段内下沉的泥沙重量，可推求泥沙的颗粒级配情况。

移液管法是按规定的时刻，将一根移液管插入量筒中，在规定的深度 L 处，抽取 $20 \sim 25\mathrm{cm}^3$ 的悬液作为试样。粒径 d 仍然由沉降历时 t 与沉降距离 L 根据沉速公式推算。从试样的含沙量，可以推知在全部沙样中，粒径等于及小于 d 的泥沙的沙重百分比。进行一系列观测后，即可推算出该沙样的颗粒级配情况。

悬移质泥沙颗粒分析所用沙样若按积深法采得，则颗粒分析成果即为垂线平均颗粒级配。如果是用积点法取得，则只能代表测点上的颗粒级配，此时应用输沙率加权法计算垂线平均颗粒级配。例如畅流期三点法的计算式为

$$P_\mathrm{m} = \frac{P_{0.2}C_{s0.2}V_{0.2} + P_{0.6}C_{s0.6}V_{0.6} + P_{0.8}C_{s0.8}V_{0.8}}{C_{s0.2}V_{0.2} + C_{s0.6}V_{0.6} + C_{s0.8}V_{0.8}} \quad (5.30)$$

式中：P_m 为垂线平均小于某粒径的重量百分数；$P_{0.2}$ 为相对水深 0.2 处的测点小于某粒径的沙重百分数；$C_{s0.2}$ 为相对水深 0.2 处的测点含沙量，$\mathrm{kg/m^3}$ 或 $\mathrm{g/m^3}$；$V_{0.2}$ 为相对水深 0.2 处的测点流速，$\mathrm{m/s}$；余下的依次类推。

凡是用全断面混合法取样进行颗粒分析，其成果即作为断面平均颗粒级配。否则，需要用式（5.31）的输沙率加权法对断面平均颗粒级配加以计算。

$$\overline{P} = \frac{(2q_{s0} + q_{s1})P_\mathrm{m1} + (q_{s1} + q_{s2})P_\mathrm{m2} + \cdots + (q_{s(n-1)} + 2q_{sn})P_\mathrm{mn}}{(2q_{s0} + q_{s1}) + (q_{s1} + q_{s2}) + \cdots + (q_{s(n-1)} + 2q_{sn})} \quad (5.31)$$

式中：$\overline{P}$ 为断面平均小于某颗粒粒径的沙重百分数；$q_{s0}, q_{s1}, \cdots, q_{sn}$ 为以取样垂线分界的部分输沙率，$\mathrm{kg/s}$ 或 $\mathrm{t/s}$；$P_\mathrm{m1}, P_\mathrm{m2}, \cdots, P_\mathrm{mn}$ 为各取样垂线平均小于某粒径沙重百分数。

断面平均颗粒级配测验与分析都比较费事。通常利用单样颗粒级配与断面平均颗粒级配之间的关系，通过观测单样颗粒级配变化过程来推求断面平均颗粒级配的变化过程。

断面平均粒径可以根据级配曲线分组，用沙重百分数加权求得。计算公式如下：

$$D = \frac{\sum \Delta P_i D_i}{100} \quad (5.32)$$

$$D_i = \frac{D_上 + D_下 + \sqrt{D_上 D_下}}{3} \quad (5.33)$$

式中：D 为断面平均粒径，mm；ΔP_i 为某组沙重百分数；D_i 为某组平均粒径，mm；$D_上$、$D_下$ 为某组上限、下限粒径，mm。

5.1.4 水质

水是人类赖以生存的主要物质，水资源的利用不仅对数量有要求，对质量也有要求。随着社会经济的发展和生活水平的提高，人类对水资源需求量不断增加的同时，水体污染随之而来，江、河、湖、库及地下水等水体发生水质恶化无疑会加剧水资源短缺，甚至对人体健康产生危害。因此，必须监测水质，充分合理地保护、使用和改善水资源，使其不受污染。

通常以江、河、湖、库及地下水等水体和工业废水、生活污水等排放口为对象进行水质监测，检查水的质量是否符合国家规定的有关水的质量标准，为控制水污染，保护水源提供依据。其具体任务如下：

（1）提供当前状况的水体质和量的数据，判断水质是否符合国家制定的质量标准。

（2）确定水体污染物的时空分布及其发展、迁移和转化的情况。

（3）追踪污染物的来源、途径。

（4）收集水环境本底及其变化趋势数据，积累长期监测资料，为制定和修改水质标准、制定水环境保护方法等提供依据。

水质监测站是定期采集实验室分析水样、对某些水质项目进行现场测定的基本单位，可以由若干个水质监测断面组成。根据设站的目的和任务，水质监测站可以分为长期掌握水系水质变化动态，搜集和积累水质基本信息而设的基本站；为配合基本站，进一步掌握污染状况而设的辅助站；为某种专门用途而设的专用站；以及为确定水系自然基本底值（即未受人为直接污染影响的水体质量状况）而设的背景站，又称为本底站。

水质监测站网规划是依据有关情报资料确定需要收集的水质信息，并根据收集信息的要求及建站条件确定监测站或水质信息收集体系的地理位置。其总目的是获取对河流水质有代表性的信息，以服务于水资源的利用和水环境质量的控制。

5.1.4.1　地表水监测

1. 监测断面和采样点布设

河流监测断面根据监测采样用途的差别可以分为背景断面、对照断面、控制断面、河口断面、入境和出境断面、交界断面以及潮汐河流监测断面等。而湖泊和水库通常不设置监测断面。河段上一般应设置对照断面和消减断面各一个，同时根据具体情况设若干监测断面。采样点布设前要做好调查研究和收集资料工作，主要收集水文、气候、地质、地貌、水体沿岸城市工业分布、污染源和排污情况、水资源的用途及沿岸资源等资料。再根据监测目的、监测项目和样品类型，结合调查的有关资料综合分析确定监测断面和采样点。

监测断面和采样点布设应该以最小的断面、测点数取得科学合理的水质状况的信息为总原则，关键是取得有代表性的水样。为此，主要布设在下列地点。

（1）大量废水排入河流的主要居民区、工业区的上下游。

（2）湖泊、水库、河口的主要出入口。

（3）河流干流、河口、湖泊水库的代表性位置，例如主要的用水地区等。

（4）主要支流汇入干流、河流或沿海水域的汇合口。

2. 采样垂线与采样点位置的确定

污染物浓度在水体中分布的不均匀性，与纳污口的位置、水流状况、水生物的分布、污染物等特性有关。因此，布置时应该考虑这些因素。

（1）河流上采样垂线的布置。在污染物完全混合的河段中，断面上的任意位置，都是理想的采样点。若采样断面上，污染物浓度在各点之间有较好的相关关系，则可以选一个适当的采样点，据此推算断面上其他各点的污染物浓度值，由此获得在断面上的浓度分布数据及断面的平均值。更一般的情况则按表 5.2 的规定布设。

表 5.2　　　　　　　　　　　　江河、渠道采样垂线布设

水面宽	垂　线　数	水面宽	垂　线　数
$b \leqslant 50\text{m}$	一条（中泓线）	$b > 100\text{m}$	三条（左、中、右）
$50\text{m} < b \leqslant 100\text{m}$	二条（左、右岸有明显水流处）		

注　1. 垂线布设应避开污染带，监测污染带应另加垂线。
　　2. 确能证明断面水质均匀时，可仅在中泓线设置垂线。
　　3. 凡在该断面要计算污染物通量时，应按本表设置垂线。

（2）湖泊和水库采样垂线的分布。根据我国《地表水环境质量监测技术规范》（HJ 91.2—2022）规定：除特殊情况外，湖泊和水库通常只设置监测垂线，不设监测断面；进水区、出水区、深水区、浅水区、湖心区、岸边区等不同水域可按水体类别设置监测垂线；若无明显水域功能区别，可用网格法均匀设置监测垂线；受污染物影响较大的重要湖泊和水库，应在污染物主要迁移途径上设置控制断面。

（3）垂线上采样点的布置。垂线上污染物浓度分布取决于水深、水流情况及污染物的特性等因素。江河、渠道的采样点设置具体参照表 5.3。为避免采集到漂浮的固体和河底沉积物，规定在至少水面以下、河底以上 50cm 处采样。而湖泊、水库监测垂线上的采样点设置参考表 5.4 的要求。

表 5.3   江河、渠道采样垂线上采样点布置

水深	布 设 层 次
$h \leqslant 5\text{m}$	上层一点（水面下或冰下 0.5m 处，水深不到 0.5m 时，在 1/2 水深处）
$5\text{m} < h \leqslant 10\text{m}$	上、下层两点（下层点在河底以上 0.5m 处）
$h > 100\text{m}$	上、中、下层三点（中层点在 1/2 水深处）

表 5.4   湖泊、水库监测垂线采样点布置

水深	采 样 点 数
$h \leqslant 5\text{m}$	一点（水面下 0.5m 处，水深不足 1m 时，在 1/2 水深处设置采样点）
$5\text{m} < h \leqslant 10\text{m}$	二点（水面下 0.5m，水底上 0.5m）
$h > 10\text{m}$	三点（水面下 0.5m，中层 1/2 水深处，水底上 0.5m）

注 1. 根据监测目的，如需要确定变温层（温度垂直分布梯度 $\geqslant 0.2℃/\text{m}$ 的区间），可从水面向下每隔 0.5m 测定并记录水温、溶解氧和 pH 值，计算水温垂直分布梯度。

     2. 湖泊、水库有温度分层现象时，可在变温层增加采样点。

     3. 有充分数据证实垂线上水质均匀时，可酌情减少采样点。

     4. 受客观条件所限，无法实现底层采样的深水湖泊、水库，可酌情减少采样点。

3. 采样时间和采样频率的确定

采集的水样要具有代表性，能同时反映空间和时间上的变化规律。因此，要掌握时间上的周期性或非周期性变化以便确定合理的采样频率。

为了分析便利，同一条江河（湖、库）应该力求同步采样，但不宜在大雨时采样。在工业区或城镇附近的河段应该在汛前一次大雨和久旱后第一次大雨产流后增加一次采样。具体采样次数应该根据不同水体、水情变化和污染情况等确定。

4. 采样准备工作

（1）采样容器材质的选择。容器材质对水样在储存期间的稳定性影响很大，因此要求容器具有化学稳定性好、可以保证水样的各组成成分在储存期间不发生变化，抗极端温度性能好，抗震，大小、形状和重量适宜，能严密封口，且容易打开，材料易得且价格低，容易清洗，可以反复使用等特性。例如高压低密聚乙烯塑料和硼硅玻璃可以满足上述要求。

（2）采样器的准备。根据监测要求不同，选用不同的采样器。若采集表层水样，则可以用桶、瓶等直接采样，通常情况下选用常用采水器。当采样地段流量大、水层深时应该选用急流采水器。当采集具有溶解气体的水样时应该选用双瓶溶解气体采水器。需要将选定合适

的采水器按容器材质所需要的洗涤方法洗净待用。

（3）水上交通工具的准备。一般河流、湖泊、水库采样可以用小船。小船经济、灵活，可以到达任意采样位置。如果有专用的监测船或采样船更佳。

5. 采样方法

对于自来水的采集，应该先放水数分钟，使积累在水管中的杂质及陈旧水排出后再取样。采样器必须用采集水样洗涤 3 次。

对于河湖水库水的采集，需要考虑其水深和流量，表层水样可以直接将采样器放入水面以下 0.3～0.5m 处采样，采样后立即加盖塞紧，避免接触空气。深层水可以用抽吸泵采样，利用船等乘具行驶至特定采样点，将采水管沉降至所规定的深度，用泵抽取水样即可。采集底层水样时，切勿搅动沉积层。

对于工业废水和生活污水的采集。通常采用瞬时个别水样法、平均水样法或比例组合水样法进行采样。采集的水样，有条件在现场测定的项目，例如水温、pH 值、电导率等，应该尽量在现场测定。无法现场处理的，需要确保在随后的运输和实验室管理过程中水样的完整性、代表性，使之不受污染、损坏和丢失以及由于微生物新陈代谢活动和化学作用影响引起水样组分的变化，必须遵守各项保证措施。

5.1.4.2　水体污染源调查

水体污染源是向水体排放污染物的场所、设备、装置和途径等。水体中主要污染物的分类和来源归纳于表 5.5。

表 5.5　　　　　　　　　　　　水体中主要污染物的分类和来源

种类	名称		主要来源
物理性污染物	热		热电站、核电站、冶金和石油化工等工厂排水
	放射性物质（例如铀及裂变、衰变产生）		核生产废物、核试验沉降物、核医疗和核研究单位的排水
化学性污染物	无机物	铬	铬矿冶炼、镀铬、颜料等工厂的排水
		汞	汞的开采和冶炼、仪表、水银法电解以及化工等工厂的排水
		铅	冶金、铅蓄电池、颜料等工厂的排水
		镉	冶金、电镀和化工等工厂的排水
		砷	含砷矿石处理、制药、农药和化肥等工厂的排水
		氰化物	电镀、冶金、煤气洗涤、塑料、化学纤维等工厂的排水
		氮和磷	农田排水；粪便污水；化肥、制革、食品、毛纺等工厂的排水
		酸碱和盐	矿山排水；石油化工、化学纤维、化肥造纸、电镀、酸洗和给水处理等工厂的排水，酸雨
	有机物	酚类化合物	炼油、焦化、煤气、树脂等化工厂的排水
		苯类化合物	石油化工、焦化、农药、塑料、染料等化工厂的排水
		油类	采油、炼油、船舶以及机械、化工等工厂的排水
生物性污染物	病原体		粪便、医院污水；屠宰、畜牧、制革、生物制品等工厂的排水；灌溉和雨水造成的径流
	霉毒		制药、酿造、制革等工厂的排水

水体污染源的调查是根据控制污染、改善环境质量的要求，对某个地区水体污染造成的原因进行调查，建立各类污染源档案，在综合分析的基础上选定评价标准，估量并比较各污染源对环境的危害程度及其潜在危险，确定该地区的重点控制对象（主要污染源和主要污染物）和控制方法的过程。

1. 主要调查内容

（1）水体污染源所在单位周围的环境状况。包括地理位置、地形、河流、植被、有关的气象资料、附近地区地下水资源情况、地下水道布置，各种环境功能区例如商业区、居民区、文化区、工业区、农业区、林业区、养殖区等的分布。应该尽可能详细说明，并在地图上标明。

（2）污染源所在单位的生产生活。例如对城市生活污水的调查包括不同水平下的人均耗水量；随着生活水平的提高，水体污染物种类及浓度的变化；商业中心区的饭店、餐馆污水和居民污水的量与质两方面的差异；所调查地区的人口总数、人口密度、居住条件和生活设施等。

（3）污水量及其所含污染物质的量。包括其随时间变化的过程。

（4）污染治理情况。例如污水处理设施对污水中所含成分及污水量处理的能力、效果；污水处理过程中产生的污泥、干渣等的处理方式；设施停止运行期间污水的去向及监测设施和监测结果等。

（5）污水排放方式和去向以及纳污水体的性状。包括污水排放通道及其排放路径、排污口的位置及排入纳污水体的方式（岸边自流、喷排及其他方式）；排污口所在河段的水文水力学特征、水质状况，附近水域的环境功能，污水对地下水水质的影响等。

（6）污染危害。包括污染物对污染源所在单位和社会的危害。单位内主要是工作人员的健康状况；社会上指接触或使用污水后的人群的身体健康；有关生物群落的组成程度，生物体内有毒有害物质积累的情况；发生污染事故的情况，发生的原因、时间，造成的危害等。

（7）污染发展趋势。

2. 调查方法

（1）表格普查法。由调查的主管部门设计调查表格，发至被调查单位或地区，请他们如实填写后收取。优点是花费少，调查信息量大。

（2）现场调查法。对污染源有关资料的实地调查，包括现场勘测、设点采样和分析等。现场调查既可以是大规模的，也可以是区域性、行业性的或个别污染源所在单位的调查。优点是就本次现场调查而言，结果比其他调查方法都准确，但缺陷是调查结果的时效性短、总体代表性不足、花费大。

（3）经验估算法。用由典型调查和研究中所得到的某种函数关系对污染源的排放量进行估算的办法。当要求不高或无法直接获取数据时，不失为一种有效的办法。

5.1.5 水文调查与水文遥感

目前收集水文资料的主要途径是利用测站进行定位观测，但这种方法受到时间、空间的限制，收集的资料往往不能满足生产需求，因此必须通过水文调查来补充定位观测的不足，以便扩充水文资料的系统性和完整性，更好地满足水资源开发利用、水利工程建设及其他国民经济建设的需求。

水文调查的内容一般分为流域调查、水量调查、洪水与暴雨调查、其他专项调查四类。

以下主要介绍洪水与暴雨调查。

5.1.5.1　洪水调查

在洪水调查过程中，需要对历史上的大洪水进行有计划组织的调查；对当年的特大洪水，应该及时组织调查；对河道决口、水库溃坝等灾害性洪水，需要力争在情况发生时或情况发生后较短时间内，进行有关调查。

洪水调查工作具体包括调查洪水痕迹、洪水发生时间、灾情测量、洪痕高程测量；了解调查河段的河槽情况；了解流域自然地理情况；测量调查河段的纵横断面；必要时应该在调查河段进行简易地形测量；对调查成果进行分析，推算洪水总量、洪峰流量、洪水过程及重现期，最后写出调查报告。

计算洪峰流量时，若调查的洪痕靠近某个水文站，则可先求水文站基本水尺断面处的洪水位高程，通过延长该站的水位流量关系曲线，推求洪峰流量。

在新调查的河段无水文站情况下，可采用下列方法估算洪水调查的洪峰流量。

1. 比降法

（1）顺直河段

$$Q = KS^{\frac{1}{2}} \tag{5.34}$$

其中

$$K = \frac{1}{n} A R^{\frac{2}{3}}$$

式中：Q 为洪峰流量，m^3/s；S 为水面比降，‰；K 为河段平均输水率；n 为糙率；A 为河段平均断面积，m^2；R 为河段平均水力半径，m。

（2）非顺直河段

$$Q = KS_c^{\frac{1}{2}} \tag{5.35}$$

$$S_c = \frac{h_f}{L} = \frac{h + \left(\frac{\overline{V}_{\text{上}}^2}{2g} - \frac{\overline{V}_{\text{下}}^2}{2g} \right)}{L} \tag{3.36}$$

式中：S_c 为能面比降；h_f 为两断面之间的摩阻损失；h 为上下两断面的水面落差，m；$\overline{V}_{\text{上}}$、$\overline{V}_{\text{下}}$ 为上下两断面的平均流速，m/s；L 为断面间距，m。

（3）考虑扩散及弯曲损失时

$$Q = K \sqrt{\frac{h + (1 - \alpha) \left(\frac{\overline{V}_{\text{上}}^2}{2g} - \frac{\overline{V}_{\text{下}}^2}{2g} \right)}{L}} \tag{5.37}$$

式中：α 为扩散、弯道损失系数，一般取 0.5。

糙率 n 的确定可查根据实测成果绘制的水位糙率曲线，或查糙率表，或参考附近水文站的糙率资料。对复式断面，可分别计算主槽和滩地的流量再取其和。

2. 水面曲线推算

当所调查的河段较长且洪痕较少，各河段河底坡降及断面变化、洪水水面曲线比较曲折时，不宜用比降法计算，可用水面曲线法推求洪峰流量。

水面曲线法的工作原理是：假设一个流量 Q，由所估定的各段河道糙率 n，自下游一个已知的洪水水面点起，向上游逐段推算水面线，然后检查该水面线与各洪痕的符合程度。若大部分符合，则表明所假设的流量正确。否则，重新修定 Q 值，再推算水面线直至大部分洪痕符合为止。

5.1.5.2 暴雨调查

洪水成因为降雨的地区，洪水的大小与暴雨大小密切相关，暴雨调查资料对洪水调查成果起佐证作用。洪水过程线的绘制、洪水的地区组成，也需要结合面上暴雨资料进行分析。

暴雨调查主要涉及暴雨成因、暴雨量、暴雨起迄时间、暴雨变化过程及前期雨量情况、暴雨走向及当时主要风向风力变化等的调查。

对历史暴雨的调查，一般通过群众对当时雨势的回忆或与近期发生的某次大暴雨对比，作出定性判断。也可以通过群众对当时地面坑塘积水、露天水缸或其他器皿承接雨量作定量估计，并对一些雨量记录进行复核，对降雨的时空分布作出估计。

5.1.5.3 水文遥感

遥感技术，特别是航天遥感的发展，使人们能大范围、快速、周期性地探测地球上各种现象及其变化。水文遥感是将遥感技术在水文科学领域进行应用。水文遥感具有动态遥感、从定性描述发展到定量分析、遥感遥测遥控的综合应用、遥感与地理信息系统相结合的特点。

随着科技的快速发展，近年来，遥感技术在水文水资源领域（尤其是在水文水资源调查中）应用广泛，并逐渐成为收集水文信息的重要手段。

（1）流域调查：根据卫星照片可以准确查清流域范围、流域面积、流域覆盖类型、河长、河网密度、河流弯曲度等。

（2）水资源调查：使用不同波段、不同类型的遥感资料易于判读各类地表水，例如河流、湖泊、水库、沼泽、冰川、冻土和积雪的分布，还可分析饱和土壤面积、含水层分布用以估算地下水储量。

（3）水质监测：遥感资料进行水质监测可包括分析识别热水污染、油污染、工业废水及生活污水污染、农药化肥污染以及悬移质泥沙、藻类繁殖等情况。

（4）洪涝灾害的监测：包括洪水淹没范围的确定，决口、滞洪、积涝的情况，泥石流及滑坡的情况。

（5）河口、湖泊、水库的泥沙淤积及河床演变，古河道的变迁等。

（6）降水量的测定及水情预报：通过气象卫星传感器获取的高温和湿度数据间接推求降水量或根据卫星影像的灰度定量估算降水量；根据卫星云图与天气图配合预报洪水及监测旱情。

此外，还可利用遥感资料进行分析处理，从而估算某些水文要素例如水深、悬移质含沙量等。利用卫星传输地面自动遥测水文站资料，具有投资小、维护量少、使用方便的优点，且在恶劣天气下安全可靠，不易中断。对大面积人烟稀少地区更加适合。

5.2 气象要素及其观测方法

气象是指大气中表现出的所有物理（包括部分化学）过程和现象，这些过程和现象的时间尺度从秒到天再到星期，还有在过去和未来更长时间尺度上被称为"气候"的信息。近年来"气象"的概念已经拓展到包含"空间天气"。

5.2.1　气象观测概述

气象观测是借助仪器和目力对气象要素和气象现象进行的测量和判定。随着观测技术的发展和观测对象项目的扩充，近年来气象观测已经逐步发展为大气探测。气象观测是气象科学的重要分支，它将基础理论与现代科学技术相结合，形成多学科交叉融合的独立学科，处于大气科学发展的前沿。

气象观测信息和数据是开展天气预报预警、气候预测预估及气象服务、科学研究的基础，是推动气象科学发展的原动力。地面气象观测是气象观测的重要组成部分，它是对地球表面一定的范围内的气象状况及其变化过程进行系统的、连续的观察和测定。16 至 17 世纪，人类发明了一系列测量地面气象要素的仪器并投入实际应用，其标志性仪器为 1643 年托里拆利发明的水银气压表，在气压表出现的前后，一系列其他地面气象要素观测仪器开始应用，例如玻璃液体温度表、雨量器、毛发湿度表、风杯风速计以及黑白球日射表等。

高空大气探测是测量近地面层以上大气的物理、化学特性的方法和技术，测量要素以大气各高度上的温度、湿度、气压、风向、风速为主。自从 1783 年法国人查理在巴黎上空用氢气球携带温度表和气压表探测大气状况以后，陆续有人采用系留气球、飞机及火箭携带仪器升空，进行高空大气的探测。自 1919 年法国人巴洛第一次用无线电探空仪探测大气后，苏联、德国、法国、芬兰等国家都开始研制无线电探空仪及其他高空探测技术，为高空大气探测事业开辟了新的途径。这是大气探测向高空发展的第一次突破。目前，高空大气探测是气象基础业务之一，我国气象台站进行的高空探测业务一般通过升空气球携带探空仪。气球在上升的过程中，探空仪将探测到的周围环境中的气压、温度、湿度以无线电信号方式发往地面。地面工作人员经过计算整理，可以得到测站上空气象要素的垂直分布情况，以此作为天气预报、气候分析的科学研究和国际交换等所用。

5.2.1.1　气象观测站的布设

地面气象观测台站按承担的观测业务属性和作用分为国家基准气候站、国家基本气象站和国家一般气象站三类。我国的气象观测站主要有基准气候站、基本气象站、一般气象站和高空气象站四种类型。

国家基准气候站是根据国家气候区划以及全球气候观测系统的要求，为获取具有充分代表性的长期、连续气候资料而设置的气候观测站，是国家气候站网的骨干。必要时可以承担观测业务试验任务。组成国家一级地面气象观测站网的基准气候站要求观测环境有很好的代表性，并保持长期稳定，一般 300～400km 设一站（丘陵或沿海地区为 100～300km），每小时观测一次，对资料的准确度要求高。既可以承担气候观测，天气预测发报，也可以承担航空预报任务，其中大部分气象站承担全球和地区气象情报、资料交换任务。

国家基本气象站是根据全国气候分析和天气预报的需要所设置的气象观测站，大多数担负区域或国家气象信息交换任务，是国家天气、气候台站网的主体台站。每天进行 2 时、8 时、14 时、20 时 4 次定时观测和 5 时、11 时、17 时、23 时 4 次补充观测，要求昼夜有人值班，获取的资料要保持长期的连续性。因此，这类台站处所要求长期不变，两站距离一般不大于 150km，同时承担天气预报、重要天气预报和航危预报的任务。至 2023 年 1 月 1 日，我国已经有 1520 个国家基本气象站。

国家一般气象站是按省（自治区、直辖市）行政区划设置的地面气象观测站，作为国家天气气候站网观测资料的补充，其获取的观测资料主要用于本省（自治区、直辖市）和当地的气象服务。一般 50km 左右设一站，每天进行 2 时、8 时、14 时、20 时 4 次定时观测或 8 时、14 时、20 时 3 次定时观测。

此外，还有一部分布设在陆地或海上实施高空气象观测的高空气象站，其主要任务是探测高空温度、气压、湿度、风向、风速等。这类测站一般 300km 设一站，每天定时施放测风气球和探空气球探测高空气象要素值，全球统一为世界时 0 时、6 时、12 时、18 时（每天 4 次），或 0 时、12 时（每天 2 次），而在中国一般每日 7 时、19 时观测两次或每日 1 时、7 时、13 时、19 时观测 4 次，同时需要将获取的资料按世界气象组织规定的统一格式整理、编报，通过通信系统传输给有关部门。

5.2.1.2 气象观测仪器的性能

对于每一种大气探测仪器，都必须充分了解仪器的性能，才能正确使用仪器，取得符合要求的观测资料。气象仪器的性能一般包括精确度、灵敏度、惯性、分辨率和量程。

精确度是指仪器的测量值与实际值的接近程度。一般包括仪器的精密度和准确度。精密度是若干个独立测定值彼此之间的符合程度。而准确度则是仪器的测量值在做了各种订正之后与真值的符合程度。

仪器的灵敏度是仪器本身的示度在被测要素改变单位物理量时所移动的距离、旋转的角度或显示输出量的大小，换言之，是单位待测量的变化所引起的指示仪表输出的变化。如果被测要素的物理量改变 Δx，相应仪器示度改变量为 Δy，则灵敏度表示为 $\Delta y / \Delta x$。

仪器的惯性是指仪器的动态响应速度。一般要求惯性的大小由观测任务所决定，具有两重性。例如探空仪的惯性不能太大，否则在上升过程中就不能准确反映温度、湿度、气压随高度的变化。大气湍流探测仪器的惯性就要求很小，否则仪器就会过滤高频湍涡。而地面气象台站使用的观测仪器就要求具备一定的惯性，使其具备一定的自动平均的能力。如果惯性太小，那么观测员将无法靠近仪器读数。

分辨率是指最小环境改变量在测量仪器上的显示单位。仪器的分辨率和量程及灵敏度有关，仪器性能的改变也会影响分辨率。

仪器的量程是仪器对要素测量的最大范围。仪器设计的量程取决于所测要素的变化范围。比如利用一支温度表测量某个地区的常年气温，则要求其量程为 $-20 \sim 50℃$，$-20℃$ 和 $50℃$ 为该地区 100 年一遇的最低、最高气温。

5.2.1.3 气象观测的要求

地面气象观测是气象系统重要的基础性工作，地面观测站长期而稳定地获取具有代表性、准确性、比较性的各种气象资料，可为应对气候变化、防灾减灾、公共服务和科学研究提供详细准确的观测数据支撑。大气覆盖着整个地球，持续不断地进行运动，与下垫面交换能量，造成气象要素值在空间上分布不均一和时间上呈脉动变化。地面气象观测是在自然条件下进行的，因此对气象资料提出准确性、代表性、比较性的"三性"要求。

（1）准确性反映了测量值与真实状况误差大小的程度。观测记录首先需要真实地反映实际气象状况。气象观测的准确性可以用气象观测资料与当时真值的接近程度来衡量，地面气象观测使用的气象观测仪器性能和制定的观测方法要充分满足规定的准确度要求，只要所测得的资料能满足实际工作提出的精度要求，且所测得的要素值能反映当时的客观特征，这样的资料就认为是准确的。例如天气预报所要求的是能反映较大尺度范围各地特征的气象资料，它所需要的气温资料只要有 0.5℃ 的精度，温度中的过小脉动值在天气分析中并不需要考虑。但是作为气候分析，这种精度显然是达不到要求的，世界气象组织（WMO）要求的精度为 0.1℃。

（2）代表性是指探测值代表一定的空间范围和时间段的平均状况。观测记录不仅要反映测点的气象状况，而且要反映测点周围一定的范围内的平均气象状况。地面气象观测在选择站址和仪器性能，确定仪器安装位置时要充分满足记录的代表性要求。根据观测用途不同，代表性要求也不一样。代表性主要与台站所处的地理条件、观测仪器的性能、安装地点和安装方法、所取平均观测时间的长短有关。

（3）比较性是指不同测站和不同时间的测量值之间能进行比较。具有两层含义：一是站与站之间的比较，就是不同测站同一时刻取得的同一要素值能够相互比较，经过比较能够显示出这个要素空间分布的正确特征；二是同一测站不同时刻的同一要素值也能进行比较，这是为了说明要素随时间的变化特点。因此，观测的比较性是建立在一致性的基础上的，即要求观测时间、仪器性能、观测方法、数据处理等方面的一致性。

地面气象观测的"三性"是互相联系、互相制约的。代表性建立在准确性的基础上，没有准确性也就谈不上代表性，然而只有准确性而没有代表性的气象资料是难以应用的。同时，比较性也必须以准确性和代表性为前提，因为如果资料既不准确，又无代表性，就没有时空比较的意义了。

5.2.2　常规气象要素观测

5.2.2.1　气温

温度是表征物体冷热程度的物理量。微观上温度反映了物体或系统中大量分子热运动的激烈程度或平均动能的大小。宏观上从热平衡上看，当两个物体或系统通过热交换达到动态平衡（热平衡）时，两者具有同样的温度。世界万物的生生息息都与气温有着千丝万缕的联系。大气中的一切物理过程例如天气过程、风雨的形成、全球变化等都与温度有关。温度是一项重要的气象要素，陆地气象观测站的测温项目包括气温和地温。气温是空气的温度，而地温则是地表面和地面以下不同深度的土壤温度。气温的水平分布不均匀，可以引起空气发生垂直与水平运动，这是形成各种天气现象与天气变化的重要原因之一。气温是构成一个地区气候的重要因素，而且各地气温与地温的长年平均与极端情况，是国民经济建设部门进行合理设计与正确指导生产的重要参考资料之一。

气温的测量项目包括地面气温和高空气温。地面气象观测测定的是离地 1.5m 高度的空气温度，因为这个高度的气温既基本脱离了地面温度振幅大、变化剧烈的影响，又是人类活动的一般范围。高空气温是指离地面各高度的气温。而地温的测量项目一般包括地表温度、土壤浅层（5cm、10cm、15cm、20cm）及土壤深层（40cm、80cm、160cm、320cm）温度。

1. 温度的单位和温标

最常用的温度为热力学温度和摄氏温度，习惯上分别用符号 T 和 t 表示，单位分别为开尔文（K）和摄氏度（℃）。在热力学温度绝对零度（0K）下，任何物质的分子不再具有动能。热力学温度的数值用与 0K 的差值来表示，定义 1K 等于水的三相点热力学温度的 1/273.16。水的三相点对应了一个确定不变的温度 0.01℃（273.16K）和气压值 6.11hPa。摄氏温度与热力学温度的关系为

$$T - t = 273.15 \tag{5.38}$$

另外，华氏温度（符号 F，单位为华氏度，华氏度的符号为℉）在英、美等国的日常生活中仍然被采用。华氏温度中冰点温度为 32℉，水的沸点温度为 212℉。华氏温度与摄氏温度之间的换算关系为

$$t = \frac{5}{9}(F - 32) \tag{5.39}$$

$$F = \frac{5}{9}t + 32 \tag{5.40}$$

为了能定量地表示物体的温度，就必须选定衡量温度的尺度，称为温标。

历史上曾经使用过多种温标。从 1990 年开始，通用的温标是"国际温标（International Temperature Scale，ITS）-90"。ITS-90 是以若干个可再现的平衡态温度作为参考点，其中与大气测量有关的一类参考点见表 5.6。大气环境中的测温范围通常在 -80～60℃，为了测温仪器校准上的方便另外设置了一些二类参考点，例如在标准大气压（1013.25hPa）下，二氧化碳的升华点为 -78.464℃，汞的凝固点为 -38.829℃，冰点为 0℃，二苯醚的三相点为 26.864℃。二类参考点的精度低于一类参考点，但仍然能满足大气科学工作的要求。参考点之间的刻度通常利用铂电阻温度表作为标准仪器进行内插。

表 5.6　ITS-90 中与大气测量有关的一类参考点

平衡状态	国际温度指定值	
	T/K	$t/℃$
氩的三相点	83.8058	-189.3442
汞的三相点	234.3156	-38.8344
水的三相点	273.16	0.01
镓的凝固点	302.9146	29.7676
铟的凝固点	429.7485	156.5985

2. 温度测量仪器

温度只能通过物体随温度变化的某些特性来间接测量，物质的任何物理性质如果是温度函数，都可以作为温度表（气象中习惯于把能进行连续记录示度的仪器称为"计"，而把那些不能连续自记的仪器称为"表"）的依据。温度有接触式和非接触式两种测量方式。

接触式测温仪器，是根据一切互为热平衡的物体具有相同温度的原理，将测温仪器直接放入大气、土壤或其他介质中，可以利用液体膨胀特性、固体线膨胀系数之差、热电效应、半导体电阻的温度特性等制成测温元件进行测量。常用的仪器包括玻璃液体温度表、电测温度表、机械式温度表等。其中，玻璃液体温度表是最经典、应用最广泛的测温仪器。而目前在我国气象观测业务系统中，由于电测温度表适合遥测和自动化，所以多数台站已经用电测温度表取代了玻璃液体温度表，而机械式温度表由于误差太大已经被淘汰。

非接触式测温仪器利用声速随大气温度变化特性、物质的辐射效应与温度的特性等以遥感方式测量大气温度。随着气象雷达和卫星的发展，非接触式测温方式越来越普遍，相关仪器不仅被广泛应用在大气探测领域，而且也被应用到生物体温测量上，例如广泛使用的红外线体温计等。以下主要介绍玻璃液体温度表和电测温度表。

（1）玻璃液体温度表。玻璃液体温度表的感应部分是一个充满液体的玻璃球，示度部分为玻璃毛细管。温度变化时，引起测温液体体积膨胀或收缩，使进入毛细管的液柱高度随之变化。常用的液体玻璃温度表包括干湿球温度表、最高温度表、最低温度表、地面温度表等。

1）干湿球温度表是根据水银（酒精）热胀冷缩的特性制成的，主要由感应球部、毛细

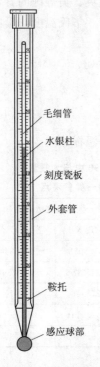

毛细管

水银柱

刻度瓷板

外套管

鞍托

感应球部

图 5.13　干湿球温度表

管、刻度瓷板、外套管四部分组成，球部形状为圆柱体状或洋葱头状，如图 5.13 所示。这是所有气象温度表中最准确的仪器，其刻度间隔为 0.2℃ 或 0.5℃，量程也比其他气象温度表大。

2）最高温度表是专门用来测定一定的时间间隔的最高温度的一种仪器，它的构造与一般的玻璃液体温度表不同，其感应部分内有一根玻璃针，伸入毛细管，使感应部分和毛细管之间形成一条窄道。当温度升高时，感应部分的水银体积膨胀，产生的压力大于狭管处的摩擦力，水银挤入毛细管。当温度下降时，由于通道窄，狭管处的摩擦力超过了水银的内聚力，毛细管内的水银就此中断，不能缩回感应部分，因此能指示出上次调整后这段时间内的最高温度。最高温度表毛细管的上部不像一般温度表那样充有干燥的氮气，而是真空的，这是为了避免气体分子压力作用在水银柱顶部，从而增加水银回到球部的作用力，破坏最高性。

3）最低温度表是专门用来测定一定的时间间隔的最低温度的一种仪器，它的感应液是酒精，毛细管内有一个哑铃形游标。当温度下降时，酒精柱便相应下降，由于酒精柱顶端表面的张力作用，带动游标下降。当温度上升时，酒精膨胀，酒精柱经过游标周围慢慢上升，而游标仍然停在原来的位置上。由此可见，游标是只能下降而不能升高的，因此它能指示上次调整以来这段时间内的最低温度。

4）地面温度表（又称为 0 厘米温度表）的地面最高和最低温度表的构造及原理与测定气温用的温度表基本相同。按照 0cm、最低、最高的顺序由北向南平行排列。常见的仪器有曲管地温表和直管地温表两种。前者测量深度较浅，一般在 5cm、10cm、15cm、20cm 深度布设 4 支温度表。后者测量深度较深，一般可测 40cm、80cm、160cm、320cm 4 种深度。

在读取温度的过程中应该注意，首先，温度表应该在保证准确度的情况下尽快读数，以便避免由于观测员的出现而影响到温度示度。其次，观测员应该保证从其眼睛到凹液面或游标的直线与温度表柱成直角，避免出现视差。再次，如果有标度误差的订正值，就需要及时订正读数。最后，应该每日至少进行两次最高和最低温度表的读数与调整，与普通温度表的读数进行对比。

（2）电测温度表。玻璃液体温度计适用于人工观测，而随着现代技术的发展和自动化水平的提升，电测温度表应用越来越普遍。电测温度表的工作原理是根据电阻、电动势等电参数随温度而变化的特性来测量温度，借助电测元件对温度信号进行远距离显示、记录、存储或传送。最常用的测温元件是金属电阻、热敏电阻和热电偶。

1）金属电阻温度表。金属（或合金）电阻温度表是根据某种金属或合金的电阻随温度变化的特性来测量温度的。当温度变化量 $T-T_0$ 较小时，金属电阻的变化量 R_T-R_0 与温度变化量成正比，由此

$$R_T = R_0[1 + \alpha(T-T_0)] \tag{5.41}$$

式中：α 为金属电阻在 T_0 附近的温度系数。

在温度变化大时，对某些合金需要考虑 R_T-R_0 与温度变化量 $T-T_0$ 的非线性关系：

$$R_T = R_0[1 + \alpha(T - T_0) + \beta(T - T_0)^2] \tag{5.42}$$

式中：系数 α 与 β 的数值可以通过温度表的校准来确定。

一个好的金属电阻温度表应该满足：在温度测量范围内，其物理性质和化学性质保持不变；其电阻随温度的增加稳定且无任何不连续性；外界环境影响例如湿度、腐蚀或物理变形等都不会明显改变其电阻；两年或两年以上期间，其特性保持稳定；电阻值和温度系数应该大到足以在测量电路中使用。

根据上述要求，纯铂这种材料最合适，因此把它应用在地区间传递国际温标 ITS-90 所需要的一级标准温度表中，而铜则是适用于二级标准器的材料。

气象用的实用温度表，通常都是由铂合金、镍或铜制成，有时也用钨制成，使用前都需要经过人工老化处理，通常用玻璃或陶瓷进行密封绝缘，但它们的时间常数仍然比玻璃液体温度表的要小。

2）热敏电阻温度表。另一类常用的电阻元件是热敏电阻，这类电阻具有灵敏度高的优点，在 $-40\sim40℃$ 范围内，典型的热敏电阻的电阻大小可以有 $100\sim200$ 倍的变化。热敏电阻采用的材料是一种电阻温度系数较大的半导体，根据采用的实际材料的不同，电阻温度系数可正可负。金属烧结氧化物的混合体适合制作实用热敏电阻，成形通常为小圆片状、棒状或球状，并且常常外裹玻璃。热敏电阻的电阻 R 随温度变化的关系式为

$$R = a\exp(b/T) \tag{5.43}$$

式中：a、b 为定标常数；T 为热敏电阻的温度，K。

3）热电偶温度计。热电偶温度计是以热电效应为基础的测温仪器。由两种不同的金属材料（或半导体）组成的一个闭合回路，使两个接点保持在不同的温度 T_1 和 T_2 下，会出现闭合回路中有电流通过的现象称为温差电现象或贝塞克效应。这种热电路装置也称为热电偶或温差电偶。回路中产生的电动势为温差电动势。温差电动势（E）的大小和符号取决于连接的金属类型和接点处的温度差，通常接触点之间的温差越大，回路中的电动势也越大。具体表示为

$$E = a(T_1 - T_2) + b(T_1 - T_2)^2 \tag{5.44}$$

式中：a、b 是常数。

温差电动势的大小可以用检测电动势的仪表进行指示，例如电位差计、电子电位差计、数字电压表等。

气象常用的热电偶有铁-康铜、铜-康铜、镍-镍铬等。当利用热电偶测定温度时，通常使一个接触点维持在已知温度（例如 0℃），根据回路中温差电动势的大小以及两种金属的温差电动势和温度的关系，可以求得另一个接触点的温度。

（3）误差来源。

1）金属电阻和热敏电阻温度表的观测误差来源有：①温度表元件自身加热。电阻元件因为电流通过产生热量进行加热，导致温度表元件的温度比周围介质温度要高。②导线电阻补偿不当。这是由连接线的电阻引起的温度读数误差。连接线越长误差越明显，这是因为电阻温度表离测量仪器距离较远，电缆温度改变带来了读数误差，尽管这些误差可以用外接导体（平衡电阻）和一个合适的电桥网络进行补偿。③传感器或处理仪器非线性补偿不当。在扩大的温度范围内，金属电阻温度表和热敏电阻温度表都不是线性的，但是如果在一个有限的温度范围内使用，仍可以取得接近线性的输出。因此需要对这种非线性进行补偿，尤其是

热敏电阻温度表，以便达到气象测量范围可用性。④开关接触电阻的突变。当开关使用年限增加时，就会发生开关接触电阻的突变。这类误差只能通过定期系统校准检查，否则很难察觉。

2）热电偶温度计的观测误差来源有：①导线电阻随温度变化。通过采用尽量短而紧凑并且绝缘良好的导线，可以减少这类误差的影响。②当温度测量点附近存在一个温度梯度时，从接头出来的导线上就会有热传导。③若连接电路里使用与热电偶不同的金属，则偶尔会产生第二种热电动势。因此，电路其余部分的温差必须尽量地小，尤其是被测电动势较小时这点尤其关键。④电源电路近旁会有泄漏电流。适当屏蔽导线可以使这种影响减至最小。⑤若导线或接点沾水，则会产生激励电流。⑥电流计的温度变化引起其电阻发生改变。这种改变会影响直接读数的仪器。只有让电流计的温度尽量接近校准时电路的温度才能将这种影响减至最小。⑦电位法测量中标准电池电动势的变化和各次调整之间的电位计电流的变化都会引起测量电动势的误差。通过使用校准电池，同时在温度测量前调整电位计的电流，可以尽量减小这类误差。

3. 温度测量的防辐射装置

由于太阳直接辐射、地面反射辐射等影响，所以会使测温元件的示值与实际气温存在差异。白天，空气对太阳辐射的吸收能力弱于任一种温度感应元件。夜晚，空气的红外辐射能力又弱于任一种温度感应元件的表面。比如，人们在太阳下感觉气温与天气预报的气温有较大差异也是因为人体对太阳辐射的吸收能力要比空气强。因此，太阳及周围物体的辐射对测定空气温度影响较大，会产生辐射误差。任何直接暴露在空气中的测温元件，其测量值在白天系统将偏高于气温，夜间则系统偏低于气温，导致较大的辐射误差。为了消除和减小这种辐射误差，保证测温元件反映真实的空气温度，必须对其采取有效的辐射屏蔽措施。同时，为了测得的温度尽可能接近原气温，还需要保证测温元件周围的空气自由流通。另外，防辐射装置还可以用来架设测温仪器和遮挡降水，并防止仪器意外损坏。

因此，防辐射设备应该至少满足：①能够完全遮蔽温度表，并能屏蔽辐射和降水的影响；②内部气温保持均匀，并与外部气温相等；③应该能够保持良好的通风。为此，气象台站一般采用两种防辐射的装置，一种是百叶箱，另一种是防辐射罩。

（1）百叶箱。百叶箱应用最广，它经常作为安装温度、湿度仪器的防护设备。百叶箱的内外部分均为白色，其主要作用是防止太阳对仪器的直接辐射和地面对仪器的反射辐射，保护仪器免受强风、雨、雪等的影响，同时使仪器感应部分有适当的通风，能真实地感应外界空气温度和湿度的变化。

百叶箱（图 5.14）通常由木质和玻璃钢两种材料制成，箱壁两排叶片与水平面的夹角约为 45°，呈"人"字形，箱底为中间一块稍高的三块平板，箱顶为两层平板，上层稍向后倾斜。该结构使百叶箱内具有很好的通风性能，整个百叶箱内自由流通的空气使

图 5.14　百叶箱

内层箱壁适应环境温度的变化，减少了内层箱壁对温度表示度的影响。箱体内自由流通空气，也使温度表随箱内空气温度的变化的反应速度比只有辐射交换起作用时快得多。箱体的白色涂层可以将投射在百叶箱上的阳光几乎都反射掉，同时保护箱内仪器不受太阳直接照射和雨雪的影响，保障了空气温度和湿度观测数据的代表性。

木制百叶箱分为大小两种。小百叶箱内部高537mm、宽460mm、深290mm，用于安装干球温度表、湿球温度表、最高温度表、最低温度表、毛发湿度表。大百叶箱内部高612mm、宽460mm、深460mm，用于安装温度计、湿度计或铂电阻温度传感器和湿敏电容湿度传感器。玻璃钢百叶箱内部高615mm、宽470mm、深465mm，用于安装各种温度、湿度测量仪器。

百叶箱需要水平固定于特制支架上。支架牢牢地固定在地面或埋入地下，顶端约高出地面1.25m。埋入地下的部分需要涂防腐油。支架可用材质灵活，既可以选择木材、角铁或玻璃钢，也可以用带底盘的钢制柱体。多强风的地方，必须在四个箱角拉上铁丝纤绳。箱门朝正北。

百叶箱要保持洁白，木质百叶箱一般每1～3年需重新油漆1次，内外箱壁每月至少定期擦洗1次，寒冷季节可以用干毛刷刷拭干净。清洗百叶箱的时间以晴天上午为宜。清洗前，应该将仪器全部放入备用百叶箱内。清洗完毕，待百叶箱干燥之后，再将仪器放回。清洗百叶箱不能影响观测和记录。安装自动站传感器的百叶箱不能用水洗，只可用湿布擦拭或毛刷刷拭。箱内的温度、湿度传感器也不得移出。百叶箱内不得存放多余的物品。

人工观测可以在箱内靠近箱门处的顶板上安装不超过25W的照明电灯，随用随关，以免影响温度，也可以用手电筒照明。

（2）防辐射罩。与百叶箱相比，防辐射罩体积小、重量轻、结构简单、安装方便，由于自动气象站大规模的布设，其应用日益广泛。

防辐射罩用来安装温度、湿度传感器，利用自然通风或强制通风促使辐射罩内的气体产生对流，与外界环境气体进行交换，从而使传感器感应外界空气温度和湿度的变化。防辐射罩的形状和结构各异，但和百叶箱一样，都是为了最大限度地减小太阳直接辐射和地面辐射的影响，有效地保护传感器免受雨、雪等恶劣天气的影响。

5.2.2.2　湿度

空气湿度，简称湿度，是表示空气中的水汽含量和潮湿程度的物理量。水汽是大气的重要组成部分之一。从数量上看空气中的水汽含量很少，但其对能量输送、辐射平衡、云雨形成以及天气、气候变化影响重大。自然界的水汽在一定的条件下可以完成"气—液—固"三种相态的相互转变，这些转变形成了千变万化的天气现象。此外，水汽的相变也是一种重要的能量转换方式，其间潜热的释放对大气垂直稳定度影响显著，对灾害性天气的监测和预报具有尤其重要的指示意义。自然界中的水分通过蒸发、凝结、降水、渗透、径流以及植物蒸腾等一系列过程将地球系统各个圈层有机地联系在一起。因此，空气湿度的测量对气象、环境、水文等均有重要意义。

1. 湿度的表示和基本测量方法

（1）表征湿度的物理量。常用混合比 γ、比湿 q、水汽压 e、饱和水汽压 e_{sw} 和 e_{si}、露点温度 t_d 和霜点温度 t_f、相对湿度 U、绝对湿度 ρ_w 等物理量来表征湿度。

混合比是湿空气中水汽质量 m_v 与干空气质量 m_a 的比值：

$$\gamma = \frac{m_v}{m_a} \tag{5.45}$$

比湿是湿空气中水汽质量 m_v 与湿空气总质量（$m_v + m_a$）的比值：

$$q = \frac{m_v}{m_v + m_a} \tag{5.46}$$

水汽压是指湿空气中的水汽在单位面积上产生的压力，单位为 hPa。在大气压为 p、混合比为 γ 时，水汽压 e 定义为

$$e = x_v p = \frac{\gamma}{0.62198 + \gamma} p \tag{5.47}$$

式中：x_v 为水汽的相对摩尔分数，定义为

$$x_v = \frac{n_v}{n_v + n_a} = \frac{\dfrac{m_v}{M_v}}{\dfrac{m_v}{M_v} + \dfrac{m_a}{M_a}} = \frac{\dfrac{m_v}{m_a}}{\dfrac{M_v}{M_a} + \dfrac{m_v}{m_a}} = \frac{\gamma}{0.62198 + \gamma} \tag{5.48}$$

式中：M_a、M_v 分别为干空气和水汽的摩尔质量；n_a、n_v 分别为干空气和水汽的摩尔数。

水面或冰面饱和水汽压是指在气压和温度不变的条件下，水汽和水面或者冰面达到气液两相中性平衡时纯水蒸气产生的压强，通常用 e_{sw} 和 e_{si} 表示，单位为 hPa。这里的水面和冰面是指不含任何杂质的纯净水形成的平整水面和冰面。否则，当水质不同或液面高低起伏时，实际测量值与理论计算值差异较大。大量科学实验表明，饱和水汽压仅为温度的函数，可以由克劳修斯-克拉珀龙（Clausius - Clapeyron）方程表示。而在实际测量过程中，水汽与水面或冰面很难达到绝对的中性平衡，再加上液面平整度和水质的影响，e_{sw} 和 e_{si} 通常用经验公式加以计算：

$$\text{水面}\ (t = -45 \sim 60℃)：e_{sw}(t) = 6.112 \exp\left(\frac{17.62t}{243.12 + t}\right) \tag{5.49}$$

$$\text{冰面}\ (t = -60 \sim 0℃)：e_{st}(t) = 6.112 \exp\left(\frac{22.46t}{272.62 + t}\right) \tag{5.50}$$

露点温度 t_d（简称露点）为空气在水汽含量和气压不变的条件下，通过冷却达到饱和时的温度。冷却至对冰面达到饱和时的温度称为霜点温度 t_f，单位为 ℃。当空气中的水汽达到饱和时，气温与露点温度相同 $t = t_d$。当水汽未达到饱和时，$t > t_d$，因此，t 与 t_d 的差值（$t - t_d$），即温度露点差，可以表征空气的饱和程度。这个物理量广泛应用于高空湿度的判断，例如高空天气图中湿度量通常用温度露点差来表示。

相对湿度为空气中实际水汽压 e 与当时饱和水汽压 e_{sw}（或者 e_{si}）的比值。而绝对湿度表征单位体积的湿空气中水汽含量的多少，用湿空气所含水汽的质量为 m_v 与湿空气体积为 V 的比值表示，单位为 kg/m^3。

（2）湿度的测量方法。地面湿度观测一般测的是离地面 1.5m 高度处的湿度。通常用于测量空气湿度的方法主要有：

1）称量法：直接称量出一定的体积的湿空气中的水汽含量，进而计算绝对湿度。利用干燥剂从已知体积的湿空气中吸收水汽，水汽的质量可以通过称量干燥剂吸收水汽前后的重量差来测定。该方法测量精度高，误差可以小于 0.2%，故常用作其他测湿仪器的校准，但

其测量过程较复杂，对工作环境要求也较高。

2）吸湿法：利用吸湿物质吸湿后的形变或电学性能变化来测相对湿度。例如常规使用的毛发、肠膜元件、氯化锂湿度片（电阻式）、高分子湿敏电容、碳膜湿度片、氧化铝感湿元件等。

3）露点法：利用凝结面降温产生凝结时的温度（露点）来计算空气的湿度。例如，冷镜露点仪通过测量镜面产生水汽凝结时的温度来得到露点温度（霜点温度）。氯化锂露点测湿元件则利用氯化锂溶液测出露点温度，从而换算成湿度。

4）光学法：利用测量水汽对光辐射的吸收衰减作用来测定水汽含量。常用的测量仪器有红外湿度计和赖曼湿度计等。

5）热力学方法。利用蒸发表面冷却降温的程度随湿度而变的原理来测定湿度，常见的测量仪器有干湿球温度表，该方法主要用于气象、农业、环境等的业务观测。

2. 湿度测量仪器

目前人工观测常用的测量湿度的仪器主要有干湿球温度表、毛发湿度表、通风干湿表和湿度计等，自动观测最常用的是湿敏电容湿度传感器。人工观测时，应该定时观测水汽压、相对湿度、露点温度，配有湿度计的气象观测站应该做相对湿度的连续记录，并挑选日最小值。自动观测时，测定每分钟、每小时相对湿度或露点温度，记录每小时最小相对湿度及其出现时间，再计算求得水汽压和露点温度或相对湿度。记录时，水汽压以百帕（hPa）为单位，取 1 位小数；相对湿度以百分数表示，取整数；露点温度以摄氏度（℃）为单位，取 1 位小数。

（1）干湿球温度表。干湿球温度表是用于测定空气的温度和湿度的仪器，是目前普遍使用的精度较高的一种测湿仪器。它由两支型号完全一样的温度表组成，一支用来测定气温，称为干球温度表，另一支球部包扎湿润的纱布，称为湿球温度表。用支架使其保持直立，球部在最下端，如图 5.15 所示。

图 5.15　干湿球温度表的安置

根据热力学原理，当空气中的水汽含量未达到饱和时，湿球表面的水分不断蒸发，消耗湿球的热量而降温。同时又从流经湿球的空气中不断取得热量补给，当湿球因为蒸发而消耗的热量和从周围空气中获得的热量达到动态平衡时，湿球温度就不再下降，从而维持了一个相对稳定的干湿球温度差。

由热量平衡原理，湿球收入周围空气传递的热量与因为蒸发而消耗的热量相等，可以解得空气的实际水汽压 e 为

$$e = e_{t_w} - Ap(t - t_w) \tag{5.51}$$

式中：e_{t_w} 为湿球所示温度下的饱和水汽压，hPa；p 为气压，hPa；$t - t_w$ 为干湿球温度差，℃；A 为测湿系数。

A 由下式计算：

$$A = \frac{h_c}{CL} \tag{5.52}$$

式中：C 为空气与湿球间的水分交换系数，其大小与湿球附近通风速度密切相关；L 为蒸发潜热，J/g；h_c 为对流热交换系数。

利用干湿球温度表测湿在使用过程中应注意以下几个方面。

1）A 值的确定。虽然 A 值可以从理论上进行计算，但是实际使用时 A 值都是通过实验直接测定。据实验可知，影响 A 值的外界环境因素较多，主要有流经湿球的风速，湿球的形状、大小、湿润方式等。为了使 A 值趋于常数，需要尽可能保持观测环境稳定不变。

2）低温条件下的使用。当湿球纱布结冰尤其是结冰时间很长时，会增加温度表滞后效应而造成干湿球温度表的读数误差，导致湿度测量误差较大。这种误差是非线性的，尤其低温时误差更大。因此，一般在温度低至 $-10℃$ 时，即停止使用干湿表测湿。

（2）毛发湿度表/计。毛发湿度表利用脱脂毛发长度随空气相对湿度变化的性能而制成的能显示相对湿度的一种测湿仪器，如图 5.16（a）所示。科学研究发现当相对湿度从 0 变到 100% 时，毛发总伸长量是原有长度的 2.5%。在湿度很小时，毛发延伸极快，到相对湿度为 28% 时，毛发长度可以达到其延伸量的一半，之后逐渐减小。因此，我国气象站通常采用毛发湿度表测量 $-10℃$ 以下的空气相对湿度。

测湿所用的毛发具有以下特性。

1）温度效应：毛发的热膨胀系数极不规则。研究发现毛发在 $1.5℃$ 时最长，从 $1.5℃$ 至 $15.0℃$ 时，随着温度的升高其伸长量逐渐缩短，而在 $1.5℃$ 以下时，随着温度的降低其伸长量迅速缩短。

2）滞后效应：毛发指示的湿度常常落后于实际湿度的变化。毛发的滞后系数与气温、湿度、风速成反比。

3）（低湿）瘫痪效应：毛发在相对湿度低于 30% 的空气中放置过久，当湿度再回升时，毛发湿度总是低于空气的实际湿度，感湿速度也显著下降。消除的办法是将毛发放在饱和空气中，使其逐渐复原。

毛发湿度计是自动记录相对湿度连续变化的仪器，它由感应部分（脱脂人发）、传动机械（杠杆曲臂）、自记部分（自记钟、纸、笔）组成，如图 5.16（b）所示。

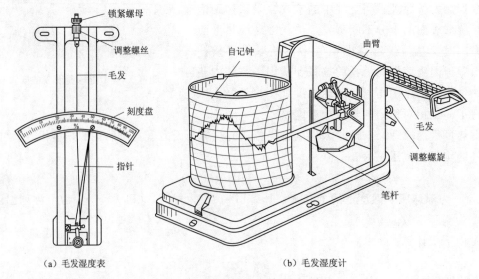

（a）毛发湿度表　　　　　　　　　　　　　（b）毛发湿度计

图 5.16　毛发湿度表与毛发湿度计

毛发湿度计的感应部分为了增大拉力，通常由一束有 $40\sim42$ 根的脱脂毛发所组成，其两端用毛发压板固定于毛发支架上。与温度、气压仪器的不同点在于温度、气压自记仪器感应部分的装置是一端固定，而另一端为自由端，毛发湿度计感应部分的装置则为两端固定，其目的在于增大仪器的灵敏度。

传递放大部分则是采用两次放大的杠杆，即双曲臂，第一级放大杠杆是由第一个水平轴上的小钩和带有平衡锤的上曲臂组成；第二级放大杠杆是由第二个水平轴上的下曲臂和笔杆组成。毛发束的中央被小钩钩住，平衡锤使毛发束总是处于微微拉紧状态，上下曲臂杠杆分别借平衡锤与笔杆的重量得以始终保持接触。当相对湿度增大时，发束伸长，平衡锤下降，迫使笔杆抬起，笔尖上移。当相对湿度减小时，发束缩短，平衡锤抬起，笔杆由于本身的重力作用而往下落，笔尖因此下降。曲臂杠杆有两个作用，即传递放大作用和调整放大倍率的作用。当湿度大时，曲臂的接触点离笔杆支点较近，此时第一杠杆的重力臂增大，第二杠杆的力臂减小，总的倍率趋大。当湿度小时，第一杠杆的重力臂减小而第二杠杆的力臂增大，总的倍率趋小。故只要曲臂的曲率计算精确，由此而产生的放大倍率变化就会恰好抵消毛发本身随相对湿度改变而伸缩的不均匀，使笔尖随相对湿度改变做均匀的移动，因此湿度计的自记纸刻度线是等距的。

（3）露点仪测湿。在气压不变的条件下，湿空气通过冷却降温达到水面（或冰面）饱和时，会有露（或霜）凝成。此时的温度叫露点（霜点）温度，测得露点（霜点）温度 $t_d(t_f)$ 就可以求出空气中实际水汽压大小：

$$e_{sw}(t_d)=e \ \text{或} \ e_{st}(t_f)=e \tag{5.53}$$

式中：e_{sw} 为露点温度 t_d 时的水面饱和水汽压，hPa；e_{st} 为霜点温度 t_f 时的水面饱和水汽压，hPa；e 为实际水汽压，hPa。

露点仪（或霜点仪）是按上述原理设计的测湿仪器。其中，冷镜露点仪是常见的测定露点温度和霜点温度的仪器。其原理如图 5.17 所示。在一个光洁的金属镜面上等压降温，形成冷镜，当温度降低至空气的露点温度时，金属面上开始有微小的露珠凝结。此时通过测定金属片的表面温度即可确定流过镜面样本空气的露点温度。当气温低于 0℃ 时，镜面上的凝结物可能是小冰晶，此时则为霜点温度。这种系统使用半导体温控装置冷却，用光学检测器检测镜面的凝结或凝华过程。

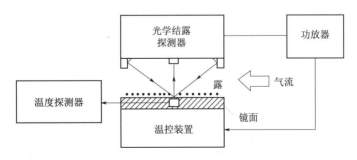

图 5.17 冷镜露点仪测量原理

（4）电子测湿元件。电子测湿元件又称为湿敏元件，它是利用吸湿物质的电学参数，例如电阻或电容等，随湿度而变化进行湿度测量。能够用来制造湿度传感器的吸湿物质，其自身的电学参数应该与湿度具有很好的相关特性，同时具有良好的重复性。利用湿敏元件配以适当的电路便可构成相应的湿度测量仪表。与常用的干湿球温度表、毛发湿度表等测湿元件相比，电子测湿元件具有响应速度快、重复性好、无冲蚀效应和滞后环窄等优点，因此被广泛应用于常规气象观测和外场科学试验中。

常见的有电阻式湿度计和电容式湿度计。其中电阻式湿度计又称为湿敏电阻，是利用湿敏材料吸收空气中的水分而导致本身电阻值发生变化的原理制成。常用的湿敏电阻主要有半导体陶瓷湿敏元件、氯化锂湿敏电阻、碳膜湿敏电阻等。其中碳膜湿敏电阻的测量准确度最高，应用广泛。电容式湿度传感器是由有机高分子聚合物薄膜夹在两个电极之间所构成的电容器。聚合物的介电特性与环境湿度关系密切。由于水分子有较大的偶极子力矩，吸附在聚合物中的水可以改变聚合物的介电特性，所以，电容量可以作为湿度的一种度量。

（5）吸收光谱法湿度计。随着光学技术和光集成技术的发展，光学湿度传感器在湿度测量中占的比重越来越大（Rittersma 等，2002；吴晓庆等，2004）。此类传感器主要是利用空气中的水汽对某特定波段的光通量产生的衰减量进行湿度测量。由于此类传感器具有体积小、响应速度快、抗电磁干扰、抗高温、动态范围大、灵敏度高等优点，所以解决了湿敏元件长期暴露在待测环境下易被污染与腐蚀、影响测量精度及长期稳定性的难题。

5.2.2.3　气压

大气圈本身的重量对地球表面会产生一种压力。对任何一层空气而言，也都会受到它上面的各层空气的压力，即大气压强，简称气压，定义为单位面积上从所在地点往上直至大气上界整个空气柱的重量，计算如式（5.54），常用单位是百帕（hPa）。

$$P_h = \int_h^\infty \rho_a g \, dz \tag{5.54}$$

气象观测站观测的气压包括本站气压和海平面气压。本站气压指测站气压表或气压传感器所在高度上的气压，海平面气压指对测站本站气压经过高度订正到海平面上的气压。

气压场分析是天气预报的基础。在条件允许的情况下，气压的测量应该达到技术上允许的高准确度，而且必须在全国范围内保持测量和校准的一致性。单位为百帕（hPa），观测记录取 1 位小数。

为了满足各种气象应用需求，WMO 相关委员会已经规定了气压测量准确度水平的要求：测量范围在 500～1080hPa，适合工作在海平面或海平面附近的仪器；对于在海拔较高的地方使用的仪器，在其气压较低部分可以扩展相当的量程。目标准确度要求至 0.1hPa。报告分辨率为 0.1hPa。传感器时间常数为 20s。输出平均时间为 1min。

我国的规定与 WMO 规定的标准有所差别，根据《地面气象观测规范　总则》（GB/T 35221—2017）我国的气压测量仪器的测量范围为 500～1100hPa，准确度根据不同仪器要求不同，范围为 0.4～3.3hPa，安装在业务中的气压表应该符合《地面气象观测规范　气压》（GB/T 35225—2017）规定的准确度要求。

气压的测量有人工观测和自动观测。人工观测时，定时观测要记录本站气压，编发天气报告的时次还必须计算海平面气压，测量仪器主要有动槽式水银气压表和定槽式水银气压表。配有气压计的，应该做气压连续记录，并挑选气压的日极值（最高、最低）。自动观测时，测定每分钟、每小时本站气压，记录每小时最高、最低本站气压及其出现时间，计算海平面气压。

水银气压表是意大利物理学家和数学家托里拆利在 1643 年发明，1665 年由波义耳命名的。它是利用作用在水银面上的大气压力，以与之相通、顶端封闭且抽成真空的玻璃管中的水银柱对水银面产生的压力相平衡的原理而制成的。由于大气压力的作用，所以玻璃管内的水银柱将维持一定的高度。如果在水银柱旁边树立一个标尺，标尺的零点对准水银面，就可以直接读取水银柱的高度（H_{Hg}），即可求得大气压力（P_h）：

$$P_h = \rho_{Hg}(t)g(\varphi,h)H_{Hg}(t,g) \tag{5.55}$$

式中：$\rho_{Hg}(t)$ 为水银的密度，与温度 t 有关，g/m^3；$g(\varphi,h)$ 为当地的重力加速度，与纬度 φ 和高度 h 有关，m/s^2。

由式（5.55）可见，大气压力与水银气压表所处环境的温度、重力加速度及纬度有关。为了便于比较，国际上统一规定：ρ 以温度 0℃ 为标准，取为 $1.35951 \times 10^4 kg/m^3$，$g$ 以纬度为 45°的海平面为标准，为 $9.80665 m/s^2$。此时的水银气压表的标尺代表实际气压读数。若不在上述标准条件下，则必须订正到标准条件下的水银柱高度。

从理论上讲，任何一种液体都可以用来制造气压表，但是水银有其独特的优越性：①气压表内液体柱的高度与该液体的密度有关，因为水银密度大，当它与大气压力达到平衡时，所需水银柱高度较小，便于制造和观测；②在温度高达 60℃ 的情况下，水银的饱和蒸汽压仍然很小，其在管顶的水银蒸汽所产生的附加压力对读数精度的影响可以忽略不计；③水银不沾湿玻璃，管中水银面呈凸起的弯月面，易于正确地判定它的位置；④水银的性能稳定，经过一定的工艺处理，容易得到纯度较高的水银。因此水银是最普遍应用的测压液。

5.2.2.4 风向和风速

空气运动产生气流。气流场是由许多在空间和时间上都随机变化的小尺度脉动叠加在大尺度规则气流上的一种三维空间矢量。气象学规定空气的水平运动称作风，而垂直方向的运动则称为上升或下沉气流。空气的水平运动和气压的分布有直接的关系，空气运动的结果会造成各地热量和水汽的交换，这个过程伴随天气的变化，标志着某种天气过程的发生或演变，在天气预报中有重要作用。

气象中，常用风向和风速（或风级、风力）表示风的特性。风向用最多量或平均量表示，风速用平均量、瞬时量和最大量表示。

风向是指风的来向。最多风向是指在规定的时间段内出现频数最多的风向。平均风向是指在规定的时间段内按照规定的算法计算得到的风向。自动观测时风向以度（°）为单位，而人工观测时风向用十六方位法，即用 16 个地理方位来表示，例如北东北、东东南、西南等。

风速是指单位时间内空气移动的水平距离。最大风速是指在某个时段内出现的最大 10min 平均风速值。极大风速是指某个时段内出现的最大瞬时风速值。瞬时风速是指 3s 的平均风速。风速以米/秒（m/s）计，记录时通常取 1 位小数。风的平均量是指在规定的时间段 3s、2min 或 10min 的平均值。

地面气象观测站对风进行人工观测时，需要测量平均风速和最多风向、极大风速和对应风向及其出现时间，配有自记仪器时连续记录风向风速，人工整理得到 10min 平均风速和最多风向以及日最大风速和对应最多风向、出现时间。自动观测时，需要测量平均风速、平均风向、最大风速和对应风向及其出现时间、极大风速和对应风向及其出现时间，这些要素值必须遵循规定的采样和算法得到。测定平均风速时，仪器要有优良的积分性能（即自动平均能力）。要是测定阵风，仪器应该能反映瞬时风速，自动平均能力良好反而不利。因此需要根据观测要求选择仪器。

WMO 对水平风测量准确度总体要求为：水平风速小于 5m/s 时，准确度为 0.5m/s；水平风速大于 5m/s 时，准确度为实际风速的 10%；风向的准确度要求为 5°。

目前气象观测站测量风的仪器主要有单翼风向传感器和风杯风速传感器、螺旋桨式风向风速传感器、EL 型电接风向风速计、轻便风向风速表、EN 型电接风向风速计等。以下介绍单翼风向传感器和风杯风速传感器。

单翼风向传感器为单翼风标，如图 5.18（a）所示。这类传感器采用光电转换即格雷码盘来传送和指示风向标所在方位。

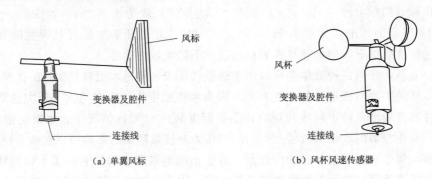

（a）单翼风标　　　　　　　　　　　（b）风杯风速传感器

图 5.18　地面风的观测仪器

通过格雷码盘可以将风向标轴转动角度的度数变换成一个二进制的数字信号。格雷码盘由等分的同心圆组成，由内到外分别做 0、2^0、2^1、…、2^n 等分，相邻两份做透光和不透光处理，在每一个同心圆上放置一个红外发光管，n 个发光管排列在同一个半径上。在格雷码盘下方放置与红外光源一一对应的光电接收管作为转换器，当光通过格雷码盘的透明部分时，光电接收管接收到的信号为"1"。当光通过格雷码盘的不透明部分时，光电接收管接收到的信号为"0"。通过光电转换线路，把光信号转换为电信号，输入指示、记录装置。

格雷码最大的优点是每进一位只是其中的一位数发生 0 与 1 之间的变化，因此即使发生误读也只能产生一位码的误差，这对保证风向测量精度大有好处。

风杯风速传感器采用三杯式感应器，风杯由碳纤维增强塑料制成，如图 5.18（b）所示。当风杯转动时，带动同轴的多齿截光盘转动，使下面的光敏三极管有时接收到上面发光二极管发射的光线而导通，有时接收不到上面发光二极管照射来的光线而截止。这样就能得到与风杯转速成正比的脉冲信号，该脉冲信号由计数器计数，经过换算后就能得出实际风速值。

还有一种风速计的工作原理是：当风杯转动时，带动同轴的磁棒旋转，在霍尔集成电路中感应出与风速成正比的脉冲信号，经过计数器处理后，输出实际风速值。

5.2.2.5　高空的温度、湿度、气压以及风场

大气中各高度上的温度、湿度、气压以及风场资料，是研究大气中各种热力、动力过程以及天气分析和预报的最重要的资料。常用的高空温度、湿度、气压以及风场探测手段包括无线电探空、飞机探测、火箭探测、卫星遥感探测以及雷达探测等。

目前，在气象常规观测过程中，大量使用的是无线电探空仪，由充有氢气的探空气球携带无线电探空仪上升，进行温度、湿度、气压的测量。探空气球一般由天然橡胶或氯丁合成橡胶制成，有圆形、梨形等不同形状，重量通常为 300～1000g，充入适量的氢气或氦气后，

可以升达离地 30～40km。高空气象站使用的常规探测气球升速一般为 6～8m/s，约上升到 30km 高空后自行爆裂。

无线电探空仪是一种遥测仪器，它可以将感应的气象要素值转换为无线电信号，不断地向地面发送，地面上的接收设备同时接收和处理探空信号，即可迅速获得探测结果。

思考题

1. 日平均水位的计算有哪些方法？每种方法在什么条件下适用？
2. 流量测验有哪些方法？其中流速仪法测流的基本原理是什么？流量如何计算？
3. 悬移质输沙率测验的原理是什么？如何开展输沙率测验工作？
4. 仪器的精确度和灵敏度有什么区别？
5. 电测温度表温度测量原理是什么？常用的电测元件有哪些？
6. 露点仪测量湿度的原理是什么？
7. 为何要选用水银来制造气压表？
8. 地面气象观测中对风向和风速是如何定义的？

第6章 蒸散发及其在陆面过程中的作用

6.1 蒸散发的估算

大气中的水汽正是由江、河、湖、海、潮湿的土壤和植物等表面蒸发与植物蒸腾而来，所以蒸散发过程是水汽进入大气的基本而唯一的过程。陆地上的年降水量有 60%～70% 通过蒸发和蒸腾返回大气，因此，蒸散发是地球水文循环的主要环节之一。

6.1.1 蒸散发的物理过程

水有三种形态，即固态、液态和气态。它们都是由水分子组成的，称为水的三相。这三种形态可以相互转化，称为水的相变。水由液态或固态变为气态的过程即为蒸发（evaporation）。蒸发是指当温度低于沸点时，水分子从液态或固态水的自由面逸出，而变成气态的过程或现象。单位时间单位面积上蒸发的水的质量称为蒸发通量密度，单位为 kg/(m² · s)。在气象观测中，通常以某时段内（日、月、年）、单位面积上，因为蒸发而消耗的水层厚度 mm 来表示蒸发量。而蒸腾（transpiration）是特指植物体内的水分，通过叶面上的气孔以气态水的形式向外界输送的过程，其单位与蒸发一样。

6.1.1.1 水面蒸发物理过程

从分子运动论看，水相变化是水的各相之间分子交换的过程（图 6.1）。例如，在水和水汽两相共存的系统中，水分子在不停地运动着。在水的表面层，动能超过脱离液面所需的功的水分子，有可能克服周围水分子对它的吸引而跑出水面，成为水汽分子，进入液面上方的空间。同时，接近水面的一部分水汽分子，可能受水面水分子的吸引或相互碰撞，运动方向不断地改变，其中有些向水面飞去而重新落回水中。单位时间内跑出水面的水分子数正比于具有大速度的水分子数，也就是说该数与温度成正比。温度越高，速度大的水分子就越多，因此，单位时间内跑出水面的水分子也越多。落回水中的水汽分子数则与系统中水汽的浓度有关。水汽浓度越大，单位时间内落回水中的水汽分子也越多。

起初，系统中的水汽浓度不大，单位时间内跑出水面的水分子比落回水中的水汽分子多，系统中的水就有一部分变成了水汽，这就是蒸发过程。蒸发的结果使系统内的水汽浓度加大，水汽压也就增大了，这时分子碰撞的机会增多，落回水面的水汽分子也就增多。如果这样继续下去，就有可能在同一时间内，跑出水面的水分子与落回水中的水汽分子恰好相等，系统内的水量和水汽分子含量都不再改变，即水和水汽之间达到了两相平衡，这种平衡是一种动态平衡（因为这时仍然有水分子跑出水面和水汽分子落回水中，只不过进出水面的分子数相等而已）。

6.1.1.2 土壤蒸发的物理过程

土壤蒸发过程是土壤失水的主要过程。土壤蒸发过程大体可以分为三个阶段（图 6.2）。当土壤含水量大于田间持水量时，土壤中的水分可以通过毛管作用源源不断地供给土壤蒸发，差不多有多少水分从土壤表面逸散到大气中，就会有多少水分从土层内部输送至表面来补充，这种情况属于充分供水条件的土壤蒸发。随着土壤蒸发的不断进行，土壤含水量不断减小。当土壤含水量小于田间持水量后，土壤中的毛管连续状态将逐渐遭到破坏，通过毛管输送到土壤表面的水分也因此而不断减少。在这种情况下，由于土壤含水量不断减小，供给土壤蒸发的水分会越来越少，以致土壤蒸发将随着土壤含水量的减少而减少，这个阶段一直要持续到土壤含水量减至毛管断裂含水量为止。此后，土壤中的毛管水不再呈连续状态存在于土壤中，依靠毛管作用向土壤表面输送水分的机制将遭到完全破坏。此后，土壤水分只能以膜状水或气态形式向土壤表面移动。由于这种仅依靠分子扩散而进行水分输送移动的速度十分缓慢，数量较少，所以在土壤含水量小于毛管断裂含水量后，土壤蒸发较小但比较稳定。

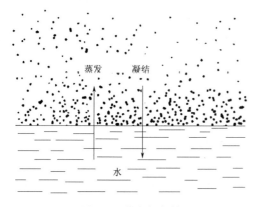

图 6.1 蒸发与凝结

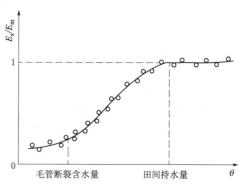

图 6.2 土壤蒸发过程

6.1.1.3 蒸腾的生理和物理过程

蒸腾作用在本质上是一个蒸发过程。但它与单纯的蒸发作用这个物理过程不完全相同，因为蒸腾作用是受到植物的结构和生理活动的调控的一种生理、物理过程，一般要比单纯的蒸发过程复杂得多。水分从植物体内散失到大气中的方式一般有两种：一种是以液态逸出体外（例如植物吐水）；另一种是以气态逸出体外，即蒸腾作用，这是植物失水的主要方式。陆生植物吸收的水分，只有约 1% 用来作为植物体的构成部分，绝大部分都通过地上部分散失到大气中。例如，一株玉米在生长期消耗的水量约 200kg，作为植株组成的水不到 2kg，作为反应物的水约 0.25kg，通过蒸腾作用散失的水量达总吸水量的 99%。

植物体的各部分都有潜在的对水分的蒸发能力。当植物幼小的时候，暴露在地面上的全部表面都能蒸腾。木本植物长大以后，茎枝上的皮孔可以蒸腾，称为皮孔蒸腾（lenticular transpiration）。但皮孔蒸腾的量只占全部蒸腾量的 0.1%，所以，植物的蒸腾作用绝大部分是靠叶片的蒸腾。植物叶片蒸腾的过程大致如下：水分最开始从叶肉细胞壁开始，然后扩散到气孔穴。气孔穴上有一对保卫细胞，当保卫细胞内液体收缩时，气孔打开，水汽通过气孔到达叶表面，然后通过片流边界层到达大气，通过大气湍流最后输送到大气中。在此过程中，从叶肉细胞壁到叶表面片流边界层，水分的输送都是通过分子传导完成的。由于分子传导能力较弱，所以这个阶段水分的输送较为缓慢。当到达大气湍流层以后，水分子的输送就很快了。

6.1.2　影响蒸散发的因素

6.1.2.1　影响水面蒸发的因素

在静止大气中，蒸发速度仅依赖于分子扩散，此时的水分蒸发速度（W）可以由下述方程描述：

$$W = A\frac{E-e}{P} \tag{6.1}$$

该式称为道尔顿定律。它表明蒸发速度与饱和差（$E-e$）及分子扩散系数（A）成正比，而与气压（P）成反比。但在自然条件下，蒸发是发生于湍流大气中的，影响蒸发速度的主要因素是湍流交换，并非分子扩散。考虑到自然蒸发的实际情况，影响蒸发速度的主要因子有四个：水源、热源、饱和水汽压差、风速与湍流扩散强度。自然界中蒸发现象颇为复杂，不仅受制于气象条件，而且还受地理环境等因素（例如蒸发面和水质）的影响。

1. 水源

没有水源就不可能有蒸发，因此开阔水域、雪面、冰面或潮湿土壤、植被是蒸发产生的基本条件。在沙漠中，几乎没有蒸发。

2. 热源

蒸发必须消耗热量，在蒸发过程中如果没有热量供给，蒸发面就会逐渐冷却，从而使蒸发面上的水汽压降低，于是蒸发减缓或逐渐停止。因此，蒸发速度在很大的程度上取决于热量的供给。实际上常以蒸发耗热多少直接表示某地的蒸发速度。

3. 饱和水汽压差

蒸发速度与饱和差成正比。严格说，此处的 E 应该由蒸发面的温度算出，但通常以一定的气温下的饱和水汽压代替。饱和差越大，蒸发速度也越快。

4. 风速与湍流扩散强度

大气中的水汽垂直输送和水平扩散能加快蒸发速度。无风时，蒸发面上的水汽单靠分子扩散，水汽压减小得慢。饱和差小，因此蒸发慢。有风时，湍流加强，蒸发面上的水汽随风和湍流迅速散布到广大的空间，蒸发面上水汽压减小，饱和差增大，蒸发加快。

5. 蒸发面

蒸发面有水面、裸土、植物叶面、冰雪面和生物体表面等，它们的蒸发有很大的差异。水面蒸发属于充分供水的条件，蒸发受水面物理状态及水汽压差、风速、气温和水质等影响。而陆面蒸发可以因陆面水分多少以及岩土性质的不同而有差异，影响其蒸发的因素除了与影响水面蒸发的相同因素以外，还有土壤含水量、地下水埋深、土壤结构、土壤色泽、土壤表面特性及地形条件等因素。生物体表面蒸发因为种群和覆盖植被的不同而不同，除了受太阳辐射、气温、湿度、风、气压、岩土性质等影响以外，还受到生物生理学过程的制约。

6. 水质

当溶解物在水中溶解时，将减少溶液的水汽压。水汽压的减少将使蒸发率减小，但蒸发率的减小程度低于水汽压的减小程度。海水平均含盐量为 35‰，其蒸发量要比淡水小 2‰～3‰。这主要是因为含有盐类的水溶液常在水面形成保护膜，起着抑制蒸发的作用。水的混浊度虽然与水面蒸发无直接关系，但是会影响水对热量的吸收和水温的变化，因此对蒸发也有间接的影响。水体水质、水面状况对水面蒸发有一定的影响。水体含盐量越高，水面蒸发越小。水体内水草越多，水面受热条件发生变化，水面蒸发量有可能变大。

6.1.2.2 影响土壤蒸发的主要因素

根据土壤蒸发的特征，影响土壤蒸发的因素主要可以分为两类：一是气象条件；二是土壤特性。气象因素已经在水面蒸发中阐述，这里主要给出了与土壤特性有关的影响因素。

1. 土壤孔隙性

土壤孔隙性一般指孔隙的形状、大小和数量。土壤孔隙性是通过影响土壤水分存在的形态和连续性来影响土壤蒸发的。通常，直径为 0.001～0.1mm 的孔隙，毛管现象最为明显。直径大于 8mm 的孔隙不存在毛管现象。直径小于 0.001mm 的孔隙只存在结合水，也没有毛管现象发生。因此，孔隙直径在 0.001～0.1mm 的土壤蒸发显然要比其他情况大。土壤孔隙性与土壤质地、结构和层次均有密切关系。例如，砂粒土和团聚性强的黏土的蒸发要比砂土、重壤土和团聚性差的黏土小。对于黄土型黏壤土，由于毛管孔隙很富裕，所以蒸发较大。在层次性土壤中，土层交界处的孔隙状况明显地与均质土壤不同，当土壤质地呈上轻下重时，交界附近的孔隙呈"酒杯"状，反之，则呈"倒酒杯"状（图 6.3）。由于毛管力总是使土壤水从大孔隙向小孔隙输送，所以"酒杯"状孔隙不利于蒸发，而"倒酒杯"状孔隙则有利于土壤蒸发。

2. 地下水位

如果地下水面以上的土层全部处于上升毛管水带内，那么毛管中的水分弯月面相互联系，有利于水分迅速向土层表面运行，土壤蒸发就大。如果地下水面以上土层的上部仍然处于土壤含水量稳定区域，那么由于向土壤表面运行困难，所以土壤蒸发就小。总之，随着地下水埋深的增加，土壤蒸发呈递减的趋势（图 6.4）。

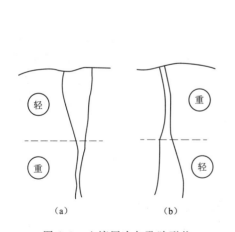

图 6.3 土壤层次与孔隙形状

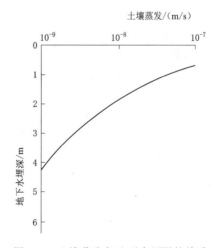

图 6.4 土壤蒸发与地下水埋深的关系

3. 土壤温度梯度

土壤温度梯度首先影响到土壤水分移动的方向。温度高的地方水汽压大，表面张力小；反之，温度低的地方，水汽压小，表面张力大。气态水总是从水汽压大的地方向水汽压小的地方运动，液态水总是从表面张力小的地方向表面张力大的地方运动。综合以上两方面的可能，土壤水分将由温度高的地方向温度低的地方运行。但参与运行的水分的多少与初始土壤含水量有关。土壤含水量太大或太小，参与运行的水分都较少，只有中等含水量时，参与运行的水分才比较多，这时的土壤含水量大体相当于毛管断裂含水量。土层中高含水量区域的形成也与温度梯度有关，这是因为温度梯度存在将会在蒸发层下面发生水汽浓集过程。当土壤中存在冻土层时，土壤水分也是向冻土层运行，在冻土层底部形成高含水量带，而在冻土层以下土壤含水量则较低。

6.1.2.3　影响植物蒸腾的主要因素

植物蒸腾是发生在土壤-植物-大气系统中的现象，因此，它必然受到气象因素、土壤含水量和植物生理特征的综合影响。下面给出了其主要影响因素。

1. 温度

当气温在 1.5℃ 以下时，植物几乎停止生长，蒸腾极小。当气温超过 1.5℃ 时，蒸腾速率随气温的升高而增加。土温对植物蒸腾有着明显的作用。当土温较高时，根系从土壤中吸收的水分增多，蒸腾加强。当土温较低时，这种作用减弱，蒸腾减小。

2. 日照

植物在阳光的照射下，蒸腾加强。有研究指出，散射光能使蒸腾增强 30%～40%，直射光能则使蒸腾增加好几倍。蒸腾主要在白天进行，一般中午达到最大值。夜间蒸腾很小，约为白天的 10%。

3. 土壤含水量

土壤水中能被植物吸收的是重力水、毛管水和一部分膜状水。当土壤含水量大于一定的值时，植物根系就可以从周围土壤中吸取尽可能多的水分以便满足蒸腾需要，这时植物蒸腾将达到最大值。当土壤含水量减小时，植物蒸腾率也随之减小，直至土壤含水量减小到凋萎系数时，植物就会因为不能从土壤中吸取水分来维持正常生长而逐渐枯死，植物散发也因此而趋于零。

4. 植物生理特性

植物生理特性与植物种类和生长阶段有关。不同种类的植物，因为其特点不同，在不同的气象环境条件下与相同土壤含水量情况下，蒸腾速率是不同的。例如，针叶树的蒸发速率不仅比阔叶树小，而且也比草原小。同一种植物在其不同的生长阶段，因为具体的生理特性上的差异，蒸腾速率也不一样。以水稻为例，虽然在水稻的整个生长周期内几乎都是按蒸腾能力进行的，但是在不同的生长阶段，其蒸发速率相差很大。

6.1.3　蒸散发的测量

在水文气象站网中，较普遍地进行水面蒸发的观测，而且已有较久的历史。

6.1.3.1　蒸发表

蒸发表是最早被采用的一种蒸发观测仪器，有些国家一直使用到现在。蒸发表是一种测定湿润多孔表面水分损失量的仪器。湿润表面可以是多孔的陶瓷球，或者充满水的裸露滤纸盘。这些湿润表面与连续供水的水管相连并用量管等来测定在给定的时间内的水分损失量。常用的这种仪器有皮切（Piche）和利文斯顿（Livingston）蒸发表。在气象站网使用时一般是把蒸发表安装在百叶箱中，按规定的时间和方法进行观测。该仪器的优点是结构简单，成本低，便于观测，但观测结果不能真正代表自然界的蒸发，只能近似地得出可能的蒸发量。

6.1.3.2　蒸发器

除了蒸发表以外，不同的国家或地区还采用各种型号的蒸发器。美国 A 级蒸发器是一个圆柱状容器，直径为 121cm、深为 25.5cm，安装在高出地面的木架上。该蒸发器通常由马口铁或蒙乃尔高强度耐蚀合金制成，水面与蒸发器口缘的距离为 5cm。

除了用于测定水面高度的装置外，蒸发器还配备了用于测定水面温度的温度表，有些还安装了最高或最低温度表。温度表通常放置在一个水平漂浮支架上，其球部与水面接触，并配备有防止太阳辐射对温度表球部产生影响的装置。

美国 A 级蒸发器在许多国家得到了广泛使用，世界气象组织和国际水文科学协会曾将其确定为国际地球物理年的标准仪器。通过 A 级蒸发器获取的蒸发数据资料，不仅广泛应用于水文和气象领域，还在农业中得到了应用，例如在农田水分平衡计算中。

6.1.4　流域实际蒸散发的估算

流域的表面通常可以划分为裸土、岩石、植被、水面、不透水路面和屋面等。在寒冷地带或寒冷季节，流域还可能全部或部分为冰雪所覆盖。流域上这些不同蒸发面的蒸发和散发总和为流域蒸散发，也叫流域总蒸发。一般情况下，流域内水面占的比重不大；基岩出露、不透水路面和屋面占的比重也不大；冰雪覆盖仅在高纬度地区存在。因此，对于中低纬度地区，土壤蒸发和植物散发是流域蒸散发的决定性部分。

6.1.4.1　流域实际蒸散发的一般规律

流域蒸散发规律，一般情况下主要受土壤蒸发规律和植物蒸腾规律的支配。因为土壤蒸发规律和植物蒸腾规律比较相似，所以只要进一步考虑土壤与植被相互作用对流域蒸散发的影响，是不难认识流域散发规律的。事实上，根据土壤蒸发和植物蒸腾的相关规律可以推知，当流域十分湿润时，由于供水充分，所以流域中无论土壤蒸发还是植物蒸腾，均将达到蒸（腾）发能力。这个阶段的临界土壤含水量因为植被的存在将小于田间持水量。当流域的土壤含水量小于这个临界土壤含水量而大于毛管断裂含水量时，由于供水越来越不充分，所以流域蒸散发将随土壤含水量的减少而减小。当流域土壤含水量降至小于毛管断裂含水量而

大于凋萎系数时，虽然这时流域蒸散发仍然处于不断减小阶段，但是植物蒸腾占的比重将有所增加。只有当流域土壤含水量小于凋萎系数时，才由于植物的枯死而蒸腾趋于零，这个阶段的流域蒸散发就只包括小而稳定的土壤蒸发了。

图 6.5 是根据中国浙江省姜湾径流实验站测得的资料点绘的。可以看出，流域蒸散发率对蒸散发能力的比值与流域土壤含水量的关系曲线在流域土壤含水量为 80mm 时发生了明显转折。当流域土壤含水量大于 80mm 时，流域蒸散发按流域潜在蒸散发能力蒸发。当流域土壤含水量小于 80mm 而大于 40mm 时，土壤蒸散发既与潜在蒸散发能力成正比，又与土壤含水量成正比。据分析，姜湾流域的田间持水量为 100mm，转

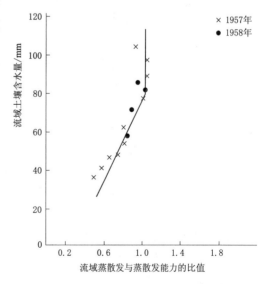

图 6.5　姜湾径流实验站流域蒸散发与蒸散发能力的比值和土壤含水量的关系

折点出现在 80mm 处，显然反映了植被对流域蒸散发的影响。由于实测资料中缺乏流域土壤含水量小于 40mm 的实测值，所以在图 6.5 中没有显示出第二个转折点来。

6.1.4.2　基于遥感技术的实际蒸散发估算

借助遥感技术估算区域实际蒸散发，主要是在地表热量平衡和水分平衡的基础上，应用遥感技术方法提取土壤-植被-大气界面的信息，再结合地面气象站的有关资料，使遥感区域蒸散发量的估算优于常规方法。国内外关于遥感估算区域蒸散发量的模型有很多，本节根据遥感数据在计算过程中所起的作用的不同，将其归为三大类：与传统计算方法相结合的模型、数值模型（SiB、SiB2、CLM 和 BATS）和基于地表能量平衡方程的模型（大叶模型、双层模型和分块模型）。

遥感蒸散发估算方法在大面积区域上推广应用时，不受气象条件以及下垫面条件的影响，较易取得准确结果。遥感方法具有空间上连续和时间动态变化的特点，可以轻易地实现由点到面的转换。同时，多时相、多尺度、多光谱及多角度的卫星遥感资料能够客观地反映出下垫面的几何结构和水热状况，能够提供与地表流域蒸散发和能量平衡过程密切相关的参数，特别是由热红外波段得到的表面温度能够较客观地反映出近地面层湍流热通量大小和下垫面的干湿差异，提高了流域蒸散发估算的精度。另外，现在世界上一些国家已经发射了多个应用于气象或航天等多个研究领域的卫星，随着电子技术以及高科技的发展，今后卫星的观测能力会有很大的提高，多卫星的融合发展必能在今后流域蒸散发的研究中发挥很重要的作用，利用多卫星进行蒸散发的研究是今后流域蒸散发研究中的重要方面。

6.2　陆面水量平衡和能量平衡的关系

净辐射 R_n 是供给陆地-大气界面蒸散发以及热通量交换的有效能量。从物理功能上，净辐射主要被分割为三种热通量：潜热、显热和土壤热通量。潜热是指在温度不变的条件下，物质发生相变而吸收或放出的热量。伴随相变而发生的能量交换不易被人类感知，故而得名"潜热"。显热是指物质因为升温或降温而吸收或释放的热量。相对于潜热，温度的变化较易被人类感知，故其吸收或释放的能量称为显热。净辐射中的一部分能量被蒸散发消耗。这部分潜热通常记作 λE，其中，E 为蒸散发的量，而 λ 为单位蒸散发量所需要的能量，为 2.45kJ/g。大多数情况下，蒸散发和潜热为上行通量，即从陆面向大气传输。在发生"霜"或"露"等凝结现象时，潜热为下行通量，即能量从大气传向陆面。需要注意，当发生降水事件时，气态水变为液态水，释放潜热。但是，这不影响净辐射 R_n，因为降水是纯粹的大气过程，而净辐射 R_n 描述的是"陆面"能量收支状况。在陆面温度高于底层大气温度的情况下，陆面向大气传输能量，对底层大气进行加热，这部分能量即显热，通常记作 H。土壤以热传导的方式传输能量。白天，由于太阳辐射的加热作用，土壤表层温度比深层高，热能自表层向深层传输；夜晚则反之。这部分能量传输称为土壤热传输，记为 G。一天内，自表层向深层传输的能量与自深层向表层传输的能量大致相当。所以，陆面能量平衡方程可以表述为

$$R_n = \lambda E + H + G \tag{6.2}$$

　　因为每天土壤热传输的总量接近 0，所以有时候（如果在只考虑日均值的情况下）陆面平衡方程简化为

$$R_n = \lambda E + H \tag{6.3}$$

　　图 6.6 所示为陆面能量平衡。显热与潜热之间的比值称为 Bowen 比，即

$$B = H / \lambda E \tag{6.4}$$

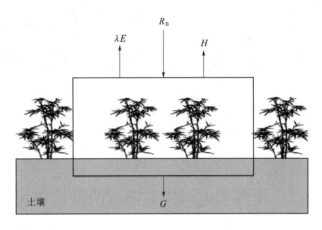

图 6.6　陆面能量平衡

　　在陆面比较干燥的情况下，可供蒸散发的水分较少，λE 较小，Bowen 比往往大于 1。如果存在较多的水分可供蒸散发，例如湿润的土壤和水体等，λE 较大，Bowen 比往往小于 1。表 6.1 列出了几种典型地表覆盖类型的 Bowen 比。可以看出，在湿润条件下，潜热是净辐射的主要能量支出方式。

表 6.1　　　　　　　　　　　几种典型地表覆盖类型的 Bowen 比

覆盖类型	Bowen 比	覆盖类型	Bowen 比
热带雨林	0.1～0.3	旱地	2～6
温带森林	0.4～0.8	沙漠	>10

　　从能量平衡方程（6.2）和水量平衡方程（2.2）可以看出，蒸散发是联系水循环和能量循环的关键过程。蒸散发的物质来源是土壤湿度，土壤湿度决定了地面吸收的能量（主要是太阳辐射）以何种方式返回大气。土壤湿度把净辐射分割为潜热和显热，潜热用于蒸散发所需能量，而显热用于大气增温。对净辐射 R_n 进行分割时，显热与潜热是此消彼长的关系，而这"消"与"长"主要由土壤湿度控制。图 6.7 以一个例子来描述土壤湿度状况对显热和潜热的控制作用，在净辐射 R_n 一定的情况下，如果地表湿润［土壤和植被中含有较多水分，图 6.7（a）］，则蒸散发旺盛，潜热是主要的能量支出方式。显热较少，大气升温幅度小。在这种情况下，有较小的 Bowen 比。反之，如图 6.7（b）所示，如果地表干燥，蒸散发弱，显热是净辐射 R_n 的主要能量支出方式，则大气边界层增温较快。理解土壤湿度对净辐射 R_n 的再分配作用，是学习和理解陆地-大气反馈物理机制的基础。

（a）潮湿土壤 （b）干燥土壤

图 6.7 在潮湿和干燥条件下，土壤湿度对净辐射的再分配，
即对显热和潜热的控制作用（Alexander Lisa，2011）

6.3 土壤湿度对大气降水的反馈作用

6.3.1 正反馈和负反馈的概念

气候系统是一个包括大气圈、水圈、陆地表面、冰雪圈和生物圈在内的，能够决定气候形成、气候分布和气候变化的统一的物理系统。气候系统中各种物理过程之间有复杂的相互作用机制。当一个初始物理过程触发了另一个过程中的变化，而这种变化反过来又对初始过程产生影响时，这样的相互作用被称为反馈作用。反馈作用既可以增强系统响应，也可以减弱系统响应。前者称为正反馈，后者称为负反馈。一个正反馈实例：水汽反馈。人类活动排放二氧化碳所导致的温室效应是最近几十年来全球变暖的主要原因。气温增高导致大气持水能力增大，即大气中的水汽含量增加。水汽也是一种重要的温室气体。大气中水汽含量的增加会强化温室效应，从而放大了全球变暖的信号。这是一个正反馈过程：二氧化碳增加导致气温升高，进而使得水汽含量增大，从而进一步使得气温上升。

6.3.2 蒸散发的主要动力机制

蒸散发的根本驱动力是净辐射和土壤湿度，前者提供驱动能量，后者提供物质基础。根据蒸散发所消耗的潜热占净辐射的份额，即 $EF = \lambda E / R_n$，从概念上可以把蒸散发划分为能量限制型和土壤湿度限制型，如图 6.8 所示。当土壤湿度超过某个临界值（θ_{CRIT}）时，土壤中有充足的水分可供蒸散发，蒸散发取决于净辐射，这称为能量限制型。此时，潜热占净辐射的份额（EF）达到最大值 EF_{max}，且与土壤湿度无关。当土壤湿度低于这个临界值 θ_{CRIT} 时，净辐射为蒸散发提供充足的能量，但是土壤水分的不足限制了蒸散发，称为土壤湿度限制型。然而，当土壤湿度低达凋萎点（θ_{WILT}）时，水分被完全锁于土壤中而无蒸散发可发生。相应地，土壤湿度可以被概念化为三个值域：干燥域（$\theta < \theta_{WILT}$），湿润域（$\theta > \theta_{CRIT}$），和干湿过渡域（$\theta_{WILT} < \theta < \theta_{CRIT}$）。在干燥域和湿润域，土壤湿度的变化都不会影响蒸散发。只有土壤湿度 θ 的值在干湿过渡域时，土壤湿度的变化才会影响蒸散发。

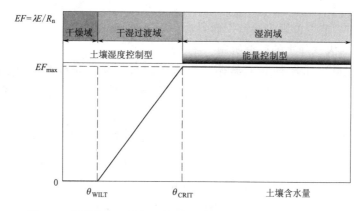

图 6.8　蒸散发与土壤湿度的关系（Seneviratne et al.，2010）

　　土壤湿度与净辐射的分布都有区域性，在全球分布不均衡，这决定了蒸散发也有区域性特征。根据 Seneviratne 等（2010）的研究结果，可知土壤湿度驱动和能量驱动在全球的分布状况也是具有区域性特征。在土壤湿度较高和蒸发比较旺盛的区域，包括欧亚大陆高纬度地区、欧洲中部地区、赤道附近的雨林地区和中国南部地区，蒸散发的主要驱动力是净辐射。而在干旱和半干旱地区，蒸散发则主要是受土壤湿度限制。

　　气候变暖理论上会导致水循环加速，蒸散发增加。但是，最近 10 余年来全球蒸散发总量却呈明显减少趋势，这主要是受土壤湿度的影响。根据 Jung 等（2010）的研究结果，从 1998—2008 年全球蒸散发总量和土壤湿度总量的距平序列发现，蒸散发与土壤湿度呈明显的"协变"，这表明 1998—2008 年间全球蒸散发总量受到土壤水分供给的限制。受气候变暖影响，全球相当一部分地区（尤其是干旱、半干旱地区）降水减少。相应地，土壤含水量减少，干旱加剧。这使蒸散发所需的土壤水分供给不足，导致蒸散发总量减少。这表明，在气候变暖条件下土壤湿度将在全球水循环中扮演越来越重要的角色，需要更全面、更深入的研究。

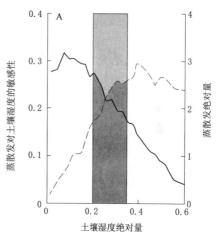

图 6.9　蒸散发对土壤湿度的敏感性（即土壤湿度对蒸散发的控制能力）与土壤湿度绝对量和蒸散发绝对量的关系［实线表示两者耦合强度（单位：无量纲），虚线表示蒸散发绝对量（单位：mm/d），横轴表示土壤湿度（单位：vol/vol）］［依据 Seneviratne 等（2010）相关图形进行了相应修改］

　　图 6.9 所示为蒸散发对土壤湿度的敏感性及其与蒸散发绝对量和土壤湿度绝对量之间的关系。显而易见，土壤湿度越低，对蒸散发的控制越强。蒸散发对土壤湿度敏感性与蒸散发绝对量呈显著的负相关关系。换言之，土壤湿度越高，蒸散发越倾向于受能量驱动。如果土壤湿度很低，则蒸散发受土壤强烈控制，但因为其绝对量小而不能明显影响气候变率。如果土壤湿度很高，则蒸散发量会很大，但因为其主要受能量控制而对土壤湿度不敏感，因此土壤湿度的变化对其影响不大。只有在土壤湿度

适中的情况下，如图 6.8 中的灰色区域，土壤湿度对蒸散发的控制较强，而蒸散发绝对量也较大，土壤湿度才可能因为影响蒸散发而显著影响气候事件和气候变率。

6.3.3　土壤湿度对大气降水的反馈机制

土壤湿度通过陆面水循环和能量循环对大气过程产生反馈作用，在不同的时间尺度和空间尺度上影响极端气候事件（例如热浪、干旱和极端降水）和气候变率。土壤湿度通过影响显热来影响大气温度，其机制与过程简单而直接，易于理解。土壤湿度对大气降水的反馈机制则极为复杂，也是当前国际陆-气反馈研究的热点和难点。长期以来，人们只关注"（例如一个流域）有多少降水直接来自于陆地蒸散发"这个问题，即所谓的内陆"小循环"。近年来大量的研究表明，水汽通量（指蒸散发）也会改变大气中成云致雨的边界条件，间接地影响大气降水。这种间接反馈机制在陆-气反馈中可能会起更重要的作用。

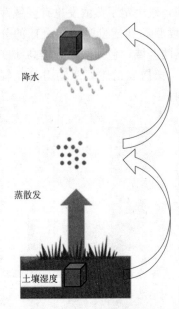

降水

蒸散发

土壤湿度

图 6.10　土壤湿度通过蒸散发影响大气降水的"两步"过程

从土壤湿度到大气降水，发生两次相变，因此土壤湿度对大气降水的反馈是一个"两步"过程，如图 6.10 所示。第一步，土壤中的液态水通过蒸散发，进入大气成为水汽。第二步，大气中的水汽在适当的条件下凝结，以降水的形式返回地面。这不仅仅是一个水循环过程，也是一个能量循环过程。蒸散发过程吸收潜热，而水汽凝结过程释放潜热。通过该过程，能量从陆面向大气中转移。针对以上两步，土壤湿度对大气的反馈作用，需要关注两个关系，即土壤湿度与蒸散发的关系和蒸散发与大气降水的关系。如图 6.9 所示，土壤湿度对蒸散发的驱动作用，主要发生在干旱半干旱地区。但是，这只为土壤湿度-大气降水反馈提供了一种可能前提，而不是充分条件。只有在蒸散发导致发生大气降水时，土壤湿度才对大气降水形成正反馈作用。土壤湿度对蒸散发的影响比较容易确定，而蒸散发对大气降水的影响则涉及复杂的大气过程，有很大的不确定性。

蒸散发对大气降水的影响，主要有两种情况。第一种情况是，由陆面蒸散发产生的水汽，其中一部分在遇到合适的凝结条件时在周围区域形成大气降水，返回地面，如图 6.11（a）所示。这称为土壤湿度对大气降水的直接反馈，是一种正反馈机制。受这种正反馈机制影响，湿润的土壤会带来较多的降水，而干燥的土壤则会带来较少的降水。在统计意义上，土壤湿度的高低与降水量的多寡成类似正比关系。这就是通常所讲的内陆水文"小循环"。Koster 等（2004）利用全球陆-气耦合实验（global land-atmosphere coupling experiments，GLACE），采用 12 个全球气候模式进行数值模拟，分析了土壤湿度对夏季降水直接反馈强度的全球分布。结果显示，土壤湿度对降水反馈的热点区域出现在干旱气候带向湿润气候带的过渡区域，包括北美大平原地区、赤道非洲地区、印度、中亚以及中国东部等地区。在这些地区，夏季土壤湿度适中，既不过于湿润，也不过于干燥。这些地区的蒸散发受土壤湿度的控制，也有大量蒸散发而来的水汽转化为降水，因此成为土壤湿度对降水反馈的热点区域。因此，可以看出，内陆水文小循环并非处处存在，而是只出现在某些特定区域。研究土壤湿度对大气降水的直接反馈，或称为小循环，其目的在于了解一个区域的降水有多大份额直接来自于该区域或其周边区域的陆面蒸发。然而，目前还缺乏有效的科学手段来直接回答这个问题。

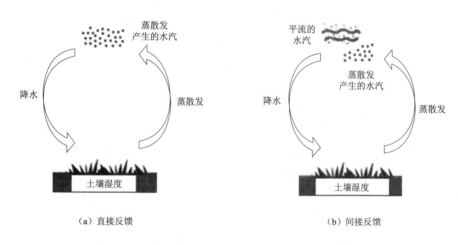

（a）直接反馈　　　　　　　　　　　　　　　　（b）间接反馈

图 6.11　土壤湿度通过蒸散发影响大气降水的两种机制

　　土壤湿度对大气降水的直接反馈，考虑的是区域大气降水的绝对量有多少来自陆面蒸散发。然而，一个区域大气中的水汽有两个来源，即大气环流和陆面蒸散发。在某些条件下，陆面蒸散发也会改变大气边界层的稳定性或者大气降水形成条件，从而导致大气降水的产生。设想一例，某个区域大气含水量已经基本接近饱和（水汽可能来自大气环流），而蒸散发输送的水汽成为"最后一根稻草"，导致大气含水量达到饱和状态而发生降水事件。陆面蒸散发不是作为水汽来源影响大气降水，而是通过改变大气边界层的某些性质来激发降水事件，这称为土壤湿度对大气降水的激发机制，又称为间接反馈机制。简言之，大气中的水汽可能来源于海洋，但是受这种反馈机制的影响而成云致雨。受该反馈机制影响，在统计意义上，土壤湿度影响某个时段内降水事件发生的频率或概率，但是与具体某次降水的强度（如是否极端降水）的关系不大，这是与直接反馈的不同之处。需要指出的是，这种激发反馈机制虽然与具体某次降水的强度关系不大，但是可能会与某个时段多次降水的总量有关。设想大气环流为夏季某区域带来大量水汽，如果蒸散发不能激发降水事件，那么大气中的大部分水汽可能随大气环流流失（即被大气环流带出这个区域）而夏季降水总量较少。如果蒸散发能激发降水事件，就有较多的水汽被截留在该区域，导致夏季降水总量较多。因此，这种反馈机制可能会强化海陆间大循环对区域降水的影响，例如在季风区。Findell 等（2011）研究了北美地区土壤湿度对夏季午后大气降水事件发生概率的影响，即触发反馈机制的强度。结果可以看出，美国东部地区和墨西哥地区夏季午后降水概率与土壤湿度有密切关系。土壤湿度越高，午后降水事件的发生概率越高，这种激发反馈机制导致夏季午后降水发生的概率提高了 10％～25％。

6.4　土壤湿度-大气降水反馈的不确定性及其未来研究方向

6.4.1　土壤湿度-大气降水反馈的研究方法及其不确定性

　　土壤湿度与大气降水之间的影响是双向的。大气降水对土壤湿度的影响显而易见，降水落到地面，土壤就变湿润。而土壤湿度对大气降水的反馈作用则比较微弱，其信号难以捕捉和量化。目前，理解土壤湿度对降水反馈的主要工具是气候模式。气候模式是气候系统的数字表现形式，它是建立在气候系统各部分的物理、化学和生物学特性及其相互作用基础上的数值模拟系统，以解释气候系统已知的全部或部分特性。现代全球气候模式通常由海洋环流模块、大气环流模块和陆面过程模块组成，这些模块之间相互交流信息，以模拟气候系统中海洋、陆地、大气三大子系统的运行规律及其相互作用。

　　陆面模式（land surface model）又称为土壤-植被-大气传输模型（soil‑vegetation‑atmosphere schemes，SVAT）或陆面参数化方案，用以描述陆面热力过程、水文过程、生态过程等及其与大气之间的物质（例如蒸散发、碳、氮）与能量（例如显热和潜热）交换。土壤湿度对大气降水（或气温）的反馈作用，可以通过大气过程对陆面过程的敏感性来量化。具体做法包括一次控制实验和一次敏感性实验。首先，在一定的大气边界条件和陆面参数驱动下（例如利用过去 30 年的历史观测数据），运行气候模式做数字模拟实验，这称为控制性实验。大气模块中的降水输出记为 P_{CTL}，P_{CTL} 可以为降水总量、降水概率或降水的其他统计量。然后，保持大气边界条件和其他陆面参数不变，改变土壤湿度，再次驱动气候模式，这称为敏感性实验。大气模块中降水的输出记为 P_{SENS}。两次数字实验中大气降水的变化，可以视为大气降水对土壤湿度的敏感性，即 $\Delta P = P_{SENS} - P_{CTL}$。

　　然而，利用气候模式研究土壤湿度对大气降水的反馈，迄今仍然存在较大的不确定性。这种不确定性，主要是由于气候模式对陆面过程的模拟能力仍然很有限，不同的气候模式采用不同的陆面过程参数化方案。再以全球陆-气耦合研究计划为例，该项大型国际合作研究计划采用 12 个气候模式系统地研究了土壤湿度对大气降水的反馈关系。12 个气候模式的平均值反映了土壤湿度-大气降水反馈的总体特点，但是，在每个气候模式中，陆-气反馈的热点区域及其反馈强度都大相径庭。只有 3 个气候模式显示了较强的土壤湿度-大气降水反馈关系，而在其余 9 个气候模式中，反馈关系很弱或者几乎没有。因此，人们目前对土壤湿度对大气降水的反馈关系仍有不确定性。

6.4.2　土壤湿度-大气降水反馈研究的未来发展方向

6.4.2.1　陆面模式的优化与发展

　　如上所述，虽然利用多个气候模式能够找到全球土壤湿度对大气降水反馈的一般特征，但是仍然存在较大的不确定性。在不同的气候模式中，不但土壤湿度对大气降水的反馈作用大不相同，而且对蒸散发的影响也有显著差异。造成这种不确定性的主要原因在于数值气候模式中的陆面过程参数化方案尚不完善。现代陆面过程模式已经包含了复杂的水文和植被过程，甚至已经引入了植被生理过程以便模拟陆-气之间的碳循环和氮循环。虽然陆面过程模式已经包含相当复杂的要素，但是还缺乏一个成熟的参数化方案来准确描述这些复杂的陆面过程。而且，不同的气候模式中采用的陆面过程参数化方案往往不同。陆面过程通过上行通量来影响大气过程。所以，优化和发展成熟的陆面过程参数化方案，所以提高其对通量尤其是潜热通量的模拟能力，是降低陆-气反馈不确定性的根本途径，也是长期发展目标。

6.4.2.2　利用卫星遥感技术，发展高精度土壤湿度观测数据

如前所述，由于陆面过程模式中尚缺乏成熟的参数化方案，所以从数值气候模式中得到的土壤湿度-大气降水反馈关系存在不确定性。从观测数据中诊断土壤湿度对大气降水的反馈关系，是当前陆-气反馈研究的重点和热点。这不但有助于理解真实世界中的土壤湿度-大气降水反馈关系，也为优化和发展陆面过程参数化方案提供了依据。但是，土壤湿度并非常规气象观测资料，可用数据极度缺乏，大大限制了相关研究的开展。因此，利用卫星遥感技术获取全球高精度、高分辨率土壤湿度，并分析土壤湿度对大气降水的反馈作用，是将来一段时间内国际陆-气反馈研究领域的一个重要发展方向。

卫星遥感是通过搭载于人造卫星上的对电磁波敏感的仪器，对目标地物进行远距离探测，获取其不同波段的电磁波信息并从中提取目标地物属性的一门科学和技术。可以用于提取土壤湿度的电磁波波段包括可见光、热红外、近红外以及微波波段。其中，微波波段不仅能穿透云层，也具有穿透一定的深度的土壤和植被的能力，因此在土壤水分遥感方面有独特的优越性，被广泛应用。最近几年来，利用微波遥感提取土壤湿度的技术获得长足发展，已经有发展全球业务化产品的能力。尤其值得一提的是，欧洲空间局近期组织开展"soil moisture：climate change initiative"大型国际合作计划，利用十余个卫星的微波遥感资料研发最近30年来全球逐日土壤湿度资料。其目的在于促进陆面水文过程的研究，以便了解气候变化条件下的水循环变化。

思考题

1. 目前应用于降雨径流预报的流域水文模型主要有哪几类？各有何特点？
2. 简述分布式概念模型和分布式物理模型的区别。
3. 陆-气耦合方式有哪两种？请详细说明。
4. 影响蒸散发（水面蒸发、土壤蒸发和植被蒸腾）的主要因素有哪些？

第7章 流域产流与汇流

7.1 河流与流域

7.1.1 河流的形成和分段

降落到地面的雨水，除了下渗、蒸发等损失以外，在重力的作用下沿着一定的方向和路径流动，这种水流称为地面径流。地面径流长期侵蚀地面，冲成沟壑，形成溪流，最后汇集成河流。河流流经的谷地称为河谷，河谷底部有水流的部分称为河床或河槽。面向下游，左边的河岸称为左岸，右边的河岸称为右岸。河流是水文循环的一条主要路径。在地球上的各种水体中，河流的水面面积和水量最小，但它和人类的关系却最为密切。

一条河流沿水流方向，自高向低可分为河源、上游、中游、下游和河口五段。河源是河流的发源地，多为泉水、溪涧、冰川、湖泊或沼泽等。上游紧接河源，多处于深山峡谷中，坡陡流急，河谷下切强烈，常有急滩或瀑布。中游河段坡度减缓，河槽变宽，两岸常有滩地，冲淤变化不明显，河床较稳定。下游是河流的最下段，一般处于平原区，河槽宽阔，河床坡度和流速都较小，淤积明显，浅滩和河湾较多。河口是河流的终点，即河流注入海洋或内陆湖泊的地方。这一段因为流速骤减，泥沙大量淤积，往往形成三角洲。注入海洋的河流，称为外流河，例如长江、黄河等。流入内陆湖泊或消失于沙漠中的河流，称为内流河或内陆河，例如新疆维吾尔自治区的塔里木河和青海省的格尔木河等。

河流分段如图 7.1 所示。

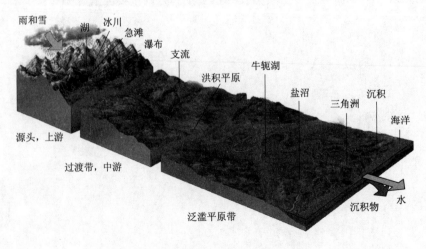

图 7.1 河流分段

自河源沿主河道至河口的距离称为河流长度，简称河长，以 km 计。脉络相通的大小河流所构成的系统称为水系、河系或者河网。其中直接汇入海洋、湖泊的称为干流，流入干流的称为支流。干流与支流之间通常采用斯特拉勒（Strahler）河流分级法进行分级。

（1）直接发源于河源的小河流为一级河流。

（2）两条同级别的河流汇合而成的河流级别比原来高一级。

（3）两条不同级别的河流汇合而成的河流的级别为两条河流中的较高级。

如图 7.2 所示，两条 1 级河流交汇后变为 2 级河流，两条 2 级河流交汇后变成 3 级河流。标号越高，表示河流的级别越高。

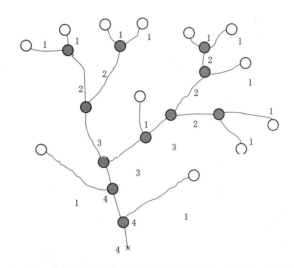

图 7.2　Strahler 分级法（图中标号为河流的级别，圆形代表河流交汇点）

7.1.2　流域及其基本特征

汇集地面水和地下水的区域称为流域，流域是分水线包围的区域。分水线又有地面与地下之分。当地面分水线与地下重合时，称为闭合流域，否则称为不闭合流域。流域是相对于某个出口断面的，当不指明断面时，流域默认为河口断面以上的集水区域。

流域面积是流域分水线包围区域的平面投影面积，一般以 km² 计，如图 7.3 中的 A。而河网密度是流域内河流干支流总长度与流域面积的比值，以 km/km² 计。流域长度即为流域轴长（L_b）。以流域出口为中心向河源方向作一组不同半径的同心圆，在每个圆与流域分水线相交处作割线，各割线中点的连线的长度即为流域的长度，以 km 计。流域面积与长度之比称为流域平均宽度（B），以 km 计。流域平均宽度与流域长度平方之比称为流域形状系数。流域形态因子不是一个常数，而是与流域面积有关，流域面积越大，形态因子就越小，流域的形状就越往狭长方面发展。因此，自然界中的流域越大就越趋于狭长型，小流域就较为接近圆形。将流域地形图划分为 100 个以上的正方格，依次定出每个方格交叉点上的高程以及与等高线正交方向的坡度，取其平均值即为流域的平均高度和平均坡度。

流域的自然地理特征包括流域的地理位置、气候特征、下垫面条件等。流域的地理位置以流域所处的经纬度来表示，它可以反映流域所处的气候带，说明流域距离海洋的远近，反映水文循环的强弱。流域的气候特征包括降水、蒸发、湿度、气温、气压、风等要素。它们是河流形成和发展的主要影响因素，也是决定流域水文特征的重要因素。而流域的下垫面条件指流域的地形、地质构造、土壤和岩石性质、植被、湖泊、沼泽等情况，这些要素以及上述河道特征、流域特征都反映了每个水系形成过程的具体条件，并影响径流的变化规律。在天然情况下，水文循环中的水量，水质在时间上和地区上的分布与人类的需求是不相适应的。为了解决这个矛盾，长期以来人类采取了许多措施，例如兴修水利、植树造林、水土保持、城市化等措施来改造自然以便满足人类的需要。人类的这些活动在一定的程度上改变了流域的下垫面条件，从而引起水文特征的变化。因此，当研究河流及径流的动态特性时，需要对流域的自然地理特征及其变化状况进行专门的研究。

7.1.3 径流

径流过程（图7.4）是地球上水循环中的重要一环。径流是指降落到流域表面上的雨水，由地面与地下汇入河川，最终流出流域出口断面的水流。该过程是大气降水和流域自然地理条件综合作用的产物。大气降水的多变性和流域自然地理条件的复杂性决定了径流形成过程的错综复杂。

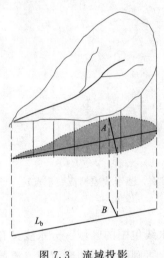

图7.3 流域投影

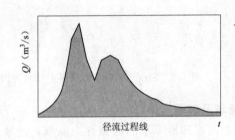

图7.4 径流过程

降落到地面的雨形成的径流一般可分为地面径流、地下径流和壤中流，根据补给来源又分为降雨径流和融雪径流。径流的测验是单位时间内通过某个控制断面的流量，其单位为 m^3。径流随时间的变化过程，用流量过程线来表示。

（1）径流量 W：指时段内通过某个断面的总水量。常用单位为 m^3、万 m^3、亿 m^3、$m^3/(s \cdot 月)$、$m^3/(s \cdot d)$ 等。

（2）平均径流量：径流量 W 与时段长度 T 的比值，单位为 m^3/s。

$$\overline{Q} = \frac{W}{T} \tag{7.1}$$

（3）径流深 R：将径流量平铺在整个流域面积上所求得的水层深度，以 mm 为单位。

$$R = \frac{\overline{Q}T}{1000F} \tag{7.2}$$

式中：F 为流域面积，km^2；R 为径流深，mm。

（4）径流模数 $M[L/(s \cdot km^2)]$：流域出口断面流量与流域面积的比值。

$$M = \frac{1000Q}{F} \tag{7.3}$$

径流模数消除了流域面积大小的影响，最能说明与自然地理条件相联系的径流特征。通常用径流模数对不同流域的径流进行比较。

（5）径流系数 α：某时段的径流深度与相应的降雨深度的比值。

$$\alpha = \frac{R}{P} \tag{7.4}$$

径流系数的地区差异：α 值变化在 $0 \sim 1$ 之间，湿润地区 α 值大，干旱地区 α 值小。径流系数综合反映流域内自然地理要素对降水—径流关系的影响。

7.2 流 域 产 流

降水落到流域面上后，首先向土壤内下渗，渗入水量一部分水以壤中流形式汇入沟渠，一部分水继续下渗，补给地下水，还有一部分以土壤水形式保持在土壤内，其中一部分消耗于蒸发。当土壤含水量达到饱和或降水强度大于入渗强度时，入渗后剩余的水开始流动充填坑洼，继而形成坡面流，汇入河槽和壤中流一起形成出口流量过程。整个径流形成过程往往涉及大气降水、土壤下渗、壤中流、地下水、蒸发、填洼、坡面流和河槽汇流，是气象因素和流域自然地理条件综合作用的过程。用一个数学模式描述这个复杂过程非常困难。为此必须对径流形成过程进行某些概化，为了便于分析一般把它概括为产流过程和汇流过程两个阶段。

7.2.1 径流的形成

从降雨降落到流域地面而产生径流，称为产流，包括流域地面径流产流和地下径流产流。产流过程即降雨扣除损失（植物截留、填洼、雨期蒸发、补充土壤缺水量等这部分雨量将耗于流域蒸散发，不会形成径流，因此称为损失）成为净雨的过程。

因此，将降雨扣除损失后的雨量称为净雨，净雨和它形成的径流在数量上是相等的。但二者的过程却完全不同，净雨是径流的来源，而径流则是净雨汇流的结果。净雨在降雨结束时就停止了，而径流却要延长很长时间。

7.2.1.1 包气带和饱和带

在流域上沿深度方向取一个剖面，如图 7.5 所示，可以看出，以地下水面为界可把土柱

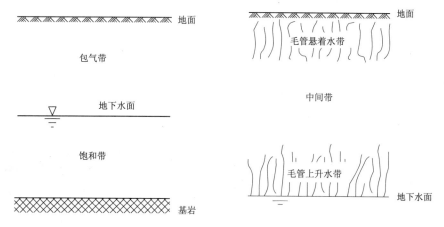

图 7.5 包气带和饱和带

划分为两个不同的含水带。地下水面以下，土壤处于饱和含水率状态，是土壤颗粒和水分组成的二相系统，称为饱和带或饱水带。地下水面以上，土壤含水量未达到饱和，是土壤颗粒、水分和空气同时存在的三相系统，称为包气带或非饱和带。

包气带又可以划分为三个带。接近地下水面处存在毛管上升带，接近地面处存在毛管悬着水带，位于两者之间的则为中间带。毛管悬着水水分的增长主要来源于降水，而水分的消退主要耗于土壤蒸发及植物散发。在水文上，通常称悬着水带为影响土层，因为它直接参与和影响径流循环。在持续降水条件下，毛管悬着水带会不断增长，当达到最大时，土壤的含水量称为田间持水量。降水或灌溉水进入土壤后，若超过田间持水量，则超过的部分将不能为土壤保持而以自由重力水形式向下渗透。田间持水量是能够被土壤所吸附保持的水分的最大值，是将土壤划分为土壤持水量和向下渗透水分的门槛。

7.2.1.2　下渗

水分透过土壤层面沿垂直和水平方向渗入到土壤中，从而改变土壤内部水分状况的过程称为下渗。下渗的雨水，首先进入包气带，当包气带蓄满时，多余的水分则进入饱水带，成为浅层水或地下水。

（1）下渗总量：指下渗开始到某个指定时刻，渗入土壤中的累积水量 F（单位：mm）。通常采用下渗量累积曲线表示下渗量随时间的增长过程。

（2）下渗率：指单位时间内从单位面积上渗入土壤中的水量（单位：mm/h 或 mm/min）。在某时 t 的下渗率应该为下渗累计量 F 对时间的变化率，表示为

$$f_i = \frac{\mathrm{d}F}{\mathrm{d}t} \tag{7.5}$$

（3）稳定下渗率：在下渗的最初阶段，下渗速率具有较大的数值，称为初始下渗率 f_0。随着进入土壤的水量不断增加，土壤下渗率不断减小。当土壤孔隙充满水，达到饱和时，下渗率就逐步递减到一个稳定的常数 f_c，称作稳定下渗率。土壤下渗率曲线如图 7.6 所示。

（4）下渗能力/容量：供水充分条件下的下渗率。土壤下渗能力与土壤物理性质（取决于土壤类型）、土壤含水率（湿度）密切相关，是反映下垫面综合情况的一个指标。入渗能力 f_p 与初始土壤含水率 θ 成反比，初始土壤含水率越高，入渗能力曲线则越低。下渗能力曲线如图 7.7 所示。

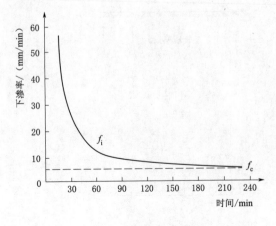

图 7.6　土壤下渗率曲线

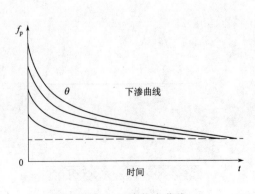

图 7.7　下渗能力曲线

水在土壤孔隙中运动时，受到分子力、毛细管引力和重力的综合作用。主要分为以下三个过程。

（1）渗润阶段。由于初期土壤干燥，水分主要在分子力作用下，迅速被土壤颗粒吸附而成为结合水（吸湿水和薄膜水）。渗润阶段土壤吸力非常大，故初始下渗率很大。

（2）渗漏阶段。下渗进入土壤孔隙中的水，主要受毛细管引力和重力共同作用，在土壤孔隙中形成不稳定运动，并逐步充填孔隙，直到充满孔隙之前，该阶段通常称为渗漏阶段。

（3）渗透阶段/稳定下渗阶段。当土壤孔隙被水充满达到饱和时，土壤水在重力作用下（向下）运动，这时下渗率维持稳定，这个阶段称为渗透（稳定下渗）阶段。

7.2.1.3 包气带对降水的再分配作用

包气带中的土壤孔隙和岩石裂隙具有吸收、储存和输送水分的功能。这种功能将导致包气带对降雨有再分配的作用。

1. 地面对降雨的再分配作用

设某时刻地面的下渗率为 f_p，降雨强度为 i。若 $i > f_p$，则实际下渗率为 f_p。即 i 中的 f_p 部分下渗到土壤中，其余部分 $i - f_p$ 成为地面径流。对于 $i \leqslant f_p$ 的情形，则降雨全部渗入土壤中。实际下渗率 $f_p = i$。因此，以地面为界，按 f_p 与 i 的对比关系，可把其所承受的降雨分成下渗水量和地面径流两部分。

对一场总雨量为 p 的降雨过程来说，由于有时出现 $i > f_p$，有时出现 $i \leqslant f_p$，故下渗到土壤中的水量应该为

$$I = \int_{i > f_p} f_p \mathrm{d}t + \int_{i \leqslant f_p} i \mathrm{d}t \tag{7.6}$$

而留在地面上成为地面径流的水量为

$$R_s = \int_{i > f_p} (i - f_p) \mathrm{d}t \tag{7.7}$$

显然总雨量为

$$p = I + R_s \tag{7.8}$$

2. 包气带对下渗水量的再分配作用

设由降雨下渗到包气带上层中的水量为 I。首先被土壤吸附保持，成为土壤含水量的增量。其中一部分还要以蒸散发 E 的形式逸出地面，返回大气。令 W'_m 和 W'_0（单位：mm）分别表示包气带的田间持水量与降雨开始时的初始土壤含水量。当出现 $I - E \geqslant (W'_m - W'_0)$ 时，则下渗水量中的 $I - E - (W'_m - W'_0)$ 部分成为重力水 R_g。则 R_g 即为地下径流，此时水量平衡方程为

$$I = E + W'_m - W'_0 + R_g \tag{7.9}$$

当出现 $I - E < W'_m - W'_0$ 时，土壤含水量 W'_e 未达到田间持水量，即 $W'_e < W'_m$，下渗水量全部用于补充土壤水，此时不产流，R_g 显然为 0，上式变为

$$I = E + W'_e - W'_0 \tag{7.10}$$

3. 超蓄产流与超渗产流

根据 Horton 产流理论，包气带对降雨的再分配作用，可以统一在包气带水量平衡方程式中。当降雨结束，包气带含水量达到田间持水量的情况下，包气带的水量平衡方程式为

$$P = E + W'_e - W'_0 + R_s + R_g \tag{7.11}$$

当降雨结束包气带含水量未达到田间持水量的情况下，不产生地下径流，$R_g = 0$。

是否产生地下径流，反映了自然界两种基本的产流方式。因为只有在包气带达到田间持水量后才产生 R_g，这种产流方式称为超蓄产流或蓄满产流，一般发生在包气带较薄或土壤蓄水量较高的湿润地区，这些区域的包气带容易被蓄满。当包气带未达到田间持水量时，产流只包含由于降雨强度超过地面下渗率而产生的 R_s，这种产流方式称为超渗产流或非蓄满产流，一般发生在包气带层较厚或干旱的地区。由于包气带缺水量很大，几乎没有可能在一次降雨过程中得到满足，所以当出现超过地面下渗率的局部性高强度，短历时暴雨时，则会产生地面径流。

需要注意的是，以上两种产流方式可以同时发生在一场降水中，如果一场降雨的强度很大，大于地面下渗能力，且降雨历时也足够长，使下渗水量扣除蒸散发后能够使包气带达到田间持水量，那么这场降雨形成的径流过程中既有超渗地面径流，也有蓄满产流。

4. 壤中流和饱和地面径流

事实上，自然界中的径流不仅仅只有以上两种情况。根据 Dunne 产流理论，当包气带在非均质状态下时，会表现为层次结构。由于各层中土壤的性质不同，其下渗能力也不相同，通常下层的下渗能力会小于上层的下渗能力。当降水发生时，上层的土壤会抢先达到田间持水量，此时出现稳定下渗。继续下渗的水分会因为下层土壤下渗率较小而出现积水，积水出现的位置称为相对不透水层。积水在相对不透水层的流动会形成一个饱和带，称为重力水。当河槽切入地面以下很深时，该饱和带中的重力水也会汇入河槽中。由于该径流发源于土层内部，所以被称为壤中流。需要注意的是，这种饱和带只有在降水期间才可能出现，降水结束后很快就会消失，所以也被称为临时饱和带。

可以看出，壤中流产生的物理条件有两个：一是包气带中必须存在相对不透水层；二是上层的土壤含水量必须达到田间持水量。

如果上层土壤达到田间持水量后降雨还在继续，那么相对不透水层的积水就会越来越深，临时饱和带的水面将不断升高。当降雨历时足够长时，临时饱和带的水面就会上升到地面同一高程，此时上层包气带就变成了包水带。在这种情况下，如果继续降雨，那么这部分降雨在扣除蒸发和稳定下渗后，就会沿着地面进行流动，形成地面径流，这种径流被称为饱和地面径流。

需要注意的是虽然饱和地面径流也产生地面径流，但是饱和地面径流和超渗产流的形成机理是不同的。它是因为上层整个土层达到饱和后产生的，而超渗地面径流则是包气带并未达到田间持水量。因此，产生饱和地面径流的条件也是两个：一是包气带中必须存在相对不透水层；二是至少上层土壤达到饱和含水量。

壤中流和饱和地面径流的发现，使产流理论更加丰富，并且与实际径流过程更加符合。故而，从产流的物理条件来看，通常认为自然界中的径流成分有四种，分别是超渗地面径流、饱和地面径流、壤中流和地下径流。

7.2.2　产流总量计算

流域产流计算的主要内容在于计算产生的径流量的大小，对超渗产流即计算地表径流量，对蓄满产流而言除了计算径流总量以外，还需要在此基础上区分地表径流和地下径流的分配关系，即对总径流量进行分割。

7.2.2.1 蓄满产流的计算

蓄满产流是产流机制的一种概化。其基本假设为：在任一地点，土壤含水量达蓄满（即达到田间持水量）前，降雨量全部补充土壤含水量，不产流；当土壤蓄满后，其后续降雨量全部产生径流。其计算式为

$$R = P - E + W_0 - W_m \tag{7.12}$$

式中：R 为径流量，mm；P 为降水量，mm；E 为流域实际蒸散发，mm；W_0 为流域初始蓄水量，mm；W_m 为流域最大蓄水容量，mm。

蓄满产流机制比较接近或符合土壤缺水量不大的湿润地区。在该类地区一场较大的降雨常易使全流域土壤含水量达蓄满。倘若一场降雨不能使全流域蓄满，或在一场降雨过程中，全流域尚未蓄满之前，流域内也观测到有径流。这是由于前期气候、下垫面等的空间分布不均匀，导致流域土壤缺水量空间不均匀。因为在其他条件相同的情况下，缺水量小的地方降雨后易蓄满，先产流。因此，一个流域的产流过程在空间上是不均匀的，在全流域蓄满前，存在部分地区蓄满而产流。一般可以由流域蓄水容量曲线表征土壤缺水量空间分布的不均匀性。

1. 流域蓄水容量曲线

流域内各点包气带的蓄水容量是不同的，将各点包气带蓄水容量从小到大排列，以包气带达到田间持水量时的土壤含水量 W'_m 为纵坐标，以流域内小于等于该 W'_m 的面积占全流域的面积比 α 为横坐标，所绘的曲线称为流域蓄水容量面积分配曲线（图7.8）。该曲线表示任一蓄水容量与小于或等于该蓄水容量的流域面积占全流域面积的比值的对应关系。

根据经验分析，蓄水容量曲线可以由如下指数方程近似描述：

$$\alpha = 1 - \left(1 - \frac{W'_m}{W_{mm}}\right)^b \tag{7.13}$$

式中：W_{mm} 为流域某点最大的蓄水容量；b 为常数，反映流域包气带蓄水容量分布的不均匀性，b 值越小表示分布越均匀。反之，则表示分布越不均匀。通过积分，流域平均蓄水容量 W_m 为

$$W_m = \int_0^{W_{mm}} (1 - \alpha) \, dW'_m \tag{7.14}$$

积分得

$$W_m = \frac{W_{mm}}{1 + b} \tag{7.15}$$

将式（7.12）进行变形，可得

$$R = P - E - \Delta W \tag{7.16}$$

其中，ΔW 为流域包气带蓄水量增量。可以看出，要进行产流量的计算需要推求出 ΔW 的值，而 ΔW 与流域初始蓄水量 W_0 有关。

通常，流域蓄水容量面积分配曲线具有以下性质。

（1）流域蓄水容量曲线是一条单增曲线。

（2）曲线上任一点的横坐标值表示流域中小于等于 W'_m 值的流域面积所占的比重。

（3）对一个流域来说，流域蓄水容量曲线是唯一的，且 W_m 为常数。

（4）这条曲线不能具体表示流域上具体地点包气带的缺水量情况。

2. 产流量的计算

（1）前期干旱，流域初始蓄水量为 0 的情况。对于式（7.13），可以看出蓄水容量曲线方程仅是包气带达到田间持水量时的土壤含水量 W'_m 的函数，因此可以写成 $\alpha = \varphi(W'_m)$。前期无降水情况如图 7.9 所示。

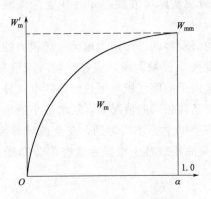

图 7.8　流域蓄水容量面积曲线

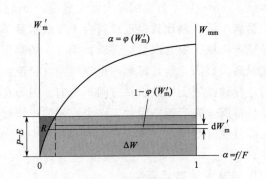

图 7.9　前期无降水情况

流域内蓄水量的增量 ΔW 的计算式为

$$\Delta W = \int_0^{P-E} [1 - \varphi(W'_m)]\mathrm{d}W'_m \tag{7.17}$$

根据水量平衡方程，产流量为

$$R = (P-E) - \int_0^{P-E} [1 - \varphi(W'_m)]\mathrm{d}W'_m \tag{7.18}$$

（2）前期湿润，流域初始蓄水量为 W_0 的情况。一般情况下，降雨前的初始土壤含水量不为零。因此，需要考虑初始土壤含水量在流域上的分布，并在降雨产流量计算过程中纳入土壤初始含水量。如图 7.10 中斜线所示面积为流域平均的初始土壤含水量 W，最大值为 a，全流域中有比例为 a 的面积上已经蓄满，降在该部分面积上的雨量形成径流，降在比例为 $1-a$ 的面积上的雨量不能全部形成径流，这些量的表达式为

$$\alpha_0 = 1 - \left(1 - \frac{a}{W_{mm}}\right)^b \tag{7.19}$$

$$W = \int_0^a (1-a)\mathrm{d}W'_m \tag{7.20}$$

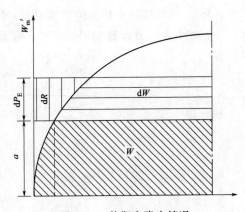

图 7.10　前期有降水情况

积分得到

$$W = W_m \left[1 - \left(1 - \frac{a}{W_{mm}}\right)^{b+1}\right] \tag{7.21}$$

解得

$$a = W_{mm} \left[1 - \left(1 - \frac{W}{W_m} \right)^{\frac{1}{1+b}} \right] \qquad (7.22)$$

由图 7.10 可知，在初始土湿为 W 的条件下，降雨量 P_E 的产流量可由下列计算式求得在全流域蓄满前为

$$R = \int_a^{a+P_E} dW'_m \qquad (a + P_E \leqslant W_{mm}) \qquad (7.23)$$

积分得

$$R = P_E - W_m \left(1 - \frac{a}{W_{mm}} \right)^{b+1} + W_m \left(1 - \frac{P_E + a}{W_{mm}} \right)^{b+1} \qquad (7.24)$$

化简得

$$R = P_E + W - W_m + W_m \left(1 - \frac{P_E + a}{W_{mm}} \right)^{b+1} \qquad (a + P_E \leqslant W_{mm}) \qquad (7.25)$$

全流域蓄满后为

$$R = P_E + W - W_m \qquad (a + P_E \geqslant W_{mm}) \qquad (7.26)$$

对于流域蓄水容量曲线的数学形式，通常可以采用一些经验公式来表示，例如抛物线型 $\varphi(W'_m) = 1 - \left(1 - \frac{W'_m}{W'_{mm}} \right)^b$，其中 b 是经验常数；或者指数型 $\varphi(W'_m) = 1 - e^{-KW'_m}$，其中 K 是经验常数。参数 K、b 均反映流域蓄水容量在流域空间分布的不均匀性。按照曲线的数学形式代入上述积分表达式，即可定量求出 ΔW。

7.2.2.2 蓄满产流流量划分

蓄满产流的径流量 R 是总径流量，包括地表径流和地下径流两个部分。地表径流和地下径流在汇流特性上差异较大，研究地下和地面径流之间的数量关系对理解流域降雨-径流机理十分重要。因此，需要对总径流量成分进行分割。

传统工程水文学中采用流量过程线分割法来划分流量。在水文测验中往往能够得到流域出口断面的实测流量过程线，这条过程线可以理解为本次降雨形成的地面径流、本次降雨形成的地下径流和前期降雨产生的部分未退完的径流量这 3 个部分的组合，具体如图 7.11 所示，洪水时涨水曲线的起始点在流量过程线上往往有明显的转折而容易找出，如图 a 点。a 点之前为前期降雨产生的未退完的径流量，通过识别 a 点则可以确定本次降水形成的径流过程。

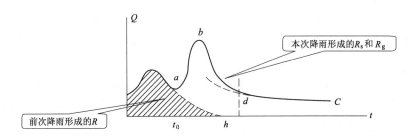

图 7.11 实测径流曲线的分割

一次降水的地面径流和地下径流由于受流域调蓄作用不一样，因此其呈现的规律也不一样。地下径流由于受土壤层的限制，流动速率较小，通常不会与本次降水的地面径流同时达到出口断面，往往出现在实测流量过程线的退水部分，即图中的 d 点。因此，识别出退水曲线的转折点 d 点即可实现对地面径流和地下径流的分割。在工程上，可以在充分了解流域实际下垫面条件的基础上用目测法进行直接分割，也可以根据经验公式进行确定。例如取流域多次实测洪水过程线的退水部分曲线进行重叠，作出重叠部分的下包线，作为流域的标准退水曲线，再与实测过程线进行重叠，识别出转折点；或者认为转折点距洪峰流量的时距 N（日数）与流域面积呈现以下关系：

$$N = 0.84 F^{0.2} \tag{7.27}$$

式中：N 为洪峰点至地面径流终止点的时距，d；F 为流域面积，km^2。

现代水文学自 20 世纪 70 年代将示踪法引入径流划分中，它通过测定径流中化学物质的组成或者水中的同位素成分（称之为示踪标志 tracer）来分析流域产流的来源和机理。示踪法假设一场降雨径流中由两部分组成：前期降雨形成的基流，以地下径流的形式存在，称为"旧水（old water）"；本次降雨形成的地面径流（quick flow），称为"新水（new water）"。

通过测定基流（旧水）和地面径流（新水）中的化学物质浓度，可以推测径流中各成分的组成比例。设一场降雨的总径流量为 Q_t，其中基流（旧水）流量为 Q_o，地表径流（新水）流量为 Q_n。根据水量守恒有

$$Q_t = Q_o + Q_n \tag{7.28}$$

为了使方程封闭，需要补充另一个方程：采用示踪法测得其总径流中氯化物的浓度为 C_t；基流（旧水）中氯化物的浓度为 C_o；地表径流（新水）中氯化物的浓度为 C_n，再根据物质守恒即可得到补充方程

$$Q_t C_t = Q_o C_o + Q_n C_n \tag{7.29}$$

于是联立两个方程可以解出

$$Q_n = \left(\frac{C_t - C_o}{C_n - C_o} \right) Q_t \tag{7.30}$$

7.2.2.3　超渗产流计算

超渗产流形成的径流量仅包含地表径流部分，由于包气带土壤含水量不能达到田间持水量，所以没有水量入渗形成地下径流。超渗产流取决于降雨强度与下垫面入渗能力之间的相对关系，当降雨强度小于入渗能力时不会形成地表径流。根据入渗的相关理论，土壤的入渗能力是土壤含水量的函数，流域的入渗能力随着土壤含水量的变化而变化，因此超渗计算的关键在于确定土壤入渗能力与土壤含水量（前期影响雨量）之间的关系，分析出土壤入渗能力随时间的变化系列，再根据实测降雨系列，即可确定超渗产流的流量过程。

由于土壤的蓄水量是随着降雨-入渗过程不断发生变化的，因此土壤的入渗能力也是随着降雨过程不断发生变化的。依据同样的思路，也可以获取流域下渗容量面积分配曲线，但对于一个流域来说，流域下渗容量分配曲线不是唯一的，而是一组以初始流域土壤含水量 W_0 为参数的曲线（图 7.12）。

在实际计算过程中，获取流域下渗容量分配曲线的数学表达式是比较困难的，因此，

通常通过分析降雨过程来获取流域的平均入渗能力 $\overline{f}$，根据 $\overline{f}$ 和降雨强度 i 来确定超渗产流。

初损后损（图 7.13）法实际上是对入渗曲线法的一种简化方法，在实际应用中使用较多。初损后损法把实际的入渗过程简化为初损和后损两个阶段。初损量 I_0 包括产流前的总损失水量，主要包括植物截留、填洼及产流前的入渗水量。后损量是指在产流开始之后的入渗损失，可以通过平均入渗率计算。

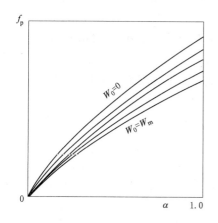

图 7.12 流域下渗容量面积分配曲线

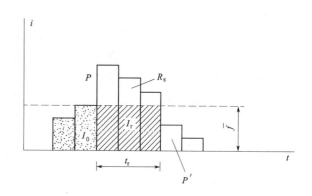

图 7.13 降雨初损后损

已知后损时段 t_r，后期降雨强度低于入渗能力时不产流的总雨量为 P'，初损量设为 I_0，则根据水量平衡方程，即可确定径流量

$$R_s = P - I_0 - \overline{f}t_r - P' \tag{7.31}$$

初损量是该方法的关键参数，初损值 I_0 的确定可以有多种方法。一种方法是把流量过程线的起涨点作为产流开始的时刻，则相应的从降雨开始到该时刻的累积雨量即为初损值 [图 7.14 (a)]。另外还可以根据实测暴雨洪水资料建立初损值 I_0 与雨前土壤蓄水量 P_a 及平均雨强 i 为参数的相关关系 [图 7.14 (b)]。由于 I_0 还受到植被和土地利用具有季节性因素的影响，所以也可以以月份为参考 [图 7.14 (c)]。

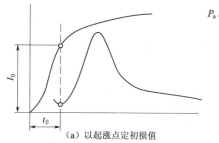

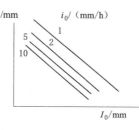

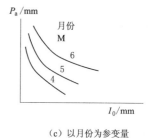

（a）以起涨点定初损值　　　　　　（b）以雨强为参变量　　　　　　（c）以月份为参变量

图 7.14 初损量确定方法

由于后损是初损的延续，所以初损越大，土壤含水量越大，后损越小。初损量确定之后即可根据水量平衡方程推导出径流量过程。

7.3　流　域　汇　流

7.3.1　流域汇流系统

7.3.1.1　汇流的概念

汇流过程即净雨沿坡面从地面和地下汇入河网，再沿河网汇集到流域出口断面的过程，包括地面径流汇流和地下径流汇流。地面径流的汇流又包括坡面汇流（其中有地表径流汇流和壤中流汇流）以及河网汇流。

降落在河流槽面上的降水质点，将直接通过河网汇集至流域出口断面。降落在坡地上的降水质点，一般要从两条不同的途径汇集至流域出口断面。

（1）一条是留在坡地表面的降水质点，首先沿着坡地表面汇入附近的河流，接着汇入更高级的河流，最后汇集到流域出口断面。

（2）另一条是下渗到坡地表面以下土层中的降水质点，在满足一定的条件后，也要通过土层中各种孔隙汇集至流域出口断面。

（3）在实际情况中，以上两条汇流途径常常交替进行，称为所谓的串流现象。

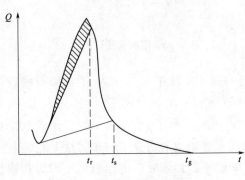

图 7.15　断面洪水过程

不同水源成分由于汇集到流域出口断面所经历的时间不同，因此在出口断面洪水过程（图 7.15）线的退水段上表现出不同的终止时刻。槽面降水形成的出流终止时刻 t_r 最早，坡地地面径流形成的出流终止时刻 t_s 较次，坡地地下径流形成的出流终止时刻 t_g 最迟。

7.3.1.2　流域汇流系统

将流域汇流作为一个系统，净雨过程是系统的输入，流域出口断面流量过程是系统的输出，采用系统分析方法表达

$$Q_t = \Phi[I(t)] \tag{7.32}$$

式中：Φ 为系统输入和系统响应之间运算关系的算符。

在汇流系统中，如果 Φ 中的参数均为常数，则为线性汇流系统，否则为非线性汇流系统。线性汇流系统一般满足叠加性和倍比性两个原理。

（1）叠加性。每时段河流出口断面的出流量为该时段所有入流成分形成的出流量之和。

$$I(t) = \sum_{i=1}^{n} I_i(t), \quad i = 1, 2, \cdots, n$$

$$Q(t) = \sum_{i=1}^{n} Q_i(t), \quad i = 1, 2, \cdots, n \tag{7.33}$$

式中：$I_i(t)$、$Q_i(t)$ 分别为入流和形成的出流。

（2）倍比性。如果流域入流可以表达为另一个入流的 n 倍，则该入流形成的出流也是另一个入流形成的出流的 n 倍。

$$I(t) = nI_1(t)$$

$$Q(t)=Q_1(t) \tag{7.34}$$

7.3.2 汇流计算

7.3.2.1 时段单位线

1. 定义

在给定的流域上，单位时段内时空分布均匀的一次降雨产生的单位净雨量，在流域出口断面所形成的地面（直接）径流过程线，称为单位线，记为 UH。单位净雨量常取 10.0mm，单位时段长可以任取，例如 1h、3h、6h…。单位线是在 1932 年由谢尔曼（Sherman）提出的，反映了流域的坡地和河网综合调蓄后的洪水运动规律。

图 7.16 所示该单位线包围的面积即为单位净雨形成的径流总量，其值等于净雨量：

$$R=\int_0^T q(t)\mathrm{d}t/A=10\mathrm{mm} \tag{7.35}$$

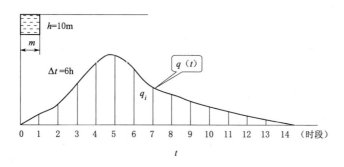

图 7.16 单位净雨在出口断面形成的单位线

2. 经验单位线的应用

由于实际降雨量并不一定是一个单位的一个时段，故分段使用时要用两条假定。

（1）倍比定律假定：如果单位时段的净雨深不是一个单位，而是 n 个单位，那么它所形成的地面径流过程线的流量值为单位线流量的 n 倍，其历时仍与单位线的历时相同。

（2）叠加法则假定：如果净雨历时不是一个时段而是 m 个时段，则各时段净雨所形成的径流过程线之间互不干扰，出口断面的流量等于各时段净雨量所形成的流量之和。

【例 7.1】 已知历时三个时段的净雨分别为 h_1、h_2、h_3。净雨深 $h=10\mathrm{mm}$ 的单位线的各时段末的纵坐标为 q_1，q_2，q_3，…，q_t，…，求流域出口断面的流量过程线 $Q(t)$。

$$Q_i(t)=\frac{h_i}{10}q_{t-i+1} \tag{7.36}$$

式中：$Q_i(t)$ 为 t 时段末的径流流量，m^3/s；q_t 为第 t 时段末的单位线的纵坐标，m^3/s；h_i 为第 i 时段的净雨深，mm；$i=1,2,3,\cdots,m$ 为净雨的时段数。

使用单位线计算汇流过程的方法见表 7.1，由于每时段的单位净雨均能在流域出口断面形成一次出流过程，所以按照倍比性和叠加性，第 1 时段的出流过程是由第 1 时段净雨贡献的；第 2 时段的出流过程是由第 1 时段的净雨和第 2 时段的净雨贡献的，以此类推。

表 7.1　　　　　　　　　　　　　　　　单位线法推求流域出口断面流量

时段 Δt	净雨深 h/mm	单位线 $q(t)$ /(m³/s)	各时段净雨形成的时段末径流量 $Q_i(t)=h_i \times q(t)/10$			流域出口断面的流量 $Q(t)=\sum Q_i(t)$ /(m³/s)
			第 1 时段 h_1	第 2 时段 h_2	第 3 时段 h_3	
1	h_1	q_1	$h_1q_1/10$			$Q(1)=h_1q_1/10$
2	h_2	q_2	$h_1q_2/10$	$h_2q_1/10$		$Q(2)=h_1q_2/10+h_2q_1/10$
3	h_3	q_3	$h_1q_3/10$	$h_2q_2/10$	$h_3q_1/10$	$Q(3)=h_1q_3/10+h_2q_2/10+h_1q_1/10$
4		q_4	$h_1q_4/10$	$h_2q_3/10$	$h_3q_2/10$	$Q(4)=h_1q_4/10+h_2q_3/10+h_1q_2/10$
5		q_5	$h_1q_5/10$	$h_2q_4/10$	$h_3q_3/10$	$Q(5)=h_1q_5/10+h_2q_4/10+h_1q_3/10$
6		q_6	$h_1q_6/10$	$h_2q_5/10$	$h_3q_4/10$	$Q(6)=h_1q_6/10+h_2q_5/10+h_1q_4/10$
7		q_7	$h_1q_7/10$	$h_2q_6/10$	$h_3q_5/10$	……
8		……	……	$h_2q_7/10$	$h_3q_6/10$	……
9		……	……	……	$h_3q_7/10$	

3. 经验单位线的推求

经验单位线的推求是进行坡面汇流的关键环节，在实际工程应用中，经验单位线可以按照以下步骤进行推求。

（1）根据实测的暴雨径流资料制作单位线时，首先应该选择历时较短的暴雨及该次暴雨所产生的明显的孤立的洪峰作为分析对象。

（2）求出本次暴雨各时段的流域平均流量，扣除损失，得出各时段的净雨深 h_i，净雨时段 Δt。单位时段，一般选涨洪历时的 $(1/4 \sim 1/2)$。

（3）由实测流量过程线上分割地下径流及计算地面径流深，使净雨深等于地面径流深。

（4）将流量过程线割去地下水以后得到的地面径流过程线各时段纵坐标值，除以净雨量的单位数（一个单位为 10mm）就可以得出单位线。

（5）将该单位线代入其他多时段净雨的洪水中进行验算，将算得的流量过程与实测洪水进行对比，如发现明显不符，可将单位线予以修正，直到最后由单位线推出的流量过程符合实际为止。

（6）当净雨时段数较少（2～3）时采用分析法。

分析法的原理是根据已知的时段径流量和流量过程线，对单位线的纵坐标进行逐一求解。由表 7.1 可知

$$Q_{d,1}=h_{d,1}q_1 \tag{7.37}$$

$$Q_{d,2}=h_{d,1}q_2+h_{d,2}q_1 \tag{7.38}$$

在已知时段净雨量 h 和流量过程线 Q_d 的前提下，求解方程组可得未知坐标 q_1、q_2…的数值。最简单的解法是逐一消去法。由式（7.37）可解得 q_1

$$q_1=\frac{Q_{d,1}}{h_{d,1}}$$

q_1 已知，代入式（7.38），可得 q_2：

$$q_2=\frac{Q_{d,2}-h_{d,2}q_1}{h_{d,1}}$$

如此递推，得

$$q_i = \frac{Q_{d,i} - \sum_{j=2}^{k_2} r_{d,j} q_{i-j+1}}{r_{d,j}} \quad (i=1,2,3,\cdots,n) \tag{7.39}$$

依据上式，可以求得单位线各时段的纵坐标。

此法虽然较简便，但是因为估算净雨量的误差、流量测验的误差以及净雨量的时空变化等原因，经常导致单位线后段的纵坐标出现锯齿形，有时甚至为负。这时要以单位线总量10mm、单峰和过程光滑为控制条件来调整锯齿形的纵坐标。

UH 作为线性时不变系统的汇流曲线，是由输入、输出的实测资料反演的，并没有给出它的物理机制。因此，UH 是"黑箱"模型，推求 UH 的唯一准则是输入通过 UH 转换得到的系统响应误差最小。

7.3.2.2 瞬时单位线

1. 基本概念

1945 年，克拉克首先提出瞬时单位线的概念。所谓瞬时单位线，就是净雨量历时趋于无限小时所求得的单位线，通常以 $u(0,t)$ 或 $u(t)$ 表示。它的基本假定与谢尔曼单位线的假定完全相同。

若经验单位线时段长为 T，其纵坐标以 $u(T,t)$ 表示，而瞬时单位线的纵坐标以 $u(0,t)$ 表示，则二者的关系为

$$u(0,t) = \lim_{T \to 0} u(T,t) \tag{7.40}$$

2. 瞬时单位线的推求

在克拉克提出了瞬时单位线（IUH）的概念后，纳什、杜格、周文德、加里宁等进一步发展了 IUH。目前，生产上应用较广的是纳什的 IUH 模型，因此，这里只讨论纳什瞬时单位线的推求方法。

纳什把流域看作 n 个等效线性水库的串联，如图 7.17 所示。降雨生成的径流过程可以视为流域的净雨过程受流域调节的产物。出口流量过程则可看成净雨 h（h 视为流域的入流，

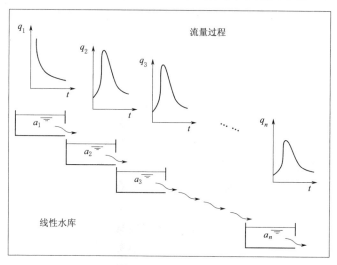

图 7.17 纳什模型

即第一个水库的入流）经过 n 个水库调蓄的结果。

令流域调蓄量为 W，则上述讨论的流域调蓄作用可以用下列流域水量平衡方程表示：

$$I(t)-Q(t)=\mathrm{d}W(t)/\mathrm{d}t \tag{7.41}$$

在上式中，只有净雨过程 $I(t)$ 是已知的，因此，它包含两个未知函数，即出流量过程 $Q(t)$ 和流域蓄量过程 $W(t)$。如果能进一步找出 $W(t)$ 与 $I(t)$、$Q(t)$ 之间的关系，那么将其与上式联解，能求出一场净雨过程所形成的出流过程。$W(t)$ 与 $I(t)$、$Q(t)$ 之间的关系称为流域蓄泄关系。

设想"线性水库"的蓄水量与出流量成正比，水库蓄水量 W_i 为一个线性函数，即

$$W_i=k_iQ_i \quad (i=1,2,\cdots,n) \tag{7.42}$$

式中：W_i 为第 i 个线性水库的蓄水量；Q_i 为第 i 个线性水库的出流量；k_i 为第 i 个线性水库的调蓄系数。

式（7.42）即为流域调蓄方程。

通过联立水量平衡方程和调蓄方程，假设串联 n 个线性水库的调蓄系数是相同的，可以逐时段推求出

$$Q(t)=\frac{1}{(1+kD)^n}h(t) \tag{7.43}$$

式中：n 为线性水库的个数；k 为线性水库的调蓄系数；D 为微分算子，$D=\dfrac{\mathrm{d}Q}{\mathrm{d}t}$。

按瞬时单位线的定义，在上式中只有当 $h(t)$ 为极短时段内（$T\to0$）的单位净雨量时，$Q(t)$ 即为瞬时单位线，记为 $h(t)=\delta(t)$。一个单位的瞬时入流通过串联的 n 个等效线性水库的调蓄，其出流就是瞬时单位线 IUH，应用拉普拉斯变换和逆变换，经过数学求解得到瞬时单位线的解析解为

$$u(t)=\frac{1}{k\Gamma(n)}\left(\frac{t}{k}\right)^{n-1}\mathrm{e}^{-\frac{t}{k}} \tag{7.44}$$

式中：$u(t)$ 为瞬时单位线纵坐标，其因次为 $[T]^{-1}$；n 为线性水库的数目或调蓄次数，是反映流域调蓄能力的一个参数；k 为每个线性水库的调蓄系数，其因次为 $[T]$，相当于流域汇流时间的一个参数；$\Gamma(n)$ 为变量为 n 的伽马函数。n、k 值可以应用统计数学中的矩法公式来确定。当确定式中的 n 和 k 两个参数值后，IUH 即可求得。

$$k=\frac{M_Q^{(2)}-M_h^{(2)}}{M_Q^{(1)}-M_h^{(1)}}-(M_Q^{(1)}-M_h^{(1)})$$

$$n=\frac{M_Q^{(1)}-M_h^{(1)}}{k} \tag{7.45}$$

式中：$M_Q^{(1)}$、$M_h^{(1)}$ 分别为出口流量和流域净雨的一阶原点矩；$M_Q^{(2)}$、$M_h^{(2)}$ 分别为出口流量和流域净雨的二阶原点矩。

以上各阶原点矩可以通过实测的地面径流过程和地面净雨过程资料求得。

3. S 曲线和单位线的转换

在应用单位线进行汇流计算时，常常因为净雨量时段长和单位线的时段长不一致而引起误差。例如净雨量时段短，所用的单位线时段长，则推算的洪峰偏低，反之偏高。解决的办法是用 S 曲线对原单位线进行时段转换。S 曲线就是单位线 UH 各时段累积流量和时间的

关系曲线，反映连续多时段单位净雨深所形成的出流量过程线。

设流域上均匀降雨连续不断（即降雨历时趋于无限），且每个时段都维持一个单位净雨，该条件下的相应的流域出口断面的流量过程线即为 S 曲线。从图 7.18 可以看出 S 曲线为瞬时单位线在时间上的积分。

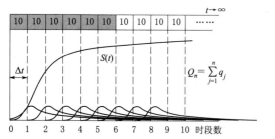 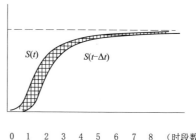

图 7.18　S 曲线

$$S(t) = \int_0^t u(t)\,\mathrm{d}t$$

$$S(t) = \int_0^t \frac{1}{k\Gamma(n)}\left(\frac{t}{k}\right)^{n-1}\mathrm{e}^{-\frac{t}{k}}\mathrm{d}t = \frac{1}{\Gamma(n)}\int_0^{t/k}\left(\frac{t}{k}\right)^{n-1}\mathrm{e}^{-\frac{t}{6}}\mathrm{d}\left(\frac{1}{k}\right) \tag{7.46}$$

将 S 曲线向后移一个时段 Δt，则可得到另一条 $S(t-\Delta t)$ 曲线，$u(\Delta t, t) = S(t) - S(t-\Delta t)$ 构成了一条新的单位线，则称为净雨为一单位，时段为 Δt 的无因次的单位线。而且有 $\sum\limits_0^n u(\Delta t, t) = 1$。它代表 Δt 时段内流域上净雨为 1 产生的水量 $\Delta t \times 1$ 所形成的流量过程线，即根据 S 曲线可以推求出时段单位线。因此，可以根据 S 曲线推出任意历时的时段单位线，并已证明净雨为 10mm 的时段单位线的纵坐标 q_i 与 $u(\Delta t, t)$ 之间的关系是

$$q_i = \frac{10F}{3.6\Delta t}u(\Delta t, t) = 2.78\frac{F}{\Delta t}\left[S(t) - S(t-\Delta t)\right] \tag{7.47}$$

式中：Δt 为净雨时段，h；F 为流域面积，km^2。在实用过程中，$S(t)$ 可以根据瞬时单位线曲线查表，由 n、t/k 求出。

【例 7.2】　已知某流域面积 $F = 1877\mathrm{km}^2$，瞬时单位线的参数分别为：$n = 2.54$、$k = 5.63$，求通过纳什 S 曲线方法推求 6h、10mm 净雨的时段单位线。

解：（1）求 $S(t)$ 曲线。

选 $\Delta t = 6\mathrm{h}$，则各时段末的时间列于表中列①；计算 t/k 列于表列②；根据 $(t/k, n)$ 查 $S(t)$ 曲线表得 $S(t)$ 曲线纵坐标值列于表中③；将列③中各数顺移后一个时段 $t = 6\mathrm{h}$，得 $S(t-\Delta t)$，其纵坐标值列于表列④。

（2）计算无因次时段单位线：将③－④＝⑤，即得无因次时段单位线 $u(\Delta t, t)$，列于表列⑤。

（3）计算 6h、10mm 净雨的时段单位线纵坐标，列于表列⑥。

$$q(\Delta t, t) = \frac{2.78F}{\Delta t}u(\Delta t, t) = 869u(\Delta t, t) \quad \mathrm{m}^3/\mathrm{s}$$

125

具体计算过程见表 7.2。

表 7.2　　　　　　　　　　　利用 S 曲线进行时段单位线的推求

t/h ①	t/k ②	$S(t)$ ③	$S(t-\Delta t)$ ④	$u(\Delta t,t)$ ⑤=③-④	$q(\Delta t,t)/(\text{m}^3/\text{s})$ ⑥
0	0	0		0	0
6	1.07	0.156	0	0.156	135.6
12	2.14	0.479	0.156	0.323	280.7
18	3.20	0.721	0.479	0.242	210.3
24	4.27	0.865	0.721	0.144	125.1
30	5.34	0.937	0.865	0.072	62.6
36	6.40	0.970	0.937	0.033	28.7
42	7.30	0.986	0.970	0.016	13.9
48	8.54	0.994	0.986	0.008	7.0
54	9.60	0.997	0.994	0.004	3.5
60	10.70	0.999	0.997	0.002	1.7

7.3.2.3　地下径流汇流计算

根据地下水流运动的基本微分方程可以导出地下水径流的流域汇流模型，但在应用这类模型时需要有足够的资料，包括地下水位及有关的水文地质和土壤特性等数据。这在一般流域上难以实现。常用的地下径流汇流计算方法是以水量平衡方程和线性水库的蓄泄关系为基础的水文学方法，即线性水库演算法。

1. 线性水库演算法

由于地下水的水面比降很平缓，所以可以认为其涨落洪蓄泄关系相同，地下水库蓄水量与地下径流的排泄量也呈线性关系，则表示为

$$W_g = k_g Q_g \tag{7.48}$$

式中：Q_g 为地下径流的出流量，m^3/s；W_g 为地下水库蓄水量，m^3；k_g 为地下水库调蓄系数，反映地下水的平均汇集时间，s。

则地下水库水量平衡方程可以表述为

$$I_g - Q_g - E_g = \frac{\mathrm{d}W_g}{\mathrm{d}t} \tag{7.49}$$

式中：I_g 为地下净雨率，即降雨对地下水的补给强度，m^3/s；E_g 为地下水的蒸发量，m^3/s。

当已知（$I_g - E_g$）项时，合解上两式，可得 Q_g 值。

实际计算时，可以将上式写为有限差形式的演算式。对某时段 Δt 有

$$Q_{g2} = \frac{\Delta t}{k_g + 0.5\Delta t}(\overline{I}_g - \overline{E}_g) + \frac{k_g - 0.5\Delta t}{k_g + 0.5\Delta t}Q_{g1} \tag{7.50}$$

式中：Q_{g1}、Q_{g2} 为时段始、末地下径流出流量，m^3/s；$\overline{I}_g$ 为时段内地下水库的入流量，m^3/s；$\overline{E}_g$ 为时段内地下水库的蒸发量，m^3/s；Δt 为计算时段，h。

令 $K_g = \dfrac{k_g - 0.5\Delta t}{k_g + 0.5\Delta t}$，则 $\dfrac{\Delta t}{k_g + 0.5\Delta t} = 1 - K_g$，故式（7.50）可以改写为

$$Q_{g2} = (1 - K_g)(\overline{I}_g - \overline{E}_g) + K_g Q_{g1} \tag{7.51}$$

按式（7.51）进行汇流计算，只要知道时段初的地下水径流量 Q_{g1} 以及 I_g、E_g、K_g，即可推求时段末的地下水径流量，依次类推。

2. 参数的推求

（1）初始地下水径流量 Q_{g1} 的推求：一般可以采用涨洪前的流量表示初始的地下径流量，参考图 7.11 中的 a 点。

（2）地下水库调蓄系数 K_g 的推求：由于地下水库蓄水量 W_g 与地下径流 Q_g 的出流量呈线性关系，所以可以根据地下水退水曲线制成 W_g-Q_g 曲线（图 7.19），其斜率即为 K_g。

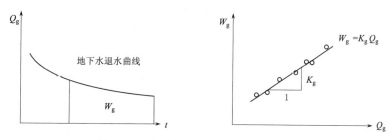

图 7.19　地下水退水量与出流量的关系

（3）地下净雨 I_g 的推求：可以根据流域稳定下渗率进行推求，并转换为 mm 单位。

$$I_g = 0.278 \frac{f_c t_c}{\Delta t} F \tag{7.52}$$

式中：f_c 为流域稳定的入渗强度，mm/h；t_c 为 Δt 内的净雨历时，h；F 为流域面积，km^2；0.278 为单位换算系数。

（4）地下蒸发率 E_g 的推求：根据地下水的埋深进行估算，可以按照以下经验公式进行推求：

$$E = E_0 \left(1 - \frac{Z}{Z_0}\right)^n \tag{7.53}$$

式中：E_0 为水面蒸发强度，mm/d，通过蒸发皿等进行估算；Z 为地下水的埋深，m；Z_0 为潜水蒸发极限埋深，m，约为 4m；n 为无量纲系数。

7.4　河道洪水演算

坡面径流、地下径流等汇流进一步汇入河网中，在河槽中运动和传播。河道洪水演算就是根据上断面（流入断面）的水位、流量过程预报下断面水位、流量过程的方法。河道洪水演算是河段洪水预报的重要理论基础，是以河槽洪水波运动理论为基础，由河段上游断面的水位、流量过程推算出下游断面的水位和流量过程。

7.4.1　河段中的洪水波运动

流域上大量降水后，产生的净雨迅速汇集，注入河槽，引起流量的剧增，使河道沿程水面发生高低起伏的一种波动，称为洪水波。

天然河道里的洪水波主要受重力和惯性力作用，属于重力波，它是一种徐变的不稳定流。假设图 7.20 所示河段为棱柱形河槽，则稳定流水面比降 i_0 与河道坡降相同，而洪水波的水面比降 i 与 i_0 是不相同的。波前部分 $i > i_0$，波后部分 $i < i_0$。洪水波水面比降 i 与同水位的稳定流比降 i_0 之差，称为附加比降 i_Δ，即 $i_\Delta = i - i_0$。附加比降是洪水波的主要特征之一，当水流稳定时，$i_\Delta = 0$；涨洪时，$i_\Delta > 0$；落洪时，$i_\Delta < 0$。

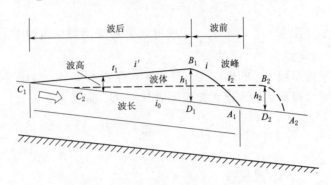

图 7.20　河段中的洪水波

洪水波在沿河道向下游传播的过程中，不断地发生变形，图 7.20 所示的洪水波变形有两种形态，即洪水波的展开和扭曲。在图中从 t_1 到 t_2 时刻，洪水波的位置自 $A_1 B_1 C_1$ 传播到 $A_2 B_2 C_2$，由于洪水波波前（BC 部分）的附加比降大于波后（AB 部分）的附加比降，所以波前的水流运动速度也就大于波后的，使洪水波在传播过程中的波长不断加大，波高却不断减小，即 $A_2 C_2 > A_1 C_1$，$h_2 < h_1$，这种现象称为洪水波的展开。

同时，洪水波上各处的水深不同，也使洪水波发生变形。波峰 B_1 处水深最大，其运动速度亦大；波的开始点 C_1 处水深最小，其运动速度亦小。因此，随着洪水波向下游传播，波峰向它的起点逼近，波前长度不断减小，即 $B_2 C_2 < B_1 C_1$，附加比降不断加大，而波后的长度不断增加，即 $A_2 B_2 > A_1 B_1$，附加比降不断减小。因此波前水量不断向波后转移，这种现象称为洪水波的扭曲。这两种现象是并存与同时发生的，其出现的原因正是因为附加比降的影响。

河道断面边界条件的差异对洪水波变形也有显著影响。若河段下断面面积比上断面面积大得多，则洪水波的展开就更为显著。又如洪水漫滩时，洪水波的展开量将大大增加，致使洪峰降低，洪水历时增长。

此外，河段有区间入流时，由于有旁侧入流的加入，改变了洪水波的流量和速度，所以洪水波的变形更为复杂。

7.4.2　流量演算法

天然河道里的洪水波运动属于不稳定流，洪水波的演进与变形可以用圣维南（Saint - Venant）方程组描述。但是求解这些方程组比较烦琐，而且需要详细的河道地形和糙率资料。因此，水文上采用的流量演算法是把连续方程简化为河段水量平衡方程，把动力方程简化为槽蓄方程，然后联立求解，将河段的入流过程演算为出流过程的方法。

7.4.2.1　基本原理

在无区间入流的情况下，河段流量演算可以由以下两个基本公式组成，即

$$\frac{\Delta t}{2}(Q_{上,1}+Q_{上,2})-\frac{\Delta t}{2}(Q_{下,1}+Q_{下,2})=S_2-S_1 \qquad (7.54)$$

$$S=f(Q) \qquad (7.55)$$

式中：$Q_{上,1}$、$Q_{上,2}$ 为时段始、末上断面的入流量，m^3/s；$Q_{下,1}$、$Q_{下,2}$ 为时段始、末下断面的出流量，m^3/s；Δt 为计算时段，一般为小时；S_1、S_2 为时段始、末河段蓄水量，$h \cdot m^3/s$。

式（7.54）是河段水量平衡方程式，其相互关系如图 7.21 所示。图中阴影部分为 $\Delta S=S_2-S_1$。式（7.55）表示河段蓄水量与流量之间的关系，称为槽蓄方程，按此式制作的关系曲线称为槽蓄曲线。在水量平衡方程（7.54）中，当河段有区间入流时，在式的左边应该增加 Δt 内的区间入量 $(q_1+q_2)\Delta t/2$ 一项。其中 q_1、q_2 为时段始末的区间入流量。

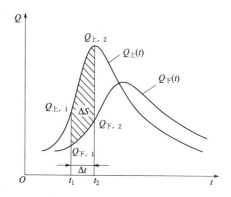

图 7.21　河段时段水量平衡

求解上述两式的关键，在于能否建立反映客观实际的槽蓄曲线。若河段的槽蓄方程已经建立，入流过程和初始条件 $Q_{下,1}$、S_1 已知，则联立求解算式（7.54）和式（7.55），求得出流过程。

7.4.2.2　马斯京根法及其槽蓄曲线方程

麦卡锡于 1938 年提出流量演算法，此法最早在美国马斯京根河流域上使用，因此称为马斯京根法。该方法主要是建立马斯京根槽蓄曲线方程，并与水量平衡方程联立求解，进行河段洪水演算。

在洪水波经过河段时，由于存在附加比降，洪水涨落时的河槽蓄水量情况如图 7.22 所示。在马斯京根槽蓄曲线方程中，河段槽蓄量由两部分组成：①柱蓄，即同一下断面水位 Z 下稳定流水面线以下的蓄量；②楔蓄，即稳定流水面线与实际水面线之间的蓄量，如图 7.22 中的阴影部分。河段中的槽蓄量等于柱蓄与楔蓄的总和。

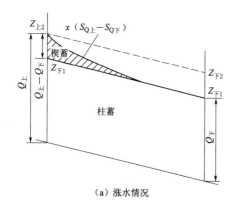

（a）涨水情况

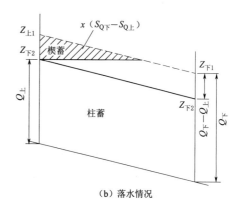

（b）落水情况

图 7.22　河段槽蓄

令 x 为流量比重因素，$S_{Q上}$、$S_{Q下}$ 分别为上下断面在稳定流情况下的蓄量，S 为河段内的总蓄量。在图 7.22 (a) 中，包括柱蓄和楔蓄两部分，于是可以建立蓄量关系：

$$S = S_{Q下} + x(S_{Q上} - S_{Q下})$$

同理，在图 7.22 (b) 中，建立蓄量关系：

$$S = S_{Q下} - x(S_{Q下} - S_{Q上})$$

上述两式相同，均为

$$S = xS_{Q上} + (1-x)S_{Q下} \tag{7.56}$$

一般情况下，天然河道中的断面流量与相应的槽蓄量近似地按稳定流对待，即具有单值关系：

$$S_{Q上} = KQ_上 \qquad S_{Q下} = KQ_下 \tag{7.57}$$

式中：K 为稳定流情况下的河段传播时间。

将上面两式代入式 (7.56)，可得

$$S = K[xQ_上 + (1-x)Q_下] = kQ \tag{7.58}$$

其中

$$Q' = xQ_上 + (1-x)Q_下$$

式中：Q' 为示储流量，m^3/s。

可见，马斯京根法中流量与槽蓄量呈单一线性关系。

将马斯京根方程式 (7.58) 与水量平衡方程式 (7.54) 进行联立求解得

$$Q_{下,2} = C_0 Q_{上,2} + C_1 Q_{上,1} + C_2 Q_{下,1} \tag{7.59}$$

在进行逐时段演算时，往往以 $I(t-1)$ 表示 t 时段初入流，$I(t)$ 表示 t 时段末入流，$Q(t-1)$ 表示 t 时段初入流，$Q(t)$ 表示所要推求的 t 时段末入流，式 (7.59) 往往写成

$$Q(t) = C_0 I(t-1) + C_1 I(t) + C_2 Q(t-1) \tag{7.60}$$

其中

$$\begin{cases} C_0 = \dfrac{0.5\Delta t - Kx}{K - Kx + 0.5\Delta t} \\[2mm] C_1 = \dfrac{0.5\Delta t + Kx}{K - Kx + 0.5\Delta t} \\[2mm] C_2 = \dfrac{K - Kx - 0.5\Delta t}{K - Kx + 0.5\Delta t} \end{cases} \tag{7.61}$$

式中：C_0、C_1、C_2 为 K、x 和 Δt 的函数。

对于某个河段而言，只要确定了 K 和 x 值，C_0、C_1、C_2 即可求得，从而由入流过程和初始条件，通过式 (7.60) 逐时段演算，求得出流过程。

由式 (7.61) 可以证明 $C_0 + C_1 + C_2 = 1.0$，可供推求系数时作校核用。

应用马斯京根法的关键是如何合理地确定 x 和 K 值。目前，一般采用试算法，由实测资料通过试算求解 x、K 值，也就是对某一次洪水，假设不同的 x 值，按式 (7.59) 计算 Q'，作出 $S-f(Q')$ 关系曲线，其中能使二者关系成为单一直线的 r 值即为此次洪水所求的 x 值，而该直线的斜率即为所求的 K 值。取多次洪水作相同的计算和分析，就可以确定该河段的 x、K 值。

【例 7.3】 根据某河段一次实测洪水资料（表 7.3），用马斯京根法进行河段洪水演算。

表 7.3　　　　　　　　　　　马斯京根法 S 与 Q' 值的计算

时间/（月.日.时）	$Q_上$ /(m³/s)	$Q_下$ /(m³/s)	$q_区$ /(m³/s)	$Q_上+q_区$ /(m³/s)	$Q_上+q_区-Q_下$ /(m³/s)	Δs /[(m³/s)·12h]	s /[(m³/s)·12h]	Q'/(m³/s)	
								$x=0.2$	$x=0.3$
(1)	(2)	(3)	(4)	(5)	(6)	(7)	(8)	(9)	(10)
7.1.0	75	75	0	75	0	0	0	75	75
7.1.12	370	80	37	407	327	164	164	145	178
7.2.0	1620	440	73	1693	1253	790	954	691	816
7.2.12	2210	1680	110	2320	640	947	1901	1810	1870
7.3.0	2290	2150	73	2363	213	427	2328	2190	2210
7.3.12	1830	2280	37	1867	−413	−100	2228	2200	2160
7.4.0	1220	1680	0	1220	−460	−437	1791	1590	1540
7.4.12	830	1270		830	−440	−450	1341	1180	1140
7.5.0	610	880		610	−270	−355	986	826	799
7.5.12	480	680		480	−200	−235	751	640	620
7.6.0	390	550		390	−160	−180	571	518	502
7.6.12	330	450		330	−120	−140	431	426	414
7.7.0	300	400		300	−100	−110	321	380	370
7.7.12	260	340		260	−80	−90	231	324	316
7.8.0	230	290		230	−60	−70	161	278	272
7.8.12	200	250		200	−50	−55	106	240	235
7.9.0	180	220		180	−40	−45	61	212	208
7.9.12	160	200		160	−40	−40	21	192	188

（1）根据河段和资料情况，确定 Δt 值。现取时段长 $\Delta t=12\text{h}$。

（2）将河段实测洪水资料列于表中的第（2）～（4）栏。若区间无实测值，则应该将河段入流总量与出流总量差值作为区间入流总量，其流量过程近似地按入流过程的比值分配到各时段中去。

（3）按水量平衡方程式，分别计算各时段槽蓄量 Δs[表中第（7）栏]，然后逐时段累加 Δs 得槽蓄量 s[表中第（8）栏]。

（4）假设 x 值，按 $Q'=xQ_上+(1-x)Q_下$ 计算 Q' 值。本例分别假设 $x=0.2$ 和 $x=0.3$，计算结果列于表中第（9）、（10）栏。

（5）按第（9）、（10）两栏的数据，分别点绘两条 S-Q' 关系线，其中以 $x=0.2$ 的关系线近似于直线（图 7.23），该 x 值即为所求。该直线的斜率 $K=\Delta S/\Delta Q'=800\times12/800=12\text{h}$。

按上述步骤分别求出各次洪水的 x、K 值。如果各次洪水的 x、K 值比较接近，就取平均值作为本河段的选定值。如果各次洪水的 x、K 值变化较大，就需要进一步分析。

（6）假设本河段的 x、K 值已经选定，即 $x=0.2$，$K=12\text{h}$ 以及 $\Delta t=12\text{h}$，代入式(7.61)得 $C_0=0.231$，$C_1=0.538$，$C_2=0.231$，而且 $C_0+C_1+C_2=1.0$，计算无误。

因此，该河段的洪水演算方程为

$$Q_{下,2}=0.231Q_{上,2}+0.538Q_{上,1}+0.231Q_{下,1}$$

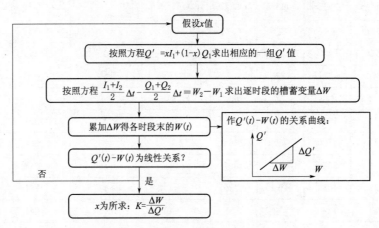

图 7.23 马斯京根法的计算流程

（7）根据本河段另一场洪水的上断面流量资料［见表 7.4 中第（2）栏］，用上述洪水演算方程，可以算出河段下断面的流量［见表 7.4 第（6）栏］。

表 7.4   马斯京根法洪水演算表

时间/(月.日.时)	$Q_{上}$	$C_0 Q_{上,2}$	$C_1 Q_{上,1}$	$C_2 Q_{下,1}$	$Q_{下,2}$
(1)	(2)	(3)	(4)	(5)	(6)
6.10.12	250				250
6.11.0	310	72	135	58	265
6.11.12	500	116	167	61	344
6.12.0	1560	360	269	79	708
6.12.12	1680	388	839	164	1391
6.13.0	1360	314	904	321	1539
6.13.12	1090	252	732	356	1340
6.14.0	870	201	586	310	1097
6.14.12	730	169	468	253	890
6.15.0	640	148	393	206	747
6.15.12	560	129	344	173	646
6.16.0	500	116	301	149	566

7.4.2.3 马斯京根法中几个问题的分析

1. K 值的综合

从 $K=S/Q$ 可知，K 具有时间的因次，它基本上反映河道稳定流时河段的传播时间。在不稳定流情况下，流速随水位高低和涨落洪过程而不同，所以河段传播时间也不相同，K 不是常数，不少实测资料表明也是如此。因此，当各次洪水分析的 K 值变化较大时，可以根据点据分布情况按流量分级定成折线。应用时，根据不同的流量取不同的 K 值。

2. x 值的综合

流量比重因素 x 除了反映楔蓄对流量的作用以外，还反映河段的调蓄能力。对于一定的河段，x 在洪水涨落过程中基本稳定，但也有随流量增加而减小的趋势。在使用过程中，当发现 x 随流量变化较大时，可以建立 x-Q 关系曲线，对不同的流量取不同的 x。天然河道的 x 一般从上游向下游逐渐减小，介于 $0.2\sim0.45$，特殊情况下也有小于 0 的。

3. 计算时段 Δt 的选择

Δt 的选择涉及马斯京根法演算的精度。为了使摘录的洪水数值能比较真实地反映洪水的变化过程，首先 Δt 不能取得太长，以便保证流量过程线在 Δt 内近于直线。其次为在计算中不漏掉洪峰，选取的 Δt 最好等于河段传播时间 t。这样上游在时段初出现的洪峰，Δt 后就正好出现在下游站，而不会卡在河段中，使河段的水面线呈上凸曲线。当演算的河段较长时，为了照顾前面的要求，也可以取 Δt 等于 t 的 $1/3$ 或 $1/2$，这样计算洪峰的精度差一些，但能保证不漏掉洪峰。若使二者都得到照顾，则可以把河段划分为许多子河段，使 Δt 等于子河段的传播时间，然后从上到下进行多河段连续演算，推算出下游站的流量过程。

4. 预见期问题

在马斯京根流量演算公式中，只有知道了时段末流量 $Q_{上,2}$ 才能推算 $Q_{下,2}$，因此，该方法用于预报时是没有预见期的。如果取 $\Delta t = 2Kx$，则 $C_0 = 0$，$Q_{下,2} = C_1 Q_{上,1} + C_2 Q_{下,1}$ 就可以有一个时段的预见期了。如果上断面的入流是由降雨径流预报等方法先预报出来的，该方法推算出的下断面出流，可以得到一定的预见期。因此，该方法在预报中仍然得到了广泛的应用。

7.4.3 水文预报精度评定

由于影响水文要素的因素众多且情况比较复杂，在水文要素的观测、资料整理以及从有限的实际资料分析得到的水文规律都存在着误差，再加上现行的预报方法多是在物理成因基础上作出某些简化甚至假设，使预报方法本身也存在一定的误差，所以使预报的水文特征值与实际的水文特征值之间总存在一定的差别，这种差别称为预报误差。预报误差的大小反映了预报精度，是评定预报质量的基本依据。很明显，精度不高的预报作用不大，精度太差的预报反而会带来损失和危害。因此，在发布水文预报时，对预报精度必须进行评定。

评定和检验都应该采取统一的许可误差和有效性标准。评定是对编制方案的全部点，按其偏离程度确定方案的有效性。检验是用没有参加方案编制的预留资料系列，按方案作检验"预报"，按预报的误差情况对方案的有效性作出评定。而对于每次作业预报效果的评定，要根据误差值与许可误差作对比来确定。

7.4.3.1 评定标准

1. 确定性系数 dy

对水文预报方案的有效性采用确定性系数 dy 进行。dy 越大，方案的有效性越高。

$$dy = 1 - \frac{S_e^2}{\sigma_y^2} \tag{7.62}$$

$$S_e = \sqrt{\frac{\sum\limits_{i=1}^{n}(y_i - y)^2}{n}} \qquad (7.63)$$

$$\sigma_y = \sqrt{\frac{\sum\limits_{i=1}^{n}(y_i - \overline{y})^2}{n}} \qquad (7.64)$$

式中：S_e 为预报误差的均方差；σ_y 为预报要素值的均方差；y_i 为实测值；y 为预报值；$\overline{y}$ 为实测值系列的均值；n 为实测系列的点据数。

2. 许可误差

许可误差是人们在评定预报精度的一种标准。按预报方法和预报要素的不同，其许可误差有以下几种。

（1）河道水位（流量）预报：这类预报精度与预见期内水位（流量）值的变幅有关。变幅的均方差 σ_Δ 反映变幅对其均值的偏离程度。

$$\sigma_\Delta = \sqrt{\frac{\sum\limits_{i=1}^{n}(\Delta_i - \overline{\Delta})^2}{n}} \qquad (7.65)$$

式中：σ_Δ 为遇见期内预报要素变幅的均方差；Δ_i 为预报要素在遇见期内的变幅，$\Delta_i = y_{i+\Delta i} - y_i$；$\overline{\Delta}$ 为两个变幅的均值；n 为编制方案用的点据数。

（2）降雨径流预报：净雨深的许可误差采用实测值的 20%，当许可误差大于 20mm 时，以 20mm 为上限；当许可误差小于 3mm 时，以 3mm 为下限。

洪峰流量的许可误差取实测值的 20%，并以流量测验误差为下限。

洪峰流量出现时间的许可误差，取预报根据时间至实测峰出现时间间距的 30%，并以 3h 或一个计算时段为下限。

7.4.3.2 预报方案的评定

1. 按确定性系数评定有效性

评定（检验）方案的有效性时按下列标准进行。

方案的有效性	甲等	乙等	丙等
dy	＞0.90	0.70～0.90	0.50～0.69

2. 按许可误差评定合格率

预报方案合格率是评定（检验）中计算值与实测值之差不超过许可误差的次数（m）占全部次数（n）的百分率（$m/n \times 100$）。按其合格率可以将预报方案划分为以下 3 个等级。

方案的有效性	甲等	乙等	丙等
合格率	≥85	70～84	60～69

预报方案经过评定达到上述甲、乙两个等级者，即可用于作业预报；达到丙等的方案用于参考性预报；丙等以下的方案不能用于作业预报，只能作为参考性估报。

3. 作业预报的评定

作业预报按每次预报误差 σ 与允许误差 $\sigma_{许}$ 比值百分率（$\sigma/\sigma_{许} \times 100$）的大小，分为以下四个等级，评定时按此标准进行。

预报误差（σ）/许可误差（$\sigma_{许}$）	<25	25~50	50~100	>100
作业预报等级	优	良	合格	不合格

思考题

1. 斯特拉勒河流分级法对河流进行分级的步骤有哪些？

2. 描述流域特征的变量有哪些？

3. 径流的单位是什么？请写出径流深与径流量的转换公式。

4. 什么是净雨？净雨与径流有什么区别和联系？

5. 什么是田间持水量？

6. 简述水在土壤孔隙中运动的三个阶段。

7. 描述包气带对降水的再分配作用。

8. 论述自然界中四种径流成分及其产生机制。

9. 流域蓄水容量曲线的绘制方法有哪些

10. 什么是单位线？瞬时单位线与时段单位线如何转换？

11. 简述马斯京根的方程及洪水演算过程。

第 8 章 水文模型及水文气象集合预报

8.1 流 域 水 文 模 型

随着现代科学技术的飞速发展，以计算机和互联网为代表的信息技术，和以高精度遥感产品为核心的数据源在水利工程科学领域广泛使用，使流域水文模型得以快速发展，成为研究防洪减灾、水资源可持续利用、水环境和生态系统保护、气候变化和人类活动影响等领域的重要工具。

8.1.1 水文模型的分类

水文模型是对复杂水文系统的一种简化体现，是对水循环规律研究和认识的结果。具体来说，水文模型就是用数学语言或物理模型对现实水文系统进行刻画，这种数学或物理的表述能够在一定的程度上代表实际的水文系统，在功能上实现在一定的条件下对水文变量的变化进行模拟和预报。

目前，水文模型已经从黑箱模型、概念性模型发展到分布式水文模型。黑箱模型也称为经验模型，将流域视为一种动力系统，通常不考虑流域内的物理过程，利用历史发生的输入（例如降水）和输出（例如流量）资料建立数学关系，再由输入预测和模拟输出，例如ARMA模型等。概念性模型中则涉及简单的物理概念和经验关系，例如下渗曲线、蒸散发公式、线性水库等，组成系统来近似描述水流在流域内的运动状态，例如新安江模型、TANK模型以及Sacramento模型等。分布式水文模型中的模型参数则具有明确的物理意义，可以通过连续方程和动力方程求解，可以更准确地描述水循环过程，具有很强的适应性。与概念性模型相比，分布式水文模型用严格的数学物理方程表述水循环的各种子过程，参数和变量中充分考虑空间的变异性，并着重考虑不同单元之间的水力联系，对水量和能量过程均采用偏微分方程模拟，因此，建模和计算过程也更为复杂，例如VIC模型等。这三类模型目前都仍然广泛应用于水文领域，以便满足不同的预报要求。因此，其各有优势，应该根据研究目标、问题的复杂程度和精度要求进行选择。

如果根据模型刻画空间离散程度，那么可以将水文模型分为集总式模型、半分布式模型以及分布式模型三种。所谓集总式模型是将整个流域作为一个均匀的单元，并假设降水量在全流域均匀分布，仅对模型进行一次模拟计算，例如黑箱模型和概念性水文模型。半分布式水文模型将流域分为若干个水文单元，分别对每个水文单元进行模拟计算，但假设多个水文单元的水文特征是类似的，模型参数也是相同的，例如TOPMODEL。分布式水文模型同样将整个流域分为很多基本水文单元，但每个水文单元的降水、水文特征、参数均相互独立，水流从上游到下游沿每一个计算单元流动，每个子单元之间存在水力联系，最终汇集到出口断面。

可以看出，分布式水文模型将流域离散化，每个网格单元建立相应的数字高程模型，分别描述和模拟各网格单元的流域下垫面条件和流域上的降雨情况，并能按照模拟单元输出计算结果。由于其解决了影响因素的空间分布问题，所以其计算结果精度一般较集总式概念模型要高。但分布式水文模型对数据要求比较高，需要充分的流域内高精度地形、地貌和植被信息，因此在无资料地区使用受限。

8.1.2 模型的结构

流域水文模型的模型结构为降雨径流过程中的产流汇流的各主要阶段，对水文物理现象规律进行数学模拟时的推演关系和概化特点。它由一系列数学函数和逻辑判断所组成，涉及降水过程模拟、地表截流和下渗过程模拟、蒸散发过程模拟、地下水过程模拟、产汇流过程模拟五个主要方面。其中蒸散发过程模拟和产汇流过程模拟分别在第 6 章和第 7 章进行了详细介绍，这里不再赘述。

8.1.2.1 降水过程模拟

降水包括降雨、降雪和其他一些过程。其中，降雨和降雪是降水的两个主要组成部分，是水文模拟的重点。由于水文模型对降水的形式较为敏感，因此在模拟过程中需要对降雪与降雨进行划分。其中气温常常被看作一个调节因素，当气温低于某个设定临界值时，认定为积雪过程开始，否则视为降雨过程。降雨信息的获取方式在第 3 章已经讲述。

融雪积雪过程的模拟与研究区域的气候和地形状况有关，常用的有能量平衡法和温度指数法。

1. 能量平衡法

能量平衡法利用能量平衡方程对雪块进行模拟。其中由美国陆军工程兵团于 1956 年提出以下公式：

$$H = H_{sn} + H_{ln} + H_c + H_e + H_g + H_p + H_q \tag{8.1}$$

式中：H 为融雪所需要的能量，J/g；H_{sn} 为净短波辐射，J/g；H_{ln} 为净长波辐射，J/g；H_c 为对流热通量，J/g；H_e 为潜热通量，J/g；H_g 为从地表获得的热量，J/g；H_p 为雨滴中的热量，J/g；H_q 为雪块中能量的变化，J/g。

如果 H 为能量的总净变化，那么融雪 M 可以用下式计算：

$$M = H/L_f \tag{8.2}$$

式中：L_f 为冰的融解潜热，J/g。

能量平衡方程的物理意义很明确，模拟结果准确度较高。但由于涉及较多变量，需要较多的设备进行监测和计算，因此数据可获得性较低，限制了该方法的推广和使用。为了解决这个问题，很多学者对该方法进行了简化，在较大时间尺度上潜热通量等一些参数可以忽略。

2. 温度指数法

温度指数法的一般表达形式为

$$M = C_m(T_a - T_b) \tag{8.3}$$

式中：M 为融雪量，mm/d；C_m 为每摄氏度每天的融雪量，$mm/(℃ \cdot d)$；T_a 为气温，$℃$；T_b 为基础温度。

对于绝大多数情况，T_b 假设为一个常数。它既可以由经验决定，例如 $T_b = 0$，也可以由模型校正来估算。C_m 通常通过假设进行估算，由于流域气候特征的限制，为主要误差项。Anderson（1997）假设 C_m 呈正弦曲线，在 12 月 21 日为最小值，6 月 21 日为最大值。

对于没有森林覆盖的流域，C_m 值的变化范围为 $3.6\sim7.3\text{mm}/(\text{℃}\cdot\text{d})$。$T_a$ 为气温，可以由观测数据获取。

上式还有其他的不同表达方式，部分学者认为融雪量 M 主要受最高气温影响，因此，会用最高气温 T_{max} 来代替 T_a。

$$M=C_m(T_{max}-T_b) \quad 或 \quad M=C_m T_{max} \tag{8.4}$$

8.1.2.2　地表截流

1. 植物截留

植物截留是雨水在枝叶表面吸着力、承托力和水分重力、表面张力等作用下储存于植物枝叶表面的现象。降雨初期，雨滴降落在植物枝叶上被枝叶表面所截留。在降雨过程中截留量不断增加，直至达到最大截留量。当水滴重力超过植物枝叶表面张力时，植物枝叶截留的水分便落至地面。截留过程延续整个降雨过程。降雨结束后，截留水分消耗于蒸发（夏军，2002）。植物截留主要有林冠截留、林下植被截留和林地死地植被截留。

2. 林冠截留

林冠层使雨水在空间上进行了再分配：一部分被林冠截留并容纳，再经过蒸发返回大气中，称为林冠截留降水；一部分穿透林冠空隙或由林冠滴落到地面，称为穿透水；一部分沿树干流至地面，称为树干径流。其中林冠截留降水量与大气降水量的比例称为林冠截留率 P_i；穿透水与树干径流一起统称为林地降水 P_m。

林冠截留在拦截降水中占据重要的地位，与单位时间的降雨量和树冠干燥度成正比。林冠对雨水的再分配，一方面改变了雨水下落到地面的时间，另一方面贡献蒸发，会作用于局部地区气候调节和引发生态效应。

随着遥感产品的快速发展和在水文模拟中的广泛应用，目前林冠截留的计算可以通过卫星反演的叶面积指数来估算。

3. 林下植被截留

冠层穿透水在向林地滴落的过程中，在遇到林下植被时，同样会发生与林冠截留相同的截留现象，只是作用的范围和程度有所减小。但由于林下植被体积小，无明显的冠层，且易于变形，因此无法像测算林冠截留一样有明显的规律，测定难度大。由于其在降水分配中的重要性也不高，因此一般不做模型推算。

4. 林地死地植被截留

大气降水穿透林冠和林下植被后到达林地后，一部分会附着于地表落叶层并未下渗到土壤中，这部分降水会逐渐蒸发到大气中，被称为林地死地植被截留。植被枯叶及地表枯落物对雨水的拦截的测定也非常困难，因为落叶层种类、腐烂及堆积状态、干湿状态、雨量和强度的不同而变化，通常会通过选取样本进行室内实验来推求。死地植被截留避免了穿透水对地表的直接冲击，将附着于树干上的大量养分淋洗下来，有利于保持水土、涵养水分，因此其重要性远超过林下植被截留。

总体来说植物截留的影响因素主要有：①植物特性，如树种、树龄、林冠厚度、茂密度等。茂密度越大植物截留量越大。对同一树种，在从幼年到壮年再到老年期的生长过程中，壮年的茂密度更大。②气象因素，如降雨量、降雨强度、气温、风和前期枝叶湿度等。根据陈信熊等（1985），在降雨初期，雨水全部截留于枝叶表面，截留量与降雨强度无关。随着降雨强度的增加，截留量增大，最后趋于一个常数值，即植物最大截留量 S_m。

5. 冠层截留的测算

冠层对降水截留的测定通常使用人工模拟和间接观测两种方法。其中人工模拟法多用于少数草本、灌木及农作物冠层截留水量测定，而林木、灌木等高大植被样本往往由于难以获取，所以通过水量平衡方程进行间接估算。这两种方法实测过程均较为复杂，为了便于对截留水量的计算，逐渐发展出一些经验模型、半经验半理论模型有理论模型等。理论模型有Liu模型、电路暂态模型等，能够较为清晰地揭示冠层截留、茎干流以及穿透降水 3 个过程，但模型的构建要求较高的数学计算能力，且求解思路复杂，这在一定程度上阻碍了理论模型的发展与应用。以下仅列举经验模型和半经验半理论模型。

经验模型：

$$I_c = a + b \ln P \tag{8.5}$$

半经验半理论模型：

$$I_c = I_{cm} \left[I - \exp\left(1 - \frac{PA}{I_{cm}}\right) \right] + eT \tag{8.6}$$

其中
$$I_{cm} = aA^b \Delta H^c \Delta T^d$$

式中：I_c 为冠层截留量，mm；I_{cm} 为林冠最大吸附水量，mm；P 为降水量，mm；T 为单次降水历时，h；e 为单位时间内蒸发量，mm/h；ΔH 为冠层厚度，mm；A 为林分郁闭度；ΔT 为前后两次降水时间间隔，h；α、a、b、c、d 为经验参数。

6. 填洼

填洼也属于地表截留。当降雨强度较大时（超过地面下渗能力），来不及下渗的降水开始填充洼地，当洼地达到其最大容量后，后续降水开始产生洼地出流。填洼量最终消耗于下渗和蒸散发。

填洼量的大小与洼地的分布和降雨量有关。设 S 为流域上的洼地蓄水深，随着降雨量的持续，流域填洼量以及洼地面积必然会增大，因此，洼地分配曲线 $F(S)$ 呈指数分布。可以表示为

$$F(S) = 1 - e^{-ks} \tag{8.7}$$

用微分表示为

$$\varphi(S) = k e^{-ks} \tag{8.8}$$

式中：k 为比例常数。

通过洼地分配曲线（图8.1），则可以建立降雨量与流域填洼量之间的定量关系，流域填洼量的公式为

$$\mu = \mu_{max} \left(1 - e^{-\frac{P}{\mu_{max}}}\right) \tag{8.9}$$

如果考虑降雨过程中的下渗和蒸散发，那么上式可以改为

$$\mu = \mu_{max} \left(1 - e^{-\frac{P-f-E}{\mu_{max}}}\right) \tag{8.10}$$

式中：P 为降水；f 为下渗；E 为蒸散发。

8.1.2.3 下渗

截留到地面上并进入土壤的水分，一部分用于补充土壤水分，一部分补给地下水。土壤含水率沿深度方向的变化曲线称为土壤水分剖面曲线（图8.2），根据土壤水分剖面，则可以计算出土壤中任一土层中的含水量。当以容积含水率 θ 来表达土壤含水率时，则某个土层

$z_1 - z_2$ 的含水量 w（以 mm 计）为

$$w = \int_{z_1}^{z_2} \theta \mathrm{d}z \qquad (8.11)$$

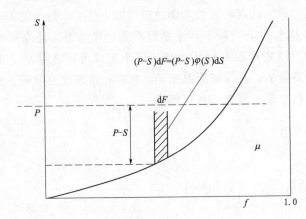

图 8.1　流域内洼地分配曲线及填洼量推求　　　图 8.2　土壤水分剖面曲线

　　土壤水分剖面在时间上是发生变化的，在降水期间随着下渗的进行而变化，在雨停期间，则随着蒸散发的加强而变化。

　　降水开始进入土壤时，水分经土壤表层渗入土壤的过程，称为下渗现象。不同土壤湿度和土壤性质条件下，以及土壤表面以下不同深度的土壤层面上，其下渗表现也各有差异。为了对下渗现象进行定量表示，引入下渗率的概念。下渗率是指单位时间通过单位面积土壤层面下渗到土壤中的水量，单位一般为 mm/min、mm/h 或 mm/d。下渗率受供水强度、土壤质地结构和土壤含水量三个因素的制约。在充分供水条件下，下渗率会达到当前土壤条件下的最大值，此时的下渗率称为下渗能力。随着供水的进行，土壤含水量 w 会逐渐增加，下渗率会逐渐减少，最终稳定到一个常数，即为稳定下渗率。具体内容已在 7.2.1.2 中介绍。

　　1. 充分供水条件的下渗

　　在充分供水条件下，从供水开始至 t 时刻，下渗到土壤中的总水量为

$$F_{\mathrm{p}} = \int_{\theta_0}^{\theta_n} z(\theta, t) \mathrm{d}\theta + K_{\mathrm{s}} t \qquad (8.12)$$

式中：$z(\theta, t)$ 为土壤深度与土壤含水量以及时间之间的函数关系；θ_0 为初始土壤含水率；θ_n 为土壤饱和含水率；K_{s} 为饱和水力传导度。

　　其中 $K_{\mathrm{s}} t$ 是不为土壤保持的那部分下渗水，这部分水量在重力作用下下渗为地下水。

　　假设在充分供水条件下，水分是以土壤下渗容量进行下渗的，上式中 F_{p} 就是从供水开始至时刻 t，按照下渗容量进行下渗进入土壤中的总水量。因此，对上式进行求导，即可推求出下渗容量 f_{p} 的表达式

$$f_{\mathrm{p}} = \frac{\mathrm{d}}{\mathrm{d}t} \int_{\theta_0}^{\theta_n} z(\theta, t) \mathrm{d}\theta + K_{\mathrm{s}} \qquad (8.13)$$

　　通过上式可知，只要测得不同时刻的土壤水分剖面，就可以推求出下渗曲线，进而推求出从供水开始到不同时刻 t 的累积下渗容量。在上式中，如果忽略重力对下渗的影响，则上

式可以简化为

$$f_p = \frac{d}{dt}\int_{\theta_0}^{\theta_n} z(\theta, t)d\theta \tag{8.14}$$

2. 天然降水条件下的下渗

天然降水条件下的降水强度会随时间发生变化，因此，不可能一直按照下渗能力进行下渗。根据芮孝芳（2004），当降雨强度大于下渗能力时，按照下渗能力进行下渗，否则按降雨强度进行下渗。

已知降雨强度为 i，土壤的入渗能力为 f_p，对于一场降雨过程：

（1）若 $t = t_0 \sim t_1$，$i \geqslant f_p$，则实际的入渗率为 $f = f_p$，下渗量为 $I = \int_{t_0}^{t_1} f_p dt$。

（2）若 $t = t_1 \sim t_2$，$i < f_p$，则实际的入渗率为 $f = i$，下渗量为 $I = \int_{t_1}^{t_2} i dt$。

对于图 8.3（a），降雨强度大于土壤下渗能力，此时下渗过程与下渗能力曲线完全重合。对于图 8.3（b），降雨强度在初期小于下渗能力，故下渗过程与降雨过程重合。在后期，降雨强度大于下渗能力，下渗过程则按照下渗能力进行下渗。图 8.3（c）（d）均类似。对于图 8.3（e），各时段降雨强度始终小于下渗能力，故按照降雨强度进行下渗，下渗过程与降雨过程线完全重合。

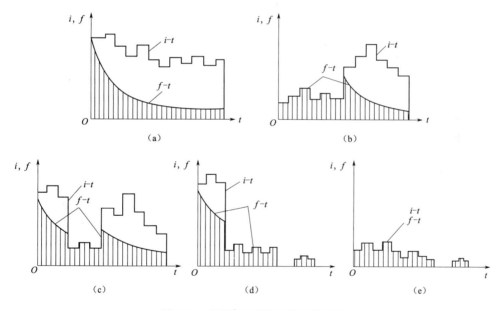

图 8.3 时变降雨强度下的下渗过程

3. 土壤的入渗能力

关于土壤的入渗能力的推求，有很多经验公式，广泛运用的有科斯加柯夫公式（1931年）、霍顿公式（1932年）、菲利普公式（1957年）和霍尔坦公式（1961年）。这里列出霍顿公式、菲利普公式和霍尔坦公式。

（1）霍顿公式

$$f_p = f_c + (f_0 - f_c)e^{-kt} \tag{8.15}$$

式中：f_0 为初始下渗容量；f_c 为稳定下渗率；k 为经验参数；t 为入渗历时。

（2）菲利普公式

$$f_p = \sqrt{\frac{\alpha}{2}} \, t^{-\frac{1}{2}} + f_c \tag{8.16}$$

式中：α 为经验参数。

（3）霍尔坦公式

$$fp = GI \cdot \alpha \cdot SA^{1.4} \cdot + f_c \tag{8.17}$$

式中：SA 为表层土壤缺水量，原公式单位为英寸（inch），实际使用时可进行换算；GI 为作物生长指数，以至成熟期的百分数计；α 为地面孔隙率系数；f_c 为稳定下渗率。

式（8.17）可以考虑土壤类型和作物情况。

8.1.2.4　地下水过程模拟

地下水是指复存在地面以下岩土空隙中的自由水，主要通过降雨入渗、河湖入渗、灌溉入渗等方式补给，也是地球上的水文循环的重要组成部分。地下水的运动常常很缓慢，更新一次要上千年，所以地下水一般比较稳定，年际年内变化都较小。地下水的运动环境很复杂，运动规律的模拟较为困难，对其进行深入研究已成为一门单独的科学。本小节只介绍地下水运动的一般控制方程，由达西定律和连续性方程组成，分别描述了地下水运动过程中必须遵守的动量守恒和质量守恒两个基本物理定律。

1. 达西定律

达西定律是由法国水利学家达西通过大量的实验得到的，他认为渗透速度 v 与水力坡度 J 成正比，其一维形式为

$$v = -K_s \frac{\partial \varphi}{\partial x} = -K_s J \tag{8.18}$$

式中：K_s 为饱和水力传导度，单位同下渗率；φ 为地下水总势，m。

如果考虑三个方向上的土壤水运动，且三个方向的土壤异性，那么其饱和水力传导度各不相同，其三维形式为

$$\begin{cases} v_x = -K_{sx} \dfrac{\partial \varphi}{\partial x} \\[2mm] v_y = -K_{sy} \dfrac{\partial \varphi}{\partial y} \\[2mm] v_z = -K_{sz} \dfrac{\partial \varphi}{\partial z} \end{cases} \tag{8.19}$$

式中：v_x、v_y、v_z 分别为 x、y、z 三个方向上的地下水流速，m/s；K_{sx}、K_{sy}、K_{sz} 分别为 x、y、z 三个方向上的饱和水力传导度；φ 为地下水总势。

在通常情况下，会假设各含水层的三个方向为同性土壤，即 $K_{sx} = K_{sy} = K_{sz} = K_s$。绝大多数情况下，地下水的运动都符合线性渗透定律，因此，达西定律的适用范围很广，也普遍应用于水文地质工程中。

2. 连续性方程

在渗流场中，从三维空间来看，单元体内液体质量的变化是由流入和流出这个单元的液体质量差造成的。假设取出一个微分体，则在连续流条件下，根据质量守恒定律，连续方程

可以表达为

$$\frac{\partial}{\partial t}(\rho_w n \Delta x \Delta y \Delta z) = -\left[\frac{\partial(\rho_w v_x)}{\partial x} + \frac{\partial(\rho_w v_y)}{\partial y} + \frac{\partial(\rho_w v_z)}{\partial z}\right]\Delta x \Delta y \Delta z \qquad (8.20)$$

式中：Δx、Δy、Δz 分别为从含水层中取出的微分体在 x、y、z 三个方向上的长度，m；ρ_w 为水的密度，kg/m^3；n 为孔隙度；其余符号含义同前。

公式较为复杂，在实际计算时会根据需要进行简化。

联立达西定律方程和连续性方程，就构成了地下水运动控制方程组的一般形式。各种研究地下水的微分方程基本都是根据这两个公式建立的。对于稳定流，假设水位不可压缩液体，则地下水运动连续性方程的一般形式变为

$$\frac{\partial v_x}{\partial x} + \frac{\partial v_y}{\partial y} + \frac{\partial v_z}{\partial z} = 0 \qquad (8.21)$$

将其代入达西公式中，就可以得到描述各向同性含水层的地下水稳定流控制方程：

$$\frac{\partial^2 \varphi}{\partial x^2} + \frac{\partial^2 \varphi}{\partial y^2} + \frac{\partial^2 \varphi}{\partial z^2} = 0 \qquad (8.22)$$

因此，通过求上式的解即可解决地下水稳定流问题。在数学物理方程中，上式为拉普拉斯方程。由于稳定运动方程的右端都等于 0，所以意味着同一时间内流入单元体的水量等于流出的水量。这个结论可以适用于承压含水层、非承压含水层和半承压含水层。

8.1.3 水文模型的参数和建立

8.1.3.1 模型参数

模型参数是指使模型区别于不同流域水文特征的一类待定参数。流域水文模型大多数都是基于对流域尺度上实测响应的解释来构建的，包括模型中所考虑的因素、描述方式和结构组成。影响流域降雨径流形成过程的因素众多，由于各因素所起的作用、描述或概化的方式及结构组成不同，所以包含的参数也不同。流域水文模型包含的参数一般分为 3 类（芮孝芳，2017）。

(1) 具有明确物理意义的参数可以直接测量或用物理试验和物理关系推求。

(2) 纯经验参数可以通过实测水文资料、气象资料及其他有关的资料反求。

(3) 具有一定的物理意义的经验参数可以先根据其物理意义确定参数值的大致范围，然后用实测水文、气象资料及其他有关资料确定其具体数值。

对于第（2）、（3）类参数的确定，一般可以将其化为无约束条件或有约束条件的最优化问题求解。

8.1.3.2 参数率定方法

除了模型结构的合理性以外，模型参数的取值好坏是影响模型精度高低的另一项关键指标。调整参数使模型与实测资料拟合精度最好，即达到参数最优化，这项工作称为模型率定。在模型率定过程中，选取一组最优化的参数组合，称为参数优选。当模型结构和参数类型确定后，以降雨、蒸发、土壤水等资料作为输入，以流域出口断面的流量资料作为输出，通过不断调整参数数值大小使流域出口断面模拟径流过程与实测流量过程在形状和量级上实现最大程度的吻合，即可实现对模型参数的率定。

参数率定在数学上是一个最优化问题，它由目标函数和约束条件构成。能使目标函数在约束条件下达到极小或极大的参数值就是模型参数值。由于水文模型的参数较多，且不是所

有参数都具有实际物理含义，因此很难做到同时提高所有参数的精度，且模型中一般也只有少数参数会对结果起决定性作用。对于某一个特定的流域，对模型输出有重要影响以及有率定需要的参数是有限的。所以要对参数的影响进行定量评估，并对参数进行敏感性分析，为模型实现更加高效的优化与率定提供支撑。

1. 敏感性分析

敏感性分析是找出模型中敏感参数的过程。在识别某一个参数的敏感性时，有两种途径：一种是单参数分析法，另一种是组合分析法。单参数敏感性分析是保持其他参数不变，对某个待率定参数在其可能范围内进行随机取值，以便得到足够数量的参数集，然后将这些参数集输入模型进行计算。选取模型优劣的评估指标（例如相关系数、相对偏差等），分析不同参数集下的评估指标值及其变化范围，如果评估指标值的波动范围很大，就说明模型对这个参数是敏感的。反之，则不敏感。

组合分析法则是同时对所有待率定参数在其可能的取值范围内随机取值，组成多维可能的参数空间组合，将形成的参数组合输入模型中计算相应的指标值。同样需要选择评估指标对不同参数组合下的评估指标分布情况进行分析。其中最有代表性的是 Beven 等提出的GLUE(Generalized Likelihood Uncertainty Estimation) 算法，该方法点绘参数组中每个参数与相应目标函数值的散点图，通过判断散点图的外包线（代表极值情况）的分布来判断参数的敏感性。

敏感性分析执行后，不敏感参数则不再参与参数率定，可以有效提升模型率定的效率，并避免引起异参同效问题。

2. 参数率定目标

参数率定过程也是使目标值最优的一个过程，而目标值是用来评价实测水文过程与模型模拟过程的吻合程度。不同的目标值用来评价水文过程的不同特征，通常考虑以下三个方面：①模拟流量过程与实测流量过程保持水量平衡；②模拟流量过程与实测流量过程形状基本一致；③洪峰流量、峰现时间吻合较好。这些目标值也同时作为参数敏感性分析中的评估指标。常用的目标函数有以下几种。

(1) 皮尔逊相关系数。用于评估模拟径流与观测径流之间的线性相关性，取值在 $[0,1]$ 之间，越接近 1 说明模型越优：

$$CC = \frac{COV(Q_m, Q_o)}{\sigma_{Q_m} \sigma_{Q_o}} \tag{8.23}$$

式中：Q_m、Q_o 分别为模拟径流与观测径流，m^3/s；COV 是 Q_m 与 Q_o 的协方差；σ_{Q_m}、σ_{Q_o} 分别是模拟径流与观测径流的标准偏差。

(2) 相对误差。相对误差表示测量模拟的水流的百分比偏差大于或小于相应真实流量值（来源于观测），越接近 0 模型效果越好。该指标也可以用于评估洪峰相对误差：

$$RB = \sum_{i=1}^{n} \frac{Q_m^i - Q_o^i}{Q_o^i} \times 100\% \tag{8.24}$$

式中：Q_m^i、Q_o^i 分别为在 i 时段的模拟值与观测值，正值表示模型低估观测值的偏差，负值表示模型高估观测值的偏差。

(3) 纳什效率系数。纳什效率系数（NSE）被广泛用于确定水文的总体模型效率，它是根据模型模拟和观测的水流时间序列计算得出的：

$$NSE = 1 - \frac{\sum\limits_{i=1}^{n}(Q_{m}^{i} - Q_{o}^{i})^{2}}{\sum\limits_{i=1}^{n}(Q_{o}^{i} - \overline{Q}_{o})^{2}} \tag{8.25}$$

式中：$\overline{Q}_{o}$ 为平均实测径流，m^{3}/s；其余符号含义同前。

NSE 的范围是 $-\infty$ 到 1，NSE 越接近 1，表示模拟径流越可靠。

（4）克林-古普塔效率系数。克林-古普塔效率系数（KGE）测量的是一个点到最优点的欧几里得距离，用于评估水文模型的模拟精度，其中变量分别为相关系数（correlation coefficient，CC）、偏置比（bias ratio，BR）和相对变化率（relative variability，RV）。

$$KGE = 1 - \sqrt{(CC-1)^{2} + (BR+1)^{2} + (RV-1)^{2}} \tag{8.26}$$

其中

$$BR = \overline{Q_{m}} / \overline{Q_{o}} \tag{8.27}$$

$$RV = (\sigma_{Q_{m}}/Q_{m}) / (\sigma_{Q_{o}}/Q_{o}) \tag{8.28}$$

式中：$\sigma_{Q_{m}}$、$\sigma_{Q_{o}}$ 分别为模拟径流和实测径流的标准差；其余符号含义同前。

KGE 越接近 1，表示模拟径流越可靠。

（5）决定系数。决定系数 R^{2} 模拟值与实测值的线性相关程度：

$$R^{2} = \left[\frac{\sqrt{\sum\limits_{i=1}^{n}(Q_{m}^{i} - \overline{Q_{m}})(Q_{o}^{i} - \overline{Q_{o}})}}{\sqrt{\sum\limits_{i=1}^{n}(Q_{m}^{i} - \overline{Q_{m}})^{2}} \sqrt{\sum\limits_{i=1}^{n}(Q_{o}^{i} - \overline{Q_{o}})^{2}}} \right]^{2} \tag{8.29}$$

$R^{2} = 1$ 时，表明模拟值与实测值非常吻合，但是 R^{2} 的弊端是对模拟值整体偏高或偏低的偏差响应不明显。

（6）均方根误差与观测值的标准差的比率（RSR）：

$$RSR = \frac{\sqrt{\sum\limits_{i=1}^{n}(Q_{m}^{i} - Q_{o}^{i})^{2}}}{\sqrt{\sum\limits_{i=1}^{n}(Q_{o}^{i} - \overline{Q_{o}})^{2}}} \tag{8.30}$$

RSR 从最优值 0 变化到较大的正值，该值越小，表示模型性能越好。

模型参数不仅具有数学意义，更具有物理意义。目前由于人们尚缺乏对水文过程真实、完整的认知，现阶段模型参数的确定均是根据观测试验或先验信息确定而来。其中仍然存在各种不确定性因素给参数率定过程带来较大误差。因此，模型参数率定现在仍然是一个被广泛关注的课题。

8.1.3.3 水文模型的建立

水文模型的结构中主要包含水量平衡方程和流域调蓄方程。水量平衡方程主要处理降雨损失，即产流，它决定着径流总量的大小。例如，新安江模型是用蓄满产流的概念处理产流问题的；斯坦福模型用超渗产流的概念处理产流问题等。水量平衡方程主要用于处理降水的再分配。流域调蓄方程决定着径流的时程分配，即汇流部分。它包括坡面调蓄和河网调蓄，合起来就是流域调蓄。坡面漫流、壤中流和地下水流等各种水流在进入河塘以前都受到坡面的调蓄，在模型中坡面调蓄多与水量平衡部分同时处理。

建立水文模型的主要步骤如下。

（1）搜集和整理资料，包含流域地形、地貌、水系、水文气象资料、流域特征和工程资料。

（2）以框图或流程图形式，表达从降雨到流域出口断面发生径流过程中各个环节之间的相互关系。

（3）建立模型各个阶段的数学表达式或逻辑计算系统，对于分布式水文模型，要划分流域水文单元，并建立相邻网格单元的时空关系。

（4）根据实测水文气象观测资料，通过敏感性分析和参数率定确定模型中所包含的待定参数。

（5）对所建立的模型进行必要的检验，其中不但要对模型的计算精度、适用范围作出客观的估计和评价，而且要尽可能地对模型结构加以合理性检查和论证，经过适当调整后付诸应用。

模型数据准备如图 8.4 所示。

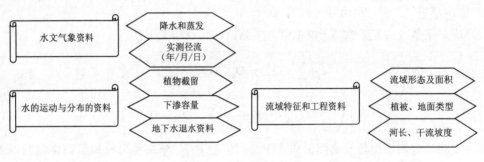

图 8.4　模型数据准备

8.2　新安江水文模型

新安江水文模型（简称"新安江模型"）是由原华东水利学院（现为河海大学）赵人俊教授等提出来的。从蓄满产流概念、理论及其二水源新安江模型发展到三水源新安江模型，在水情预报和实时洪水预报系统中进行了大量应用。由于其理论系统性强、应用效果好，所以被联合国教科文组织列为国际推广模型，也是我国自主研发的最早被广泛认可的水文模型。

8.2.1　模型结构

三水源新安江模型和二水源新安江模型的主要区别，一是在产流模块对水源的划分不同，二水源新安江模型是用稳定下渗法将水源划分为直接径流和地下径流，三水源新安江模型则进一步将水源成分划分为地表径流、壤中流和地下径流。二是对降雨和下渗的空间变异性的考虑有所不同，二水源新安江模型将流域视为一个计算单元进行产流计算，而三水源新安江模型以雨量站控制面积为单元，将流域划分为与雨量站个数相同的子流域（或单元），对每个子流域分别计算相应的产流。因此，三水源新安江模型的模拟精度更为可靠一些。

此外，三水源新安江水文模型在空间上充分考虑下渗能力的不均匀性，分别采用蓄水容量分布曲线计算土壤蓄水量，采用自由水容量分布曲线表示自由水蓄量的空间变化。同时，考虑流域调蓄的空间差异性，采用分水源对不同坡地水源汇流和分阶段对河网汇流。具体过程介绍如下：

8.2.1.1 划分流域单元

在三水源新安江模型中将以雨量站控制面积为单元，将流域划分为与雨量站个数相同的流域单元，在每个流域单元中，把雨量站的点雨量作为子流域的平均雨量，分单元进行产汇流计算。

8.2.1.2 蒸散发计算

在新安江模型中，计算流域蒸散发量考虑土壤垂向分布不均匀性，将其分为地表、上层和下层，并用流域蒸散发能力乘以相应折算系数来估计实际蒸发量，其参数有上层张力水蓄水容量、下层张力水蓄水容量和深层张力水蓄水容量 U_M、L_M 和 D_M；流域上层土壤含水量、下层土壤含水量和深层的土壤含水量 W_U、W_L 和 W_D；流域蒸散发折算系数 K_C；深层蒸散发扩散系数 C，并且

流域平均蓄水容量 $W_M = U_M + L_M + D_M$

流域实际蓄水量 $W = W_U + W_L + W_D$

实际蒸散发同时与流域蒸散发能力和土壤水含量有关，当土壤水分充足时，则按蒸散发能力进行蒸发，否则按照土层的土壤含水量占比情况进行蒸发。通过对大量的实测资料的检验分析，发现流域蒸发能力 E_P 与水面蒸发 E_0 可粗略概化为如下的线性关系：

$$E_P = K_C \times E_0 \tag{8.31}$$

则在不同的土壤含水量条件下，不同土层蒸散发的计算公式具体为

当 $P - E + W_U \geqslant E_P$ 时，$E_U = E_P$，$E_L = 0$，$E_D = 0$。

当 $P - E + W_U < E_P$ 时，$E_U = P - E + W_U$。

若 $W_L > CL_M$，则 $E_L = (E_P - E_U) \times W_M / L_M$，$E_D = 0$。

若 $W_L > CL_M$，且 $W_L \geqslant C \times (E_P - E_U)$ 则

$E_L = C \times (E_P - E_U)$，$E_D = 0$。

若 $W_L > CL_M$，且 $W_L < C \times (E_P - E_U)$ 则

$E_L = W_L$，$E_D = C \times (E_P - E_U) - W_L$

则流域蒸发总量 $E = E_U + E_L + E_D$。

其中 E_U、E_L 和 E_D 分别表示流域上层、下层和深层的实际蒸发量。

8.2.1.3 产流机制

新安江模型的产流机制为蓄满产流，通过流域蓄水容量曲线推求产流量，且模型中未设置超渗产流机制，因此，该模型更适合湿润半湿润地区。蓄满产流认为，在流域任一地点，土壤含水量达到蓄满（即达到田间持水量）前，降雨量全部补充土壤含水量，不产流。当土壤蓄满后，其后续降雨量全部产生径流。

若 $P - E + A < W_{mm}$，则局部产流

$$R = P - E - W_m \left[\left(1 - \frac{A}{W_{mm}}\right)^{1+B} \left(1 - \frac{P-E+A}{W_{mm}}\right)^{1+B} \right] \tag{8.32}$$

若 $P-E+A \geqslant W_{mm}$，则全流域产流，其计算式为

$$R = P - E + W_0 - W_m \tag{8.33}$$

式中：R 为径流量，mm；P 为降水量，mm；E 为流域实际蒸散发，mm；W_0 为流域初始蓄水量，mm；W_m 为流域最大蓄水容量，mm。

$$R = PE + W - W_m + W_m \left(1 - \frac{PE+a}{W_{mm}}\right)^{b+1} \quad (a + PE \leqslant W_{mm}) \tag{8.34}$$

全流域蓄满后为

$$R = PE + W - W_m \quad (a + PE \geqslant W_{mm}) \tag{8.35}$$

8.2.1.4　划分水源

不同的水源成分，在向流域出口断面的运动过程中，受流域的调蓄作用也不同。通常把具有显著不同特征的水源成分概化为地表径流、壤中流和地下径流。图 8.5 为各水源的概化运动路径。从土体剖面看，接近表面的一层，由于农业耕作、植物根系和风化等作用，往往较疏松，形成一层不太厚的疏松层。疏松层往下，由于受外界作用小，土层比较密实，形成较厚的密实土层。再往下就是地下水含水层。由于土体剖面的明显的分层特征，使得水流下渗时，表层土壤疏松，下渗能力大，遇到密实层，下渗能力大大降低，在疏松层与密实层的界面上，形成局部饱和径流，常称为壤中流，沿坡度方向流入河道。渗入密实层的水流，由于土层密度变化不大，只有一些比例不大的局部范围内产生一点儿横向运动，以垂向运动为主，进入地下水带后，沿水力梯度方向流入河道，形成地下径流。

自由水蓄积量越大，横向水流量（即壤中流）越大，同时 F_D 下渗水量（形成地下径流）也越大。上述径流特性可以用水箱概念模型来描述和划分水源（赵人俊，1984）。图 8.6 是一个均匀水箱，其容量用深度 S_M 表示，自由水蓄量为 S。产生的总径流量 R 首先进入自由水箱，若 $R+S>S_M$，则产生地表径流 R_S 为

$$R_S = R + S - S_M \tag{8.36}$$

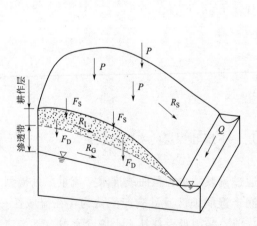

图 8.5　坡面水流运动路径概化

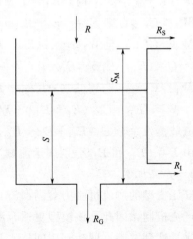

图 8.6　均匀水箱三水深划分

而壤中流 R_I 和地下径流 R_G 分别为

$$R_I = K_I S_M \tag{8.37}$$

$$R_G = K_G S_M \tag{8.38}$$

当 $R+S \leqslant S_M$ 时，地表径流、壤中流和地下径流分别为

$$R_S = 0 \tag{8.39}$$

$$R_I = K_I(R+S) \tag{8.40}$$

$$R_G = K_G(R+S) \tag{8.41}$$

式中：K_I、K_G 分别为壤中流和地下径流的出流系数。

与蓄满产流模型类似，由于下垫面的不均匀性，自由水蓄量也存在空间分布不均匀性，因此应该考虑产流面积和自由水蓄量空间分布不均匀的影响，如图 8.7 和图 8.8 所示。其分布特征采用指数方程近似描述。由于流域各点蓄水深不同，所以这个水箱高在流域各点也处处变化。以水箱蓄水深 S 为纵坐标，α 为横坐标，类似于流域蓄水容量分布曲线，有流域自由水蓄水深统计分布曲线，并可以用分布函数来近似描述：

$$\alpha = 1 - \left(1 - \frac{S}{S_{MM}}\right)^{E_X} \tag{8.42}$$

式中：α 为蓄水深大于 S 的面积比；S_{MM} 为流域最大蓄水径流深，mm；E_X 为反映蓄水深流域分布特征的参数。

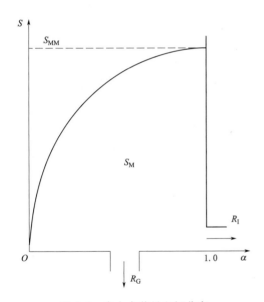

图 8.7 自由水蓄量空间分布

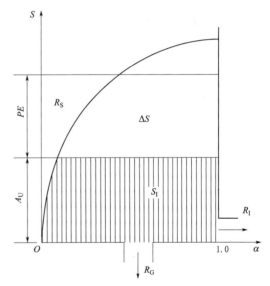

图 8.8 不均匀水箱水源划分

壤中流和地下径流集中为两个出流孔模拟。这样，产生的总径流 R 进入水箱，在径流深加原蓄水深大于水箱高的地方产生地表径流，小于水箱高的流域面积上不产生地表径流，总径流扣除地面流走的径流，为流域蓄水增量 ΔS，作为壤中流和地下径流的补充水源。壤中流和地下径流的划分由其出流孔的出流系数确定。水箱划分水源的具体计算式为

$$F_R = R/PE \tag{8.43}$$

$$S_M = S_{MM}/(1+E_X) \tag{8.44}$$

$$A_U = S_{MM}\left[1 - (1 - S/S_M)^{\frac{1}{1+E_X}}\right] \tag{8.45}$$

$$R_S = \begin{cases} R+(S-S_M)F_R & PE+A_U \geqslant S_{MM} \\ R+\left\{S-S_M+S_M\left[1-\dfrac{(PE+A_U)}{S_{MM}}\right]^{E_X+1}\right\}F_R & PE+A_U < S_{MM} \end{cases} \tag{8.46}$$

$$R_I = K_I S F_R \tag{8.47}$$

$$R_G = K_G S F_R \tag{8.48}$$

$$S = S + (R - R_S - R_I - R_G)/F_R \tag{8.49}$$

式中：S_M 为流域平均蓄水深，mm；F_R 为产流面积比或径流系数；A_U 为相应平均蓄水深的最大蓄水深，mm；R_S、R_I、R_G 分别为地表径流、壤中流和地下径流，mm。

8.2.1.5　流域汇流

新安江模型在进行汇流计算时，不同的径流成分采用不同的汇流公式。其中坡面汇流采用的由串联线性水库概念中提出的瞬时单位线法或线性水库法；河道汇流采用马斯京根法。地面径流的坡面径流（R_S）流入线性水库，经水库调蓄后汇入河网称为地面径流对河网的入流（Q_S）；壤中流（R_I）流入壤中流水库，经壤中流蓄水库的消退，成为壤中流对河网的入流（Q_S）；地下径流（R_G）流入地下水库，经地下水库的消退，成为地下流对河网的入流（Q_S）。不同成分的径流经不同性质的水库调蓄后，汇入河网，成为河网总入流（Q_T）。其计算公式如下。

（1）地表径流汇流。地表径流的坡地汇流采用的是由串联线性水库概念中提出的瞬时单位线法，也可以采用线性水库。采用线性水库的计算公式为

$$Q_S(t) = C_S \times Q_S(t-1) + (1-C_S) \times R_S(t) \times U \tag{8.50}$$

式中：C_S 为地表径流消退系数。

（2）壤中流汇流。壤中流汇流可以采用线性水库或滞后演算法模拟。当采用线性水库时，计算公式为

$$Q_I(t) = C_I \times Q_I(t-1) + (1-C_I) \times R_I(t) \times U \tag{8.51}$$

式中：C_I 为壤中流径流消退系数；U 为单位换算系数，可将径流深 mm 转换为流量 m^3/s。

（3）地下径流汇流采用线性水库

$$Q_G(t) = C_G \times Q_G(t-1) + (1-C_G) \times R_G(t) \times U \tag{8.52}$$

式中：C_G 为地下径流消退系数。

（4）单元面积河网总入流（Q_T）

$$Q_T(t) = Q_S(t) + Q_I(t) + Q_G(t) \tag{8.53}$$

（5）单元面积河网汇流。汇流水体进入河网到单元出口的流量过程，采用滞后演算法进行河网汇流演算：

$$Q(t) = C_R \times Q(t-1) + (1-C_R) \times Q_T(t-L) \tag{8.54}$$

式中：L 为滞后时间，单位同 t，在模型率定时根据峰现时间进行调整。

（6）从各单元面积以下到流域出口是河道汇流阶段。河道汇流计算采用马斯京根分段连续演算法。参数有槽蓄系数 K_E 和流量比重因素 X_E，各单元河段的参数取相同值。

$$Q(t) = C_0 \times I(t) + C_1 \times I(t-1) + C_2 \times Q(t-1) \tag{8.55}$$

8.2.1.6　模型参数

三水源新安江模型的主要参数如下。

K_C：蒸散发折算系数，其数值与所使用的观测器皿的类型、型号、观测位置和当期气候条件有关。常用的 E601 型蒸发皿，K 值一般取 0.8~1.1。

W_M：流域平均蓄水容量（mm），南方湿润地区 W_M 为 120~170mm；半湿润地区 W_M 为 150~200mm。

U_M：上层张力水蓄水容量，它包括植物截留。缺林地 $U_M=5mm$；多林地 $U_M=20mm$。

$L_M=60\sim90mm$，根据实验，在此范围内蒸散发大约与土壤湿度成正比。

B：流域蓄水容量分布曲线指数，反映张力水蓄水条件分布的不均匀性，通常与流域面积有关。$B=0.1$，流域面积 $A<5km^2$；$B=0.2\sim0.3$，流域面积 $A<1000km^2$；$B=0.4$，流域面积 $A>1000km^2$。

C：深层蒸发系数，取决于深根植物的覆盖面积，根据经验：$C=0.18$，南方多林地区；$C=0.09$，北方半湿润地区。

S_M：表层土自由水容量，表土层是指腐殖土层。S_M 的作用相当于二水源模型中的稳定下渗率 F_C。S_M 值受降雨资料时段长均化影响很大，当以日为时段长时：土层很薄的山区 $S_M=5mm$ 或更小；土深林茂透水性强的地区 $S_M=50mm$ 或更大；一般流域 $S_M=10\sim20mm$。

E_X：表层自由水蓄水容量曲线指数，反映了表层自由水蓄水条件分布的不均匀性。在山坡水文学中，它决定了饱和坡面流产流面积的发展过程。$E_X=1.0\sim1.5$。

K_G 与 K_I：分别代表表层自由水蓄水库对地下水与壤中流的出流系数。K_G+K_I 代表出流的快慢，K_G/K_I 代表地下径流与壤中流之比。对一个特定流域，它们都是常数。

C_I：深层壤中流消退系数，$C_I=0$，无深层壤中流；$C_I=0.9$，深层壤中流丰富，相当于退水历时 10 天。C_I 可以根据退水段的第一个拐点（地面径流终止点）与第二个拐点（壤中流终止点）之间的退水段流量过程来分析确定，一般通过模型模拟来检验。

C_G：地下水消退系数，用无雨期退水流量确定。若以日作为计算时段长，则 $C_G=0.950\sim0.998$。

U_H：河网单位线，U_H 值取决于河网的地貌特征。一般用经验方法推求。

C_S：地面径流消退系数，可以根据洪峰流量与退水段的第一个拐点（地面径流终止点）之间的退水段流量过程来分析确定。

C_R：河网蓄水消退系数，代表坦化作用，其值取决于河网的地貌条件，可以通过河网地貌推求。因为与时段长短有关，所以其值应该视洪水特性而定。

K_E、X_E：马斯京根法参数，取决于河道特征和水力特性，可以根据河道的水力特性采用水力学方法或水文学方法推求。

8.2.2 考虑植被作用的新安江模型

随着人类开始重视气候变化和土地利用/覆被变化引起的各种时间尺度下流域下垫面植被特性的改变，对流域水文循环产生显著的影响，水文模型从集总式向分布式不断发展。分布式模型可以充分考虑流域植被覆盖的空间差异性以及不同植被类型对流域水文过程的影响。三水源新安江模型在考虑降水、下渗和汇流的空间差异性基础上，通过在数字流域上利用 GIS 技术和遥感信息，引入植被覆盖影响水文过程的物理机制，能够显式表征植被物候特征（叶面积指数）、根系特征（根系深度）、生理特性（叶面气孔开合）、粗糙度（糙率）等对流域蒸散发、产流和汇流过程的影响。徐宗学（2009）建立了考虑植被作用的新安江模型结构（图 8.9），并将其应用于汉中集水区进行径流模拟和洪水预报，在选择的典型年内，模拟和预报确定性系数均大于 0.8。

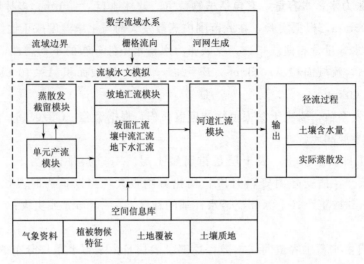

图 8.9　考虑植被作用的新安江模型结构（徐宗学，2009）

8.2.3　几类分布式水文模型

8.2.3.1　TOPMODEL 模型

TOPMODEL（topography based hydrological model）作为一个以地形为基础的半分布式流域水文模型，由 Beven 和 Kirkby（1979）提出，其主要是利用地貌指数（也称为地形指数）来反映流域水文现象，模型结构简单，参数较少，已经在水文领域得到广泛使用。

TOPMODEL 描述的单元网格水分运动过程如图 8.10 所示。降水满足截留后，下渗进入土壤非饱和区。非饱和区又分为根带蓄水层和非活性含水层。入渗的降水直接对根带蓄水层进行补偿，达到饱和后才进入下一层。同时，储存在该层中的水分以一定的速率蒸散发。由于垂直排水及流域内的侧向水分运动，一部分面积地下水位抬升至地表面成为饱和面。产流发生在这种饱和地表面积或者源面积上，如图 8.11 所示。在整个过程中，源面积不断变化，故也称为变动产流面积模型。TOPMODEL 主要通过流域含水量（或缺水量）来确定源面积的大小，含水量由地貌指数计算，因此 TOPMODEL 被称为以地形为基础的流域水文模型。

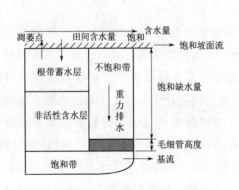

图 8.10　单元网格水分运动

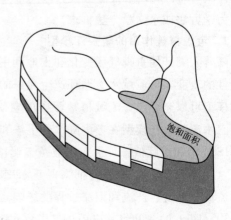

图 8.11　源面积

8.2.3.2 SHE 模型

SHE 模型是第一个真正的或者具有代表性的分布式水文模型，于 1986 年由英国、法国和丹麦的科学家联合研制而成。SHE 模型是一个最早和最具有代表性的分布式水文物理模型。模型考虑了蒸散发、植物截留、坡面和河网汇流、土壤非饱和流和饱和流、融雪径流以及地表水和地下水交换等水文过程。该模型参数都有一定的物理意义，可以通过观测资料或从资料分析中得到。流域特性、降水和流域响应的空间分布信息在垂直方向上用层来表示，水平方向则采用正交的长方形网格来表示。

SHE 模型是基于物理机制的模型，意味着各种水流过程都以有限差分来描述质量、动量及能量的偏微分方程，或通过独立实验得出的经验公式来描述。模型参数具有物理意义并且可以通过测量进行估计。将流域划分成网格，并在垂直方向上将每个网格划分为若干水平层，这样通过输入流域属性及降水等数据就可以得到流域的水文响应过程。SHE 模型包含了不同复杂程度的模块，在应用过程中可根据可用数据或建模目的的不同选择复杂程度不同的模型。在模型软件中，每个水文和输送过程都有自己的模块，并且所有模块的模拟操作都受到中央模块的控制。

8.2.3.3 SWAT 模型

SWAT(soil and water assessment tool) 模型是由美国农业部农业研究中心开发的流域尺度模型。模型开发的目的是在具有多种土壤、土地利用和管理条件的复杂流域，预测长期土地管理措施对水、泥沙和农业污染物的影响。SWAT 模型经历了不断的改进，很快便在水资源和环境领域中得到广泛认可和普及。Bera 和 Borah（2003）称之为在以农业和森林为主的流域具有连续模拟能力的最有前途的非点源污染模拟模型。模型主要模块包括气候、水文、土壤温度和属性、植被生长、营养物、杀虫剂和土地管理等。

8.2.3.4 VIC 模型

大尺度陆面水文模型是应气候系统模式发展和陆面过程模型研究的需要，从传统水文模型的基础上发展起来的。大尺度是相对于传统水文学研究中以研究尺度不大的流域（1～1000km²）为对象的传统水文模型而言的，其研究区域尺度为 10000～100000km²。可变下渗能力（variable infiltration capacity，VIC）模型是一个于 1994 年提出并开发而成（Liang et al.，1994）的大尺度陆面水文模型，既可以同时进行陆气间能量平衡和水量平衡的模拟，也可以只进行水量平衡的计算，输出每个网格上的径流深和蒸发，再通过汇流模型将网格上的径流深转化成流域出口断面的流量过程，弥补了传统水文模型对热量过程描述的不足。VIC 模型在一个计算网格内分别考虑裸土及不同的植被覆盖类型，并同时考虑陆气间水分收支和能量收支过程。模型最初设置一层地表覆盖层、两层土壤、一层雪盖，主要考虑了大气植被土壤之间的物理交换过程，反映土壤、植被、大气之间的水热状态变化和水热传输，称为 VIC2L。后来为了加强对表层土壤水动态变化以及土层间土壤水的扩散过程的描述，将 VIC2L 上层分出一个约 0.1m 的顶薄层，而成为三层，称为 VIC3L（Liang et al.，1998）。该模型已经作为大尺度水文模型分别用于美国的 Mississippi、Columbia、Arkansas-Red、Delaware 等流域的大尺度区域径流模拟。

8.3　水文气象集合预报

8.3.1　集合预报的概念

集合预报是由 Epstein（1969）和 Leith（1974）从大气运动的随机性角度提出的。气象由于观测的不准确（包括仪器误差，观测点在空间上、时间上的精度不高引起的插值误差）和资料分析、同化处理中导入的误差，使我们所得到的数值模式初始场总是含有不确定性（杜钧，2002）。分析资料永远只是实际大气的一个可能的近似值而已，而实际大气的真正状态永远也不可能被完全精确地描述出来。因此，单单一个可能的预报值已经不能再满足当前的需要。除了这一个可能的预报值以外，我们更要知道这个预报值的可信度有多大（即所谓的"可预报性"的预报）以及所有可能出现的未来状态有哪些。气象集合预报用某种方法生成一组不同初值，通过模式计算得到一组不同的预报结果，再用概率方法对所有预报结果进行集合，得到最佳的预报结果。因此，集合预报实质上是一个概率预报方法，它解决了单一性预报的不确定问题，实现了将数值天气预报从确定性预报向确定性预报与概率预报相结合的转变，完成了数值天气预报的一次革命，极大地提高了天气预报的使用价值和时效。当前，集合预报已经广泛应用于气象、水文等领域。

表 8.1 为集合预报的优点。

表 8.1　　　　　　　　　　　　集 合 预 报 的 优 点

特　　点	单 值 预 报	集 合 预 报
初始条件的不确定性	采用数据同化系统最小化初始条件误差，比如使用卫星和其他观测来评估初始条件误差，但不能评估对 NWP 预测的影响	通过以下两个步骤处理初始条件的不确定性：①先确定模型预测中最重要的潜在误差；②然后使用该信息生成初始条件扰动
大气可预报性	无法从单一确定性预测中进行评估。可以从连续模型预测运行之间的一致性程度或不同模型预测之间的差异性进行不完全推断	可以通过集合成员预测中传播的增长率来估算。需要足够的集合大小和排列，以便获得准确的可预测性度量
模型不确定性：动力学方面	只能使用一种数值方法（例如光谱或网格点）	多模态集成可以使用多种数值方法（例如光谱和网格点）
模型不确定性：物理学方面	只能使用一组物理参数化（例如一个对流降水方案）	可以使用多种物理参数化组合（例如两种类型的对流降水方案）

8.3.2　气象集合预报的分类

根据《集合预报应用指导手册》（WMO – No. 1091），气象集合预报按时间尺度划分有短期集合预报、中期集合预报、月动力延伸、气候集合预报；按空间尺度划分有全球集合预报、区域集合预报、对流尺度集合预报。

1. 全球集合预报

全球集合预报系统通常设计用于 3～15d 的中期天气预报。通常采用低分辨率的全球模式，格点长度为 30～70km。虽然全球集合预报系统主要设计用于中期天气预报，但是由于范围覆盖全球，它们也可以为那些没有集合预报系统的国家提供短期集合预报。与此同时，它们被广泛地用于支持 WMO 灾害性天气预报示范项目。但是全球集合预报系统通常不能分辨一些细节，例如风暴中的风速强度。

2. 区域集合预报

区域集合预报系统运用覆盖小范围区域的区域模式制成，主要着眼于 1～3d 的短期天气预报，具有较全球模式更高的分辨率，通常在 7～30km，因此可以用于预报天气系统中的一些局部细节，还能够更好地判断一些强天气系统。不过，区域集合预报的分辨率还较低，并不可能预测像龙卷风一样的小尺度天气系统。一些区域集合预报系统使用高分辨率的分析场，并由此估算出相应的高分辨率初始扰动场，而一些系统则简单地使用全球集合预报系统的初始场和扰动场提供侧边界条件——这通常被称为降尺度。在降尺度集合预报系统中，模式开始运行高分辨率计算之前，需要好几个小时的前处理。

3. 对流尺度集合预报

目前，在一些先进的数值中心已经拥有对流尺度预报系统，它们的模式分辨率在 1～4km，覆盖范围较小。这些模式能够捕捉到一些对流系统的细节，因此可以用来预报一些天气细节，比如雷暴的位置和强度。虽然这些优势为提高预报精度注入了很大的潜力，但是对流系统的发展十分迅速，可预报时限也很短，预报会很快受到大气混沌特性的影响。因此，集合预报系统与对流尺度预报模式密切联系，因为对流不稳定给更低分辨率的模式增加了空间和时间尺度上的预报不确定性。

在降水方面，对流尺度集合预报系统可以更好地用于判定雨强和落区，特别是对流系统降水。如果要全面地显示出对流性降水的不确定性，那么需要成百上千个集合成员，也因此需要耗费巨额的计算成本，这在可以预见的将来都是不可能的。因此在很长的时间内，对流尺度集合预报生产国以外的国家几乎不可能拥有，而且现在的对流尺度集合预报系统业务经验还非常有限。

8.3.3　气象集合预报的生成

根据集合预报的定义，集合预报涉及 3 大类问题：如何生成初值扰动，如何运用数值模式以及集合预报的产品。

8.3.3.1　初值场的生成

初值的生成是集合预报系统关键的第一步，也是整个系统的难点。通常采用某种扰动方法，生成一系列小扰动量分别叠加到分析场上，形成模式初始数据集，并由此制作集合预报。初值扰动设计的基本原则如下：

（1）扰动场的特征应该大致与实际分析资料中可能误差的分布相一致，以便保证所叠加后的每个初值都有同样的可能性代表大气的实际状态。

（2）扰动场之间在模式中的演变方向应该尽可能大地发散（当然也不能虚假的大）以便保证其预报集合最大可能性地包含了实际可能出现的状态。

8.3.3.2　模式的扰动

首先，一个好的集合预报系统一定是建立在好的数值模式上。就是说，只有当模式足够好，而预报的不准确主要源自初值的误差时，集合预报才会有明显的效果。所以，不断改进数值模式的质量对提高集合预报的效用是至关重要的。研究结果表明，无论从概率意义上（例如概率密度分布），还是从决定论意义上（例如集合平均预报），多模式集合预报提供的信息均比单个模式集合预报更准确。

模式的扰动主要有三种方式。

1. 单模式扰动

对该模式物理过程中的一些不确定但对预报结果例如降水很敏感的部分，例如云的参数化、下垫面的作用例如土壤湿度等在模式积分过程中或者可以把它们当作随机过程来处理（例如在一定的合理的范围内随机地变化一些参数的值），或者任意选用不同的参数化方案。

为了提高预报的准确率，人们往往要在数值天气预报模式中考虑一些影响大气运动的重要物理过程。这些物理过程有辐射传输过程、水汽凝结蒸发过程、湍流对热量、动量和水汽的输送过程等。除了大尺度凝结之外，这些过程都是次网格尺度（时间或空间）的过程。由于模式大气一般都是离散化的，这些次网格过程在模式中很难用显式表示出来，因此必须寻求描述这些物理过程的其他方法。通常把上述次网格的物理过程通过大尺度的物理量来描述它们的统计效应，并作为某些物理量的源或汇包含在大尺度运动方程组中，这种方法统称为参数化的方法。

单模式扰动方案的一个可能弊病是因为一个模式作为一个完整的系统，某些参数或者参数化方案可能已经被调到了所谓的"最佳状态"，所以改变这些参数或方案是否会负面地影响模式整体的最佳表现状态这个问题需要考虑。

2. 多模式扰动

为了解决单模式扰动存在的问题，又开展了多模式集合预报的试验。即运用多个模式（分辨率不同、地形处理不同等）分别进行预报，再将各个预报结果加在一起形成集合。因为不同的模式的物理设计一般是不一样的，所以采用多模式的方法进行集合预报就是考虑了模式物理过程不确定性的影响。但是纯粹运用这种方法进行集合预报研究的很少，一般都会结合初值扰动来进行集合预报试验。

3. 多模式＋多初值

这个方法就是同时使用两个或两个以上的模式，每个模式都有其自身的子集合预报系统，然后把这几个子集合预报加在一起成为总集合预报，也有人称为超级集合预报。这一方法既考虑了初值误差的影响（因为每个模式都有自己的分析资料作为初值），又考虑了模式物理过程不确定性的影响（因为不同的模式有不太一样的物理设计）。

对于集合预报，初值扰动和模式扰动都是必不可少的。Stensrud 等（1999）的研究表明，当环境中大尺度的强迫作用强时，结果表示基于初值不确定性的集合预报效果较好，即初值的不确定性起主导作用。当大尺度的强迫作用很弱时，结果表示基于物理不确定性的集合预报效果较好，即物理的不确定性起到了主导作用。

8.3.3.3 集合预报输出产品

根据《集合预报应用指导手册》（WMO－No.1091），集合预报的输出产品主要包括以下几种。

1. 集合平均

集合平均是各个集合成员简单的数学平均。各种检验评分（均方根误差、平均绝对误差、距平相关系数等）证明集合平均通常优于控制预报，因为它过滤了集合成员的不确定因素并且简便地展示出了预报中的可预报要素。集合平均能够让预报员对天气要素的预报更有信心，但是也不能完全依赖它，因为它几乎很少能够捕捉到极端天气。

2. 集合离散度

集合预报离散度是模式输出的各变量的标准差，可以用来衡量预报中变量的不确定性。集合预报离散度在图中通常覆盖在集合平均上。

3. 天气要素概率图

为了预报天气事件发生的具体地点或格点位置，通常运用集合预报成员来估计其发生的概率，例如 2m 温度低于 0℃ 的概率，或者低于一个标准差的概率。

4. 分位数

集合分布的一系列的分位数可以简要地概括预报的不确定性。通常运用的集合分布的分位数是最大值、最小值、25％、50％（中位值）和 75％。其他常用的还包括 5％、10％、90％和 95％。

5. 面条图

面条图通过运用所有的集合成员预报结果来绘制一些特定的等值线（比如 500hPa 高度场的 528 位势什米线、546 位势什米线和 564 位势什米线等），并由此反映高度场的可预报性。如果所有的预报成员的等值线在图上较紧密，则表示可预报性较高。而如果所有的预报成员的等值线在图上像一盘散乱的面条一般，则表示可预报性较低。

6. 邮票图

邮票图由一系列集合预报成员预报结果绘制的等值线图组成，预报员可以通过邮票图了解到各个集合成员预报的可能发生的情况，从而估计出极端天气发生的可能性。然而，邮票图提供了大量的信息，因此很难完全消化。

7. 单站集合预报

具体站点的天气要素可以从格点模式输出变量中获得。很多介绍表明，它们可以用来预报具体站点的天气要素，比如烟羽图和降水概率图等。现在最常用的单站集合预报是箱线图，箱线图可以表述一个或多个天气要素的预报结果的主要比例。

8.3.4 水文气象集合预报系统

长期以来，传统的水文预报方法基于实测降雨和径流资料预报洪水过程，洪水预报的预见期较短，难以满足防汛抗洪和洪水资源化利用的需求。随着数值天气预报技术的发展，降雨预报的精度不断提高，陆气耦合洪水预报方法为增长水文预报预见期提供了可能。然而由于大气过程的复杂性，目前降水预报仍然存在较大的不确定性，从而影响了随后的水文预报的精度。水文集合预报作为一种概率预报方法，为减少预报的不确定性提供了一条新的途径。

水文集合预报的应用发展，大致可以划分为两个阶段。第一个阶段始于 20 世纪 80 年代，GN Day 等在美国国家天气局河流预报系统（national weather service river forecast system，NWSRFS）中展开对集合径流预报（ensemble streamflow prediction，ESP）方法的应用，提供中长期河道径流和入库水量的预测服务。第二个阶段始于 21 世纪初，水文学家们借鉴数值气象预报中集合预报的概念，应用于水文预报中，结合短期天气预报结果可以进行洪水预报等预测服务。

水文预报的不确定性来源主要有三种：一是水文现象的不确定性；二是水文模型的不确定性；三是输入的不确定性。不同来源的不确定性在水文模拟过程中相互作用和影响，最终将反映到输出的预报结果上，因此在做水文预报时，必须量化随机不确定性，降低认知不确定性。水文集合预报是一种既可以给出确定性预报值，又能给出预报值的不确定性信息的概率预报方法。

8.3.4.1　集合径流预报

对于径流预报，通常考虑有预报信息和无预报信息两种。

当无预报信息时，对于未来气象强迫输入的集合，这里设定了一个假设条件：假设过去发生的气象强迫输入是未来气象强迫输入的代表，即降水、气温等历史时间序列集合被用来作为所需的未来气象强迫输入的集合。从而用历史上发生过的降雨、气温等气象数据集合来运行水文模型并生成未来河道的流量过程集合。通常做法为：以预报当日流域土壤状态为初始条件，对历史观测信息进行随机采样，使用历史降水、气温等历史时间序列代表未来气象信息，驱动水文模型进行径流预报。流域土壤的初始状态通常指流域当前的土壤含水量，一般采用当年的气象输入驱动水文模型计算得到。

假设我们想要做某流域未来一个月的来水量预测，但是未来一个月的气象条件是未知的。而从数学统计的角度来看，认为已经发生的历史流量数据的均值是最好的预测结果。假设这里有历史 50 年该月逐日的流量观测值。我们用 39 年（1961—1999 年）历史资料中该月的气象强迫输入（例如降水、气温和蒸散发等）和流域当前的土壤初始状态驱动水文模型，将得到对应于每个历史年份气象输入的未来一个月径流过程（图 8.12）。如果水文模型模拟效果较好，气象强迫输入数据和土壤初始状态精确，那么预测径流的均值过程应该接近未来一个月实测来水量。

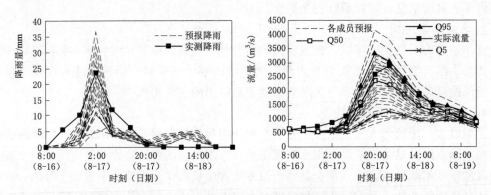

图 8.12　欧洲中期天气预报中心集合预报降水和基于集合预报降水的洪水过程（彭勇，2015）

当有预报信息时，则将降水集合预报信息输入水文模型中，通过驱动水文模型获取流量过程集合。在使用预报信息驱动水文模型之前，需要对预报降水进行精度分析和校正。目前 TIGGE 数据库中归档了全球范围内 10 个数值天气预报中心的集合预报产品，是世界天气研究计划 THORPEX(the observing system research and predictability experiment) 的核心组成部分，旨在把全球各国和地区的业务中心集合预报产品集中起来，形成超级集合预报系统，来推进观测预报一体化，加速提高中短期 1～14d 预报时效上的预报精度。WMO 设立了 3 个 TIGGE 资料中心（欧洲中期天气预报中心、美国国家大气研究中心和中国气象局），并免费提供下载数据。

利用 ESP 方法计算的结果是否优于传统的确定性预报结果取决于以下两个条件：一是水文模型拟合程度的好坏，包括气象强迫输入和土壤初始状态的精确度；二是土壤初始状态的年季变化程度，年季变化越大，它对未来发生的流量影响越大。

8.3.4.2 水文气象集合预报前和预报后处理方法

1. 集合前处理

集合前处理是将数值天气预报的输出通过建立统计处理关系处理器进行校正，量化不确定性，并给出包含不确定性信息的集合预报，有时也称为统计前处理。统计前处理的基本思想是：根据多年实测和后预报数据，研究历史预报误差的统计特征，剔除系统偏差，用概率分布的形式代替单一确定的气象要素值，最终生成的降水、气温等预报信息作为水文模型的输入。

经典的水文集合前处理方法如下。

（1）完美后预报法。1959 年由 Klein 等提出的用于校正气象预报偏差的统计处理方法，将不同的观测气象要素之间的统计关系直接应用于模式输出的气象要素中。

（2）模型输出统计法。1972 年由 Glahn 和 Lowry 提出，采用多元回归建立观测与模型输出之间的统计关系。

（3）贝叶斯方法。通过对历史预报与观测事件的统计分析，求取预报事件对应观测事件的条件概率函数，在获得未来预报数据后即可得到未来实际事件发生的概率。

2. 集合后处理

虽然集合预报能够提供更丰富的信息，但是目前许多用户需要的仍然是一个简单的确定性预报。从大量的集合预报结果中尽可能地提取有用的信息，也就是进行集成预报。目前，国内外还没有一种成熟、有效并得到预报业务技术人员普遍认同的数值预报集成技术。但是基于集成的基本原理、思路和目的，提出了一些具有一定的理论基础、集成预报效果较好的集成预报方法，主要有三种。

（1）算术平均法。算术平均法即对每个模式预报的集合平均取相同的权重，对它们进行集成预报。算术平均是最为简单的一种方法，它能滤掉不可预报的信息，通常比单个预报要准确。但是它也会滤掉少数成员预报出的极端天气事件。尽管如此，算术平均法由于计算简便等优点，在气象集成研究中被广泛使用。

（2）多元线性回归。其基本做法是将时间序列分为训练阶段和预报阶段。在训练阶段，对每个格点建立预报值与观测值的多元线性回归模型。在预报阶段，用训练阶段得到的回归模型计算出集成预报值。

回归系数（即权重）不随时间变化地为固定训练期集成预报，随时间变化地为滑动训练期集成预报。智协飞等研究得出对于固定训练期集成预报，当预报时效较长时，各模式的权重系数在预报期后期会逐渐失效，这时采用滑动训练期的方法可以取得较好的效果。此外，多元线性回归只能解决线性的问题，而不能解决非线性的问题，这在一定的程度上会影响集成预报的效果。

（3）相关系数加权法。用预报结果与观测值的相关系数作为权重，该方法跟多元线性回归方法较为相似。

纵观上述 3 种方法，集成预报的基本思路是运用某种方法，确定各成员的权重（效果好的模式获得的权重大，而效果差的模式获得的权重小），然后将它们进行加权计算得到一个确定性的预报。集成预报正好满足了那些希望得到一个确定性结果的用户需求。

虽然集合预报提高了确定性预报的准确度，但是一个确定性的预报还是忽视了其他天气情况发生的可能。世界气象组织提出一个好的建议：再发布一个最可能出现的情况，与此同时附加一个其他的情况。这通常是集合成员预报的很糟糕的极端情况，可以反映出可能发生的低概率但高影响的天气事件。然而，需要注意的是不要给用户这样的印象：这两种预报的情况肯定有一个是正确的。因为实况很有可能介于两者之间的情景（甚至完全不同的情况）。

把基于直接模型输出的水文气象要素与相应的观测值之间建立一个稳健的统计模型，一旦这个统计模型建立好后，在某一个预报时空范围内给定一个水文气象预报，那么这个统计模型得出的观测值的条件概率分布就是一个后处理过的水文气象概率预报。

8.3.5　集合预报精度评定与分析

8.3.5.1　集合预报的合理性

集合预报并不是随便把几个预报结果放在一起，每个预报系统的建立都要有其合理性，一个理想的集合预报系统应该包括以下几个条件。

(1) 成员同等性。从平均统计意义上看，集合预报中的每个成员的准确率应该大致相同。换言之，某个或某些预报成员不应该总是比其他一些成员准确。否则，集合预报方法就失去意义了。

(2) 离散度合宜性。从统计平均的意义上看，一个具有 N 个成员的预报集合应该有 $\frac{N-1}{N+1} \times 100\%$ 可能性包含大气的实际情况。因此，当成员足够多时，大气的真实状态在大多数情况下应该被包含在预报的集合中。要做到这一点，预报集合中成员间的"离散度"必须适宜：既要有正确的方向（模式没有系统性的误差）也不能太大（否则就可能是虚假的）或太小（导致漏报太多）。

(3) 可预报性。预报集合中成员之间的离散度应该反映真实大气的可预报性或预报的可信度。也就是说，离散度越小，可预报性越高，预报可信度越大。反之，可预报性越低，预报可信度越小。

8.3.5.2　集合预报的判定方法

当进行集合预报试验之后，都必须对预报结果进行检验。集合预报结果比较特殊，不像单值预报，集合预报不能只用确定性的方法进行验证。其预报结果分为确定性预报（集合平均）和概率预报两种形式，相应的有两大类检验方法。

1. 确定性预报检验方法

对于确定性，其检验比较容易，意义也比较明确。常用的有均方根误差 $RMSE$、相对误差 $BIAS$、平均绝对误差 MAE 和相关系数 CC。其中均方根误差表示的是两个变量（例如预报均值与实际观测值）的平均偏离程度，用于衡量两个变量之间的平均差异。相关系数检验两个场（例如预报均值场与实际观测值场）的型态是否一致，即检验两个变量的序列变化是否一致。相对误差反映预报的系统误差情况，能够反映集合预报系统的系统偏差状况。绝对误差是衡量预报效果的根本指标。

$$CC = \frac{\sum_{i=1}^{n}(G_i - \overline{G})(S_i - \overline{S})}{\sqrt{\sum_{i=1}^{n}(G_i - \overline{G})^2}\sqrt{\sum_{i=1}^{n}(S_i - \overline{S})^2}} \tag{8.56}$$

$$RMSE = \sqrt{\frac{1}{n}\sum_{i=1}^{n}(S_i - G_i)^2} \tag{8.57}$$

$$MAE = \frac{1}{n} \sum_{i=1}^{n} |S_i - G_i| \tag{8.58}$$

$$BIAS = \frac{\sum\limits_{i=1}^{n}(S_i - G_i)}{\sum\limits_{i=1}^{n} G_i} \times 100\% \tag{8.59}$$

2. 概率预报检验方法

概率预报能够全面地反映集合预报信息，是集合预报中最有代表性的预报产品。但是，如何对概率预报进行检验评价是一个难点，目前方法还不多，有待于进一步的探索。

（1）Brier 评分。Brier 评分是对某个等级（即某事件发生）的概率预报结果进行评价的一个指标。Brier 评分是一种均方概率误差，统计的是预报概率的均方误差，其值越小越好，取值范围为 0～1。

$$B = \frac{1}{N} \sum_{i=1}^{n} (F_i - O_i)^2 \tag{8.60}$$

式中：F_i 为某次预报的百分比；O_i 为该次实况百分率，实际出现为 1，不出现为 0；N 为预报总次数。

$B=0$ 表示预报完全正确，$B=1$ 表示预报完全不正确。

（2）Talagrand 分布。Talagrand 等（1997）构造了一种直方图，用于评估集合成员的等同性和离散度。其基本思想为各集合成员代表未来的天气状况的可能性，即实况值落在各个成员附近的概率是相等的。

具体的分析方法为：对于某个区域（格点数为 p）有 k 个成员的 T 次集合预报结果（有效样本为 $N=p \times T$），在第 j 个区间内，实况值落在该区间频数为 F_j，其期望值为 $N/(k+1)$，那么实况值落在每个区间的概率分布见下式。分布中直方图的形态可以直观反映集合预报系统的可靠性。

$$P_j = \frac{F_j}{N} \quad (j=1,2,\cdots,k+1) \tag{8.61}$$

对于一个好的集合预报系统，直方图应服从均匀分布；如果分布呈现 L 形，实况值大多数落在集合预报的小值区，说明集合预报系统有正的偏差［图 8.13（a）］。反之，表明集合预报系统有负的偏差［图 8.13（b）］。如果是倒 U 形分布，实况大多数落在集合预报的中间区域，那么说明集合系统的离散度太大［图 8.13（c）］。反之，说明集合预报

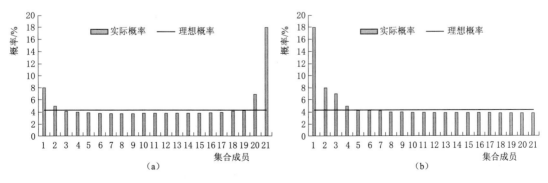

图 8.13 （一）　Talagrand 分布直方图

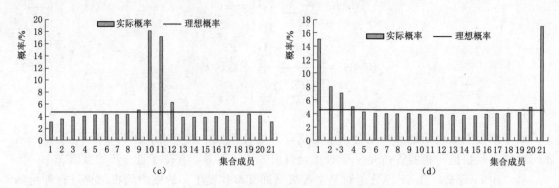

图 8.13（二）　Talagrand 分布直方图

系统的离散度不够大，或者集合预报在某些区域有正的误差，而在另一些区域有负的误差 [图 8.13（d）]。

思考题

1. 按照不同的分类方法，流域水文模型可以分为哪些类型？
2. 水文模型的主要过程有哪些？
3. 地表截留包括哪些过程？
4. 下渗的主要控制参数是什么？如何判定下渗过程？
5. 水文模型的参数有哪些类型？参数率定的一般步骤包括哪两部分？
6. 参数率定的准则有哪些？请写出相应的公式。
7. 简述三水源新安江模型的结构。
8. 集合预报的概念是什么？气象集合预报的生成方式有哪些？
9. 什么是有预报和无预报的集合径流预报？
10. 集合预报精度的检验方法有哪些？

第9章 水文气象学在工程实际中的应用

9.1 可能最大降雨的估算

9.1.1 PMP 和 PMF 概念

可能最大降水（probable maximum precipitation，PMP）是指在一年的特定时间中，在特定地点和给定时段内，在某个设计流域上或者给定暴雨面积下，气象上所可能降下的最大降水深度，这个降水量不考虑气候的长期变化趋势。PMP 作为降水上限，用于工程设计，作为大型水库校核洪水、重要水库大坝溢洪道、核电工程等的防洪设计标准。

对于可能最大洪水（probable maximum flood，PMF）的定义，一般采用与 PMP 相一致的定义。通常 PMP 是经由气象成因分析途径求得，将其转化为洪水过程就是工程设计所要求的近似上限洪水，即可能最大洪水。简言之，PMF 就是根据近似上限降水 PMP 求得的近似上限洪水。

由 PMP 推求 PMF 的基本假定是将 PMP 经过产流汇流计算所得出的洪水流量过程线，即为 PMF。这个假定和使用数理统计方法由设计暴雨推求设计洪水时所作的基本假定——暴雨和洪水同频率是一样的。事实上，暴雨和洪水不一定同频率，但目前世界各国都是这样做的。

同样，由 PMP 推得的洪水，不一定就是 PMF，因为在一个特定的流域上面平均雨深最大，所形成的洪水不一定就是最大，特别是流域面积较大，而流域内上中下游或左右岸产流、汇流条件相差较大时，更是如此。因为在此情况下，暴雨的不同时空（面）分布，所形成的洪水就有较大的差别。

为了满足由 PMP 求 PMF 的基本假定，王国安教授通过多年工作实践经验，特别强调了在推求 PMP 时，要把着眼点放在如何才能形成工程所需的 PMF 上。

那么在 PMP 的总量及其时面分布确定以后，推求 PMF 一般有三个步骤。

第一步是产流计算，也就是由降雨过程，通过适当的方法，求出净雨过程。

第二步是汇流计算，也就是由净雨过程，通过适当的方法，求出洪水过程。

第三步是对算得的 PMF 成果进行合理性检查。

为了做好这项工作，首先要广泛收集资料，对设计流域的产流汇流特性进行深入分析。特别是对那些上中下游或左右岸下垫面径流系数相差较大，人类活动较多，因此使各地的产汇流条件相差也较大的流域，这种分析就更加重要。

本章后面内容重点介绍目前的几种 PMP 估算方法，并具体介绍一些实际估算 PMP 的案例。

9.1.2　PMP 的估算方法 ❶

PMP 由美国于 20 世纪 30 年代提出，经过多年来的不断发展，PMP 估算积累了大量的工程实践经验，研究成果丰硕。传统的 PMP 估算方法有统计估算法、当地暴雨放大法、暴雨移置法和概化估算法等。近年来，也有学者尝试应用数值模拟法、暴雨模式法、多重分形法等进行 PMP 估算。

9.1.2.1　统计估算法

1961 年，美国学者 Hershfield 根据方程 $X_T = \overline{X}_n + K S_n$，定义了一个统计量 K_m：

$$K_m = \frac{X_m - \overline{X}_{n-1}}{S_{n-1}} \tag{9.1}$$

并根据约 2700 个雨量站的 24h 极值降雨序列，其中 90% 的雨量站在美国境内，计算出 K_m 的最大值为 15，将其用于 PMP 估算，PMP 估算公式为

$$PMP = \overline{X}_n + K_m S_n \tag{9.2}$$

1965 年，Hershfield 研究发现当历时小于 24h 时，$K_m = 15$ 对湿润地区过高，而对较干旱的地区又偏小，由此绘制了 K_m 与年最大值序列的均值和降雨历时的经验关系图。Koutsoyiannis 等建立了该经验图的数学关系式，即

$$K_m = 20 - 8.6 \ln\left(1 + \frac{\overline{h}^*}{130\text{mm}}\right)\left(\frac{24\text{h}}{d}\right)^{0.4} \tag{9.3}$$

式中：$\overline{h}^*$ 为年降雨序列均值；d 为时间尺度。

利用 Hershfield1961 年研究 K_m 时的相同数据，Koutsoyiannis 等用 GEV（generalized extreme value）曲线拟合 K_m，发现 K_m 的最大值 15 符合 60000 年一遇的重现期。Casas 等 (2008) 基于加泰罗尼亚 145 个雨量站 1d 的降雨序列数据，建立了 K_m 的外包线拟合公式：

$$K_m = -7.56 \ln \overline{X}_n + 40.5 \tag{9.4}$$

Desa 等 (2001) 也根据马来西亚地区 33 个雨量站的实测资料，分析发现 K_m 一般为 1.2~6.0，最大值为 8.7。由 $K_m = 8.7$ 计算的 PMP 相当于 125000 年一遇，比由 $K_m = 15$ 相当于 10^9 年一遇更为合理。

中国学者认为离均系数 Φ_m 应该取代 K_m，但是此时的统计估算法仅从实际发生的大暴雨中寻求 Φ_m，并没有放大的概念，由此计算得到的 PMP 往往偏小。因此，华家鹏等用水汽放大改进了统计估算法。林炳章认为，从水文统计的角度看，K_m 虽然借用频率方程，但是不涉及具体频率，只是从统计特性推求放大比。他推导出了 K_m 与 Φ_m 之间的一个关系式：

$$K_m = \Phi_m \sqrt{\frac{1}{C_1 - C_2 \Phi_m^2}} \tag{9.5}$$

其中：$C_1 = \dfrac{(n-1)^3}{n^2 (n-2)}$，$C_2 = \dfrac{n-1}{n (n-2)}$，$n$ 表示时间长度。

当 $n \to \infty$，$K_m \to \Phi_m$，即 K_m 是 Φ_m 的一致性估计量。根据这个关系式，提出了适用

---

❶　该节引自兰平博士毕业论文。

K_m 法的两个约束条件 $N_m \geqslant \Phi_m^2 + 2$（判断有效性，$N_m$ 是使计算有效所需的最小资料年数）和 $N_s \geqslant 5.76 \times (\Phi_m^2 + 2)$（$N_s$ 表示控制 K_m 的计算误差在 10% 以内所需的最小资料年数），然后应用于江西省修河柘林水库、美国得克萨斯州的 3 个单站 24h PMP 的估算。

总而言之，统计估算法的概念清楚，计算简便，适用于雨量资料比较充分的中小流域点 PMP 的快速估算。

9.1.2.2 当地暴雨放大法

当地暴雨放大指若设计流域具有时空分布较严重的大暴雨资料，从中选取一场典型特大暴雨，分析比较其暴雨期间的代表性地面露点与当地历史上出现过的最大持续 12h 地面露点，进行适当的水汽放大后得到的 PMP。该方法包括水汽放大、水汽风速放大及水汽输送效率放大等。

水汽放大法是当地暴雨放大最主要的方法，其核心是用地面持续 12h 露点温度计算可降水量，关键是选取典型暴雨代表性露点和可能最大露点。露点的近似物理上限是暖湿气团源地最高海表水温 SST，因此其取值的可变范围有限，反映到水汽放大倍比上，一般只放大 20%～30%，最多放大到 40%～50%。所以，由该方法得到的 PMP 足够安全，被国内外普遍采用。

水汽风速放大及水汽输送效率放大的基本概念一样，只是指标选取有所不同，前者取风速和水汽的最大值，后者取风速与水汽乘积的最大值。梁忠民等借鉴港口设计中的"风玫瑰图"概念，有效改进了水汽风速放大法。尽管水汽风速放大及水汽输送效率放大物理概念十分明确，但是暴雨代表性水汽风速选取的任意性，实际暴雨观测资料中风速与降雨量的非正比关系，特别是暴雨期间高空风速观测资料的缺乏，使估计值不稳定。因此，设计人员使用时需要特别谨慎。

9.1.2.3 暴雨移置法

暴雨移置指当设计流域缺乏时空分布较为严重的特大暴雨资料时，把气象一致区的实测特大暴雨作为目标暴雨移置过来并进行适当放大以便推求 PMP。暴雨移置既是同一暴雨过程在设计流域的再现，又是类似暴雨过程在设计流域的重演。同时，它也是同一量级的暴雨在设计流域的亮相。由于移置的是已经出现过的大暴雨，移置后又经过暴雨中心、水汽调整等合理改正，计算成果可信度较高，因此暴雨移置的成果被广泛使用。

地形包括测站经纬度、坡度与坡向、海拔高程与地形特征等，会对暴雨产生包括触发、辐合、增强等 3 个方面的作用，导致降水时空分布较为复杂。因此在受地形影响的区域进行暴雨移置时，需要考虑地形的影响。应用等百分线法进行暴雨移置地形调整，在求暴雨量占多年平均时段雨量的百分数时，时段雨量通常取的是年或季雨量。但是，年或季雨量中包含一些小雨，不能反映地形对大暴雨的影响。为了把小雨去掉，近来一些研究采取移置雨量占某个频率的年或季雨量的百分比进行移置暴雨的地形调整。熊学农等提出了地形改正综合法：

$$R_R = \frac{W_B}{W_A}(R_A - R_{Ad}) + R_{Bd} \tag{9.6}$$

式中：R_A 和 R_B、W_A 和 W_B、R_{Ad} 和 R_{Bd} 分别为暴雨发生地区和设计流域的暴雨总量、可降水和地形雨。

Hansen 提出山区 PMP 是由受天气系统影响的辐合雨部分和受地形影响的地形雨部分

组成。美国 1984 年出版的水文气象报告第 55 号（HMR55）中，在移置辐合分量进行地形调整时，考虑了暴雨强度因子：

$$PMP = FAFP\left[M^2\left(1-\frac{T}{C}\right)+\frac{T}{C}\right] \tag{9.7}$$

式中：$FAFP$ 为暴雨辐合分量；T/C 为实测雨量与辐合分量之比，代表地形增强因子，T 和 C 一般都采用 100 年一遇的 24h 雨量；M 为暴雨强度因子，通常以暴雨最强部分的 6h 雨量与 24h 雨量之比表示。

由式（9.7）可知，对短历时强对流性暴雨，M 值很大，地形增强因子作用被削减；对于强度不大的持续性降水，M 值很小，地形增强作用就大。

林炳章在估算海南大广坝 PMP 时提出了一种定量估算地形对暴雨影响的暴雨分割技术——分时段地形增强因子法（SDOIF）。该方法综合考虑了暴雨天气分析、研究区和移置区雨量统计特性及地形的影响等，能够定量地把山地暴雨分割成纯粹由气象因素造成的辐合雨分量和受地形影响的地形雨分量，只移置不受地形影响的辐合雨量及其空间分布。该方法已经被 WMO 收录。

9.1.2.4　概化估算法

概化估算法是美国用以估算小流域 PMP 包括暴雨放大、移置、外包等的一整套方法，中国一般简称此法为时面深概化法。概化估算是在一个大区域内许多大小不同流域 PMP 估算成果的区域概化，包括 PMP 空间分布的概化（椭圆形或圆形）和时程分布的概化（单峰型）等。美国按不同的气候区逐步编制的一系列水文气象报告，提供了概化的 PMP 估算值及时面深曲线图，我国于 1978—1979 年也完成了类似的全国 PMP 等值线图。美国的 HMR 指导了联邦政府和州政府的大型水利工程建设的防洪设计工作，而我国的 PMP 等值线图并没有起到相应的作用。此方法亦为印度、澳大利亚、马来西亚、巴基斯坦等国所采用，尤以澳大利亚最为系统，分别研究了澳大利亚东南部、凯瑟琳河流域、短历时暴雨和热带暴雨等的 PMP 概化估算。随着 GIS 技术的不断发展，为时面深计算提供了一种新手段。概化估算的优点是一个地区所有资料都能得到充分利用，地区内采用统一方式完成历时、面积的地区变化修匀，地区内各流域估算一致。概化的效果取决于样本资料的多寡。若增加了暴雨移置的样本，并进行水汽放大，则其外包后的曲线值还可以用来评价 PMP 估算的成果。但是，重大工程一般不采用概化 PMP 的成果，而是进行单站 PMP 估算，并加以更详细的分析、论证、估算和比较。

9.1.2.5　数值模拟法

数值模拟是利用计算机去模拟、预报天气和预测气候的一种技术，在气象领域应用广泛。1988 年，王作述对水汽净输送法估算的汉江上游石泉以上流域 PMP 利用我国自主发展的有限区域细网格降水数值预报模式进行了数值检验。Abbs 用科罗拉多州立大学区域气候模式对澳大利亚一个极端降雨个例进行数值模拟，探讨 PMP 估算中的一些假设。Abbs 认为降水量与可降水量是线性相关的，降雨效率并不会随着水汽的增加而增加，尽管地形能够影响降雨的分布但不能从天气动力尺度影响暴雨。Ohara 等通过修改 MM5（fifth - generation penn state/NCAR mesoscale model）模式中的水汽等物理化参数方案对不同的边界条件进行模拟，有力地论证了水汽和水汽输送通量的增加会导致降雨量的增加。黄奕武和陈世偶利用天气预报模式 WRF（weather research and forecasting model）模拟了莫拉克台风的超强降水过程，并通过修改地形模拟若干影响香港的敏感实验。刘俊杰运用 WRF 模式进行莫拉克台风同化移置试验，研究莫拉克台风暴雨在我国东南沿海登陆后可能产生的影响，探讨数值模式在 PMP 估算中运用的可能性。Ishida 等用 MM5 模式改变水汽输送方向后，又对其进行水汽放大试验，试验表明，模拟的降雨量比实际观测的降雨量要大。

数值模拟法具有不同于传统 PMP 估算方法的优点：①它综合了陆地的能量和质量交换（包括地形抬升影响、水汽辐合、大气的非线性等），而如水汽放大法仅仅假设的是一种线性放大倍比关系。②当初始场是降尺度的 NCEP/NCAR 再分析数据时，可以估算观测站点稀疏地方的 PMP 值。③一旦参数化方案确定，降水场就客观唯一确定。④模拟结果在空间分布上呈现更好。⑤最重要的是，初始场既可以是历史数据、再分析数据，也可以是全球气候模式输出结果，这为研究 PMP 的过去、现在和未来提供了一种新的研究手段，也为研究气候变化对 PMP 的影响开拓了新思路。

但是，由于研究者缺乏工程设计经验，误把 PMP 当成纯粹的动力气象方程的简单输出，以上叙述的优点恰恰是数值模拟法在估算 PMP 时的缺点，因为①数值模拟表面上看起来是基于有严格物理意义的质量守恒和能量守恒（热力学第一定律）方程，但那是建立在地球尺度动力方程基础上的假设，对估算流域尺度或者暴雨中心点的 PMP 无能为力。②由于需要把 NCEP/NCAR 再分析数据进行降尺度，所以会产生新的误差，给估算带来更多的不确定性。③由于在模式计算的过程中需要假设不同的初始场，这种带有试错的做法，进一步增加了估算成果的不确定性。

PMP 是一种相对某个特定流域特定时段的极端降雨事件，是为工程防洪安全服务的。而数值模式的诸多不确定性，导致应用它来预估未来的极端降雨事件并达到实用，仍然面临许多挑战。

9.1.2.6 暴雨模式法

暴雨模式法是 Collier 和 Hardaker 提出的一维降雨模式。该模式认为一场暴雨露点的变化受太阳能加热、地形抬升、低层辐合等 3 个因素的影响，即

$$\Delta T = \frac{G}{C_p \rho_a H} + \frac{v^2 h T_{\min}}{g d^2} + \frac{w v T_{\min}}{g L} \tag{9.8}$$

式中：ΔT 为露点的变化；G 为月平均热量；H 为有效热量高度；ρ_a 为空气密度；C_p 为特定的干空气热量；v 为水平方向上的风速；g 为重力加速度；w 为垂直速度；h 为高程；L 为辐合尺度；d 为表示地形宽度的一个常数；$T_{\min}$ 为流域每月最小温度。

从式（9.8）可以得到最大露点温度的计算公式：

$$T_{dm} = T_{\min} + \frac{\Delta T}{2} \tag{9.9}$$

再由式（9.9）计算最大可降水量 $M_{\max}$。最后，得到 PMP 的计算公式为

$$PMP = M_{\max} E \tag{9.10}$$

式中：E 为暴雨效率，是指暴雨发生期间实测最大雨量与代表性气柱的可降水量的比率。

假设地面露点温度为 27.5℃ 按饱和假绝热大气从地面到 200hPa 高空的可降水量只有 100mm，倘若没有源源不断的水汽输送，不能产生特大暴雨。因此，该方法难以反映动态的水汽输送，仅把可降水量来回计算两次，不能算是真正的暴雨模型，可以认为是一种变相的水汽放大。

9.1.2.7　多重分形法

基于观测值的估计值与历史资料的历时和序列长度有关，Douglas 和 Barros 定义了分形最大雨量（fractal maximum precipitation，FMP），其表达式为

$$A_\lambda = \frac{\varepsilon_\lambda T}{\lambda} \propto \lambda^{\gamma_{max}} - 1 \propto \tau^{1-\gamma_{max}} \tag{9.11}$$

式中：T 为研究的降雨时间序列；τ 为某降雨历时；ε 为对应降雨历时的降雨强度；λ 为尺度（比例）系数；A_λ 为该降雨历时下的最大累积量。

该方法的优点是推算极端降水序列最大值不受经验和客观方法影响。但是，其估算过程复杂，假设过多，又集合不同尺度的雨量资料，同时把 PMP 估值与概率联系在一起，冲击了 PMP 作为降雨物理上限的内涵。尽管此方法没有被工程界所采用，但是也算另辟蹊径。

9.1.2.8　短历时 PMP 估算方法

高风险水库工程、重大工程防洪排涝、核电厂厂址和城市防洪等有时需要推求短历时 PMP。对于短历时，并无严格定义，水文上有时将小于 24h 的 PMP 称为短历时 PMP。尽管目前推求短历时 PMP 尚未形成成熟系统的方法，但是统计估算法、概化估算法、时面深曲线法等传统 PMP 估算方法不受流域面积和历时长短的限制，只要特大短历时暴雨资料丰富，就可以用于推求短历时 PMP。但是不在观测规范规定的时段，比如 4h、5h 等，这些时段的历史资料非常难获得，没有资料就不能用统计估算法、暴雨移置法等估算 PMP。所以，估算短历时 PMP 面临的最大困难是资料的有效性和充分性。此外，进行水汽放大时，由于估算历时较短，所以在选取地面代表性露点温度时，需要从成因分析上进一步研究比较持续最大 12h 露点与持续最大 3h 露点计算大气可降水量的差别及其合理性。

9.1.3　PMP 估算的实际案例分析

PMP 是为重大水利工程安全设计和重要滨河与滨海城市的防洪规划服务的，PMP 是一个工程设计标准问题，不是一个简单的理论分析问题。PMP 估算要求估算方法概念清楚，参数有明确的物理意义并能从实测资料中分析获得，计算过程不能有过多假设，PMP 估算成果具有可比性，符合常识和经验范围。因此，暴雨模型法、数值模型、多重分析法等，由于计算的过多假设和参数的不确定性以及无法用实际资料验证，尚未得到工程界认可。所以就目前现状及可预见的未来，以 Hershfield 为基础的统计估算法、暴雨移置法、时面深曲线法和水汽放大法仍然是比较合理可靠的 PMP 估算途径。因为统计估算法可以快速提供 PMP 点估计值提供参考，暴雨移置法估算 PMP 综合了多种因素，结果最为合理，是 PMP 估算最为核心的方法。时面深曲线法能得到面 PMP 估计值，得到的外包线反映了当地的可能最大降水规律，水汽放大法能够对 PMP 估算结果做有效水汽调整。

本节将基于台湾多站点年最大日雨量历史资料、台湾气象局 2009 年 8 月 8—10 日莫拉克台风暴雨期间台湾雨量站逐时降雨资料和香港地区雨量站的历史逐时降雨资料以及与香港相邻的广东省雨量站（西沥站、横岗站和深圳站）资料，利用分时段地形增强因子法（SDOIF），将莫拉克台风暴雨最大 24h 实测暴雨中的辐合雨分量分割出来，并将其辐合雨成分移置到香港地区，与香港地区 24h 平均地形增强因子相结合，估算出香港地区 24h 的可能最大降水。本案例出自文献张叶晖等（2014），具体图形和表格可以参照该文献。

9.1.3.1　案例资料介绍

本案例用到的数据有典型暴雨观测数据和地区历史降雨数据。

对于典型暴雨观测数据，主要运用 2009 年 8 月 8—10 日台湾地区莫拉克台风期间的逐时降雨资料。数据来源为台湾气象局的 251 个雨量站逐时降雨资料。地区历史降雨数据由两部分组成：一是香港地区 65 个雨量站的历史逐时降雨资料和与香港相邻的广东省 3 个雨量站（西沥站、横岗站和深圳站）资料，每个站点拥有的历史资料长度不等（18～39a）；二是台湾地区 66 个雨量站的年最大日雨量历史资料，其中最短数据资料为 19a，而最长的数据资料为 60a。

9.1.3.2　案例方法介绍

依据林炳章提出的分时段地形增强因子法进行暴雨分割和移置，其原理简述如下。

对于某一场暴雨，流域内任一点、任一时刻的降雨强度，可以定义为

$$I(x,y,t)=I_0(x,y,t)\times f(x,y,t) \tag{9.12}$$

式中：$I_0(x,y,t)$ 为没有地形影响时的降雨强度，即辐合降雨强度；$f(x,y,t)$ 为地形增强因子。这两个变量均视为随机变量。

Δt 时段内的平均降雨强度定义为

$$I_{\Delta t}(x,y)=I_{0,\Delta t}(x,y)\times f_{\Delta t}(x,y) \tag{9.13}$$

式中：$I_{0,\Delta t}(x,y)$、$f_{\Delta t}(x,y)$ 分别为 Δt 时段内辐合雨的平均雨强和平均地形增强因子。

因此，Δt 时段流域内某空间点 (x,y) 的降雨量为

$$
\begin{aligned}
r_{\Delta t}(x,y) &= \int_{\Delta t} I(x,y,t)\mathrm{d}t \approx I_{\Delta t}(x,y)\times \Delta t \\
&= I_{0,\Delta t}(x,y)\times f_{\Delta t}(x,y)\times \Delta t \\
&= r_{0,\Delta t}(x,y)\times f_{\Delta t}(x,y)
\end{aligned} \tag{9.14}
$$

式中：$r_{0,\Delta t}(x,y)$ 为流域内点 (x,y) 在 Δt 时段内无地形影响的辐合雨雨量。

那么，在 Δt 时段内，整个流域面积 A 上的平均降雨量为

$$
\begin{aligned}
\overline{R}_{\Delta t,A} &= \frac{\iint_A r_{\Delta t}(x,y)\mathrm{d}x\,\mathrm{d}y}{\iint_A \mathrm{d}x\,\mathrm{d}y} = \frac{\iint_A r_{0,\Delta t}(x,y)\times f_{\Delta t}(x,y)\mathrm{d}x\,\mathrm{d}y}{\iint_A \mathrm{d}x\,\mathrm{d}y} \\
&\approx \frac{\displaystyle\sum_i^m \sum_j^n r_{0,\Delta t}(x_i,y_j)\times f_{\Delta t}(x_i,y_j)\Delta x_i \Delta y_j}{\displaystyle\sum_i^m \sum_j^n \Delta x_i \Delta y_j}
\end{aligned} \tag{9.15}
$$

若取 $\Delta x_1=\Delta x_2=\cdots=\Delta x_m$，$\Delta y_1=\Delta y_2=\cdots=\Delta y_n$，即以流域为中心，围绕流域周围地区构造一个 $m\times n$ 的计算网格，则有

$$\overline{R}_{\Delta t,A}=\frac{1}{m\times n}\Big[\sum_i^m \sum_j^n r_{0,\Delta t}(x_i,y_j)\times f_{\Delta t}(x_i,y_j)\Big] \tag{9.16}$$

式中：$r_{0,\Delta t}(x_i,y_j)$、$f_{\Delta t}(x_i,y_i)$ 分别为流域内面积为 $\Delta x_i \times \Delta y_j$ 的网格上平均辐合雨雨量和该网格平均地形增强因子。

式（9.14）中的 $r_{\Delta t}(x,y)$、$r_{0,\Delta t}(x,y)$ 和 $f_{\Delta t}(x,y)$ 分别是随机变量 $R_{\Delta t}(x,y)$、$R_{0,\Delta t}(x,y)$ 和 $F_{\Delta t}(x,y)$ 的一个具体样本值，即

$$R_{\Delta t}(x,y) = R_{0,\Delta t}(x,y) \times F_{\Delta t}(x,y) \tag{9.17}$$

对式（9.17）两边求数学期望，得

$$ER_{\Delta t}(x,y) = E[R_{0,\Delta t}(x,y) \times F_{\Delta t}(x,y)] \tag{9.18}$$

假设 $R_{0,\Delta t}(x,y)$ 和 $F_{\Delta t}(x,y)$ 为相互独立的随机变量，即 $F_{\Delta t}(x,y)$ 仅为地形增强因子，与辐合雨雨量无关，则有

$$ER_{\Delta t}(x,y) = ER_{0,\Delta t}(x,y) \times EF_{\Delta t}(x,y)$$

$$EF_{\Delta t}(x,y) = \frac{ER_{\Delta t}(x,y)}{ER_{0,\Delta t}(x,y)}$$

$$\overline{f}_{\Delta t}(x,y) = \frac{\overline{r}_{\Delta t}(x,y)}{\overline{r}_{0,\Delta t}(x,y)} \tag{9.19}$$

$\overline{f}_{\Delta t}(x,y)$ 的物理概念是：流域内某点 (x,y) 的地形对 Δt 时段暴雨的平均增强幅度，称为 Δt 时段的增强因子，它包括地形触发、抬升、缩窄、水汽障碍等综合影响。由于 PMP 是极端事件，属于特大暴雨，实测大暴雨的机制可以认为接近于 PMP 的机制，因此可以通过时段年降雨量极值系列 $\overline{r}_{\Delta t}(x,y)$，利用式（9.19）直接推求不同时段的增强因子 $\overline{f}_{\Delta t}(x,y)$。同时，假设水汽入流方向上的平原或海岸带的降雨不受地形影响，所以 $\overline{r}_{0,\Delta t}(x,y)$ 选用水汽入流方向上邻近的平原或海岸带的降水资料。

运用上述方法，利用台湾地区 66 个雨量站的历史逐时降雨资料，推求莫拉克台风暴雨期间台湾地区的平均地形增强因子。结合台湾莫拉克台风暴雨实测数据对莫拉克台风暴雨进行分割得到其辐合雨成分。利用香港地区 65 个雨量站的历史逐时降雨资料，得到香港地区的平均地形增强因子。将分割得到的莫拉克台风暴雨的辐合雨分量与香港地区的平均地形增强因子结合，得出香港地区平均 PMP 估计值的空间分布。

9.1.3.3　台湾地区的平均地形增强因子

台湾莫拉克台风影响期间，西南季风强盛，热带辐合带活跃，热带风暴天鹅位于莫拉克的西南面。由于天鹅与莫拉克之间的逆时针互旋，所以使南海上空的西风急流转为西南急流，这股西南急流作用下的水汽沿着莫拉克做逆时针旋转，在台风的南、东、北三面形成一个很强的水汽通道。这样一股较强的水汽流输送水汽和能量，有利于中尺度系统的发生发展，这是造成台湾南部超强降水的一个原因。根据上一节分时段地形增强因子法的介绍可知，在推求平均地形增强因子时，需要选用水汽入流方向上邻近站点的降水资料作为基准站点。因此，依据莫拉克台风暴雨的特点，在台湾西南部选取了 5 个站点作为基准点 $\overline{r}_{0,\Delta t}(x,y)$：永康（海拔 8.1m）、高雄（2.3m）、朴子（8m）、北门（14m）和下营（5m）。这 5 个基准站点的 24h 年最大降雨量的平均值分别为 273.54mm、286.35mm、244.84mm、230.13mm 和 258.79mm，然后再计算这 5 个站点的平均值 258.73mm 作为 $\overline{r}_0$，取 5 个站点的平均值是为了减小单个站点抽样误差。

利用台湾一共 66 个雨量站点的长年逐时降水资料，可以推求各站点 24h 年最大降雨量平均值，进而求得台湾各站 24h 的地形增强因子。为了方便移置到香港地区，对结果进行克里金（Kriging）插值，将台湾地区划分成 5km×5km 的网格，即可得到台湾地区地形增强因子的格点资料。由结果可知，地形增强因子最大值分布在玉山（3844.8m）附近，其值超过了 2.0。而大部分沿海地区，地形增强因子均在 1 左右。这与实际情况相符，地形对降水有增幅作用，特别是在迎风坡一侧，由于地形抬升作用导致降水增强。

9.1.3.4　香港地区的平均地形增强因子

根据类似的方法，可以推求出香港地区的平均地形增强因子。从香港多年来台风入侵的方位来看，主要的水汽流来自于东北方或北方，因此，对于香港地区，推求平均地形增强因子时的基准站点选取的是香港站点 R22(8m)、R30(23m) 和广东省深圳站点（27m）。这 3 个站点各自的 24h 年最大降雨量的平均值分别为 195.79mm、199.95mm 和 204.45mm，然后再计算这 3 个站点的平均值 200.07mm 作为 $\bar{r}_0$。由此可以得到香港地区 65 个站点 24h 的地形增强因子网格资料。24h 的最大地形增强因子发生在大帽山（944m）附近。值得注意的是，由于网格点的值均由实测站点计算结果通过克里金方法插值得出，因此，理论上，越靠近实测站点的网格点结果越可靠。

9.1.3.5　台湾莫拉克台风暴雨地形分割

利用台湾气象局的 251 个雨量站在莫拉克台风期间的逐时降雨资料，可以得到台湾地区莫拉克台风期间最大 24h 降雨分布图。同样，用克里金方法将各站点结果插值到 5km×5km 的均匀网格资料，利用式（9.14）可以得出台湾地区莫拉克台风期间最大 24h 无地形影响的辐合雨雨量。结果显示，莫拉克暴雨最大 24h 辐合雨最大值为 864.3mm，而观测得到的最大 24h 点雨量为 1583.5mm，这说明地形 24h 暴雨的增强幅度约为 45%。

根据莫拉克最大 24h 辐合雨等雨量线可以得出台湾地区相应的面积与降雨量的关系，见表 9.1。

表 9.1　莫拉克最大 24h 辐合雨成分得出的台湾地区面积与降雨量关系

降雨量/mm	0～50	50～100	100～150	150～200	200～250	250～300	300～350	350～400	400～450
面积/km²	14690	5757	5061	5371	2128	1677	1230	1131	1133
降雨量/mm	450～500	500～550	550～600	600～650	650～700	700～750	750～800	800～900	
面积/km²	720	576	476	554	449	401	81	10	

9.1.3.6　莫拉克台风暴雨移置香港地区

将莫拉克台风暴雨的地形影响消去之后剩下的辐合雨成分，就可以认为是由于莫拉克台风天气系统造成的。因此，利用莫拉克最大 24h 辐合雨等雨量线推求的台湾地区面积与降雨量关系（表 9.1），得出与香港地区面积相当的设计暴雨 PMP 模式，并将其移置到香港地区，与之前得到的香港地区 24h 平均地形增强因子相结合，得出香港地区 PMP 的预估值。

将网格化的莫拉克辐合雨分量乘以各点的香港地区地形增强因子，就得到各格点对香港地区平均 PMP 的贡献。从结果可知，香港地区 24h 平均 PMP 贡献最大值发生在大帽山附近，约为 1230.2mm，这个结果也与历史暴雨中心一致。由于大帽山站点是香港地区海拔最高的雨量站点（944m），所以受地形影响较大，为香港地区多发的暴雨中心。这也说明，利用分时段地形增强因子法将莫拉克台风暴雨移置到香港地区的这个做法是可行、有效的。利用同样的方法，可以得出其他时段的 PMP 的分布结果，从而得到暴雨移置到香港地区以后的时空分布。

9.1.3.7　小结

（1）利用分时段地形增强因子法可以成功有效地将山地实测大暴雨分解为纯粹天气系统的动力强迫导致的辐合雨分量和由地形影响导致的地形雨分量。本节以莫拉克台风暴雨为例，发现台湾地区最大 24h 降雨量中地形的增强幅度约为 45%。

（2）以最大 24h 降雨为例，本节将分割得到的莫拉克辐合雨成分移置到香港地区，结合香港地区平均地形增强因子，得到 24h 平均 PMP 贡献分布结果。结果与香港地区历史暴雨中心一致，其贡献最大值发生在大帽山附近，约为 1230.2mm（未考虑水汽放大）。

（3）利用分时段地形增强因子方法，可以得到各时段实测的山地暴雨消除了地形影响的非山地暴雨（辐合雨）分布结果，并且可以将其进行移置，从而得到暴雨移置后的设计暴雨的时空分布。当然，此方法也有局限性，它较适用于资料充分的地区，而且对于雨量站的分布和资料观测系列有一定的要求。同时，结果与插值的网格格点密度也有关系，一般来说，网格点越密集，得到的插值结果越好。需要指出的是，本节给出的最后结果并没有经过移置修正。

9.2　水文气象在防洪设计工作中的应用

9.2.1　防洪设计标准的概念

在水利工程设计时，由于防洪安全事故造成的损失巨大，所以往往要求洪水频率极小，例如 0.1%、0.01% 等。而目前水文频率分析方法的精度不高，尤其在特大洪水部分，其误差可达 100%，甚至更大。像防洪安全事故这种罕见的小概率事件，必须输入十万甚至百万年以上的洪水资料，才能比较可靠地估算出防洪后果的概率，而在实际中却不可能做到。

因此，在防洪设计工作中，采用统一规定的洪水频率 $\hat{p}$，作为选用方案的依据，称为防洪设计标准。具体可以用设计洪水（包括洪峰流量、洪水总量及洪水过程）或设计水位来表示。防洪设计标准的高低，与防洪保护对象的重要性、洪水灾害的严重性及其影响直接有关，并与国民经济的发展水平相联系。国家根据需要与可能，对不同保护对象颁布了不同防洪标准的等级划分。在防洪工程的规划设计中，一般按照规范选定防洪设计标准，并进行必要的论证，以便阐明工程选定的防洪设计标准的经济合理性。对于特殊情况，例如洪水泛滥可能造成大量生命财产损失等严重后果时，经过充分论证，可以采用高于规范规定的标准。如果因为投资、工程量等因素的限制一时难以达到规定的防洪标准时，那么经过论证可以分期达到。

世界各国所采用的防洪标准各有不同，有的用重现期表示，有的采用实际发生的洪水表示，但差别不大。通常情况下，当实际发生的洪水不大于设计防洪标准时，通过防洪系统的正确运用，可以保证防护对象的防洪安全。例如日本对特别重要的城市要求防 200 年一遇洪水，重要城市防 100 年一遇洪水，一般城市防 50 年一遇洪水。印度要求重要城镇的堤防按 50 年一遇洪水设计。对农田的防洪标准一般为 10～20 年一遇洪水。澳大利亚农牧业区要求防 3～7 年一遇洪水。美国主要河道堤防防洪标准，比 1927 年洪水大 11%～38%，相当于频率法的 100～500 年（随控制站而异）一遇洪水，但实际上许多河道都未能达到防御 100 年一遇洪水的标准。

根据目前我国最新标准 GB 50201—2014《防洪标准》，防洪区的防洪设计标准是依据防护对象的重要性设定的。例如，确定城市防洪标准时，是根据其社会经济地位的重要性划分成不同等级，不同等级城市采用不同标准。确定水利水电工程防洪标准时，是先根据工程规模、效益和在国民经济中的重要性，将水利水电枢纽工程分为五个等级，其他保护对象确定防洪标准也是如此。

满足某个标准洪水的表达形式或计算途径，大体上分为两类。

（1）以洪水（或暴雨）发生频率（或重现期）表示设计洪水和校核洪水的标准，即重现期标准，为苏联和多数国家大中型水利工程普遍采用。

（2）以气象上的可能最大降水（PMP）推算可能最大洪水（PMF），作为洪水的最高标准，即 PMF 标准，适用于重要大中型（美国也用于小型）水利工程。

也有从实测暴雨资料分析提出标准设计暴雨推算标准设计洪水，适用于一般中型水利工程。还有采用各种折减可能最大降水的办法，计算小坝的设计洪水，美国和中低纬度的一些国家采用这类方法。目前，国际上尚无统一的、为多数国家所接受的设计洪水标准。各国现行设计洪水标准相差悬殊，大都根据本国的具体情况，考虑工程规模、等级、坝型和失事后果等因素，分别制定各自的分级设计标准。

在我国，目前采用的是重现期标准，但特殊情况下也采用 PMF 标准。根据防洪标准规定，土石坝 1 级建筑物校核防洪标准的上限为可能最大洪水（PMF）或万年一遇，其含义是这二者是并列的，即当采用 PMF 较为合理时（不论其所相当的重现期是多少），则采用 PMF。当采用频率分析法所求得的万年一遇洪水较为合理时，则采用万年一遇洪水。当所求得的 PMF 和万年一遇洪水二者的可靠程度相差不多时，则取二者的平均值或取其大者。另外，对混凝土坝和浆砌石坝，当遭遇短期洪水漫顶时，一般不会造成坝体溃决。但是，如果 1 级建筑物的下游有重要设施，那么保证其安全是很必要的，所以规范也规定：如果洪水漫顶可能造成严重损失时，1 级建筑物的校核防洪标准，经过专门论证并报主管部门批准，可以采用可能最大洪水（PMF）或万年一遇。

9.2.2 设计暴雨过程

暴雨研究在河流防汛以及水利水电工程规划设计与调度方面扮演着关键角色，特别是随着江河治理和国民经济的不断发展。这一重要性的体现主要归因于以下几个方面。

（1）雨量观测站网络的密度高，且其资料系列较长。全国基本水文站数达到 3265 个（截至 2020 年），而观测雨量项目则高达 53392 站（截至 2020 年），雨量站数相较水文站数多出近 16 倍。各地区在 20 世纪 30 年代一般都已设立了一批雨量站，20 世纪 50 年代初期雨量站网发展迅速，而中小河流的水文站一般设立较晚。这使得雨量资料的系列普遍较为长久。

（2）降雨相较于其他因素受到人类活动的影响较小。几十年来，大量水利水电工程和小型农田水利工程等的兴建已在很大程度上改变了河道的产汇流条件；这破坏了水文计算中历年统计资料的一致性。而且不少地区洪水频发、洪峰流量增加更多和洪水最高水位不断增高，20 世纪 90 年代有些地区竟连年突破最高纪录。相比之下，降雨的变化相对较小，仍可被认为是一致性保持较好的数据资料，可以作为洪水资料还原的基础。

（3）降雨资料更适用于地区综合。地形地貌的地域分布可能存在突变，对洪水影响较大，制约了中小河流设计洪水参数的地区综合。而降雨受下垫面因素影响的程度相对比较小，使得降雨的统计参数在地区上具有渐变的特点。当雨量站网络较密时，采用分区或绘制等值线的方法能够相对精确地描述雨量特征值的地域变化。考虑到中国庞大的水利工程数量，大多数工程的设计洪水无法在工程周围的上下游找到可供利用的水文站，因此，利用设计暴雨地区综合资料成为中小流域设计洪水计算最可行的途径。

（4）降雨研究的应用范围广泛，能够满足大流域洪水预报、工程设计和运行的需求。大部分洪水的源头为暴雨，对大江大河的洪水预报需要密切关注暴雨的发生和发展趋势，必须分析历史暴雨演变的规律。对于大河的规划，必须全面了解流域暴雨特性。同时，大型水利水电工程的设计不仅需要估算可能最大暴雨，还要考虑流域内干支流及多个水利工程的联合调度，这要求深入了解暴雨在时间和地区上的演变规律。

9.2.2.1　暴雨资料的选样

在进行统计分析之前，要进行暴雨资料的准备。由于我国每年发生多场致洪型降水，因此存在如何从年内多场暴雨中选定该年的暴雨组成计算样本的问题。由于在工程上往往关注的是强降水过程，在样本选择时一般是从年降雨资料中的量值较大的降水事件中进行选取。一般来说，有三种数据抽样方法：年最大值系列（AMS）、年多次系列（PDS）和年超大值系列（AES）。

（1）年最大值系列（annual maximum series，AMS）。年最大系列的数据包括在每一年的最大的事件，即使是在一年中的第二个最大的事件超过其他年最大的事件，仍然不用。

（2）部分时段系列（年多次系列）（partial duration series，PDS）。部分时段系列是选择一系列数，这些数的大小均大于一个预定数值。在许多情况下，反对使用 AMS 的一个理由是，一年中的第二大事件会超过其他年最大的事件。部分时段系列或峰值超过阈值（peaks - over - threshold，POT）是选择所有阈值以上的峰值。在模拟 PDS 数据时涉及两个问题：①如果年到达率或平均每年超过阈值的事件数量足够大（1.65 次/年或以上），泊松分布用来模拟事件达到。②指数分布用于描述事件的大小。应注意的 PDS 数据的独立性。

（3）年超大值系列（annual exceedence series，AES）。如果 PDS 的基值已选取，那么系列中值的个数等于年数 N，该系列被称为年超大值系列（VEN TE Chow，1988）。一个 AES 可以看作是对 PDS 的特殊情况。构造年超大系列的步骤如下：

1）从 N 年数据中构造一个具有 N 个事件的正常 AMS；

2）选择 AMS 数据中的最小值作为阈值；

3）依据确定的阈值对每年的降水进行选样，凡是不小于这个阈值的降水事件均被选中，这样创建一个新的数据系列，此时新的数据系列有 N_1 个事件，且通常 $N_1 > N$；

4）按照从大到小的顺序对 N_1 个降水事件进行排序，N_1 事件中的前 N 个事件被最后选为年超大值系列。

9.2.2.2　设计暴雨过程推求

所谓设计暴雨，是指具有一场现实降雨形式的降水过程，包括设计暴雨量和降雨强度在时间和空间上的变化过程。很明显，频率计算推求的只是针对某一设计值的暴雨值，因此设计暴雨内容中还包括选择合适的雨型。

在小流域设计洪水计算的推理公式中，常把雨强作均匀概化，即采用均匀雨型，这与绝大多数实际降雨是不符的。在 20 世纪 40 年代，苏联的包高马佐娃等对乌克兰等地的降雨资料进行统计分析、归纳出了 7 种经典雨型；1957 年，Keifer 和 Chu 根据强度-历时-频率关系得到一种不均匀的设计雨型，也称芝加哥雨型。以后 Huff（1957），Pligrim 和 Cordery（1967），Yen 和 Chow 等（1980）都提出各自的设计暴雨雨型。在国内，邓培德等（1996）曾采用 Keifer 和 Chu 雨型进行调蓄池容积计算，王敏等（1994）根据北京市的雨量资料提出过北京市的设计暴雨雨型。各种雨型之间差异较大，目前还没有一种公认的雨型作为设计的依据。

在工程上雨型的选择和设计暴雨过程的计算过程如下。

（1）典型过程的选择和概化。通常选择暴雨总量大、强度也大的暴雨资料作为分析的依据，为了考虑工程的安全性，应选取主雨峰集中在暴雨过程中偏后的暴雨分配形式作为设计暴雨的典型，沂沭泗区域 24h 暴雨时段平均雨型如图 9.1 所示。

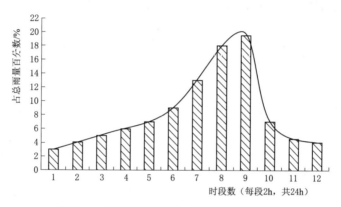

图 9.1　沂沭泗区域 24h 暴雨时段平均雨型

（2）同频率分段放大。以所求的暴雨设计值为控制标准，将典型暴雨的峰值采用倍比放大方法放大至与设计暴雨值相等。在进行分时段时，控制时段一般不宜过细，一般采取 1d、3d 和 7d 进行控制。

（3）暴雨的时程分配。在进行各时段设计雨量推求时，一般按照典型暴雨过程中各雨量的百分比进行分配。

【例 9.1】　某流域通过频率计算推求的百年一遇的各时段设计雨量见表 9.2。

表 9.2　　　　　　　　　　　时 段 设 计 雨 量

时段/d	1	3	7
设计暴雨量 x_p/mm	300	400	480

选择的典型暴雨过程见表 9.3。

表 9.3　　　　　　　　　　　典 型 暴 雨 过 程

时段/d	1	2	3	4	5	6	7
雨量/mm	35	30	38	0	50	100	80

则设计暴雨过程见表 9.4。

表 9.4 设 计 暴 雨 过 程

时段/d	1	2	3	4	5	6	7
典型雨量/mm						100	
放大后 x_p/mm						300	
典型雨量/mm					50		80
分配后 $(x_{3p}-x_{1p})$/mm					38		52
典型雨量/mm	35	30	38	0			
分配后 $(x_{7p}-x_{3p})$/mm	27	23	30	0			

推求流域设计洪水所需要的是流域平均面雨量的设计暴雨过程，而不是点雨量过程。根据国内部分地区径流实验站雨量站群的观测资料分析表明，小流域（$F=0.1\sim10\text{km}^2$）的中心点雨量和流域面平均雨量的相关关系线接近 45°直线，尽管点距离差为 2‰～20‰，但由点或面雨量资料系列经过频率计算求得的两组统计参数（$\bar{x}$，C_v，C_s）是相近的，因此以点代面求设计暴雨量是可以允许的。但是，当流域面积稍大，点雨量与面雨量之间的差异就明显了，不能简单地以点设计暴雨量代替面设计雨量。因此，除面积很小的流域外，一般都应对面雨量作统计计算。

根据资料条件和流域面积大小，设计面暴雨的分析方法有直接计算法与间接计算法两种。

（1）直接计算法。当流域内长期站分布较密，资料充分时，可根据工程所在地点以上流域内各年的最大面雨量系列直接进行频率分析计算，得出各所需频率的设计面雨量。

（2）间接计算法。当中小流域资料短缺或流域面积较大而设计暴雨历时较短，以设计点雨量代表设计面雨量误差较大时，采用设计点暴雨量和点面关系间接推算设计面雨量。

9.2.2.3 设计暴雨点面关系

当设计流域内雨量资料系列太短，或各站系列虽长但互不同期，或站数过少，分布不均，不能控制全流域面积，无法直接计算设计面雨量的情况下，往往是先求出流域中心处指定频率的设计点雨量，再通过点面关系，将设计点雨量转化成所要求的设计面雨量，其中关键是暴雨点面关系的建立及使用。

1. 定点定面关系

定点定面关系为一个地区内不同面积的多个流域或具有固定边界小区的面平均雨深（包括面积为零的点雨量）的统计参数与流域或小区面积的关系。由于点和面（流域或小区）的边界是固定不变的，故称定点定面关系。它符合设计要求，在间接推求面设计暴雨时应优先使用。

若流域内具有短期面雨量资料系列，可以绘制中心点雨量 x_0 与流域面平均雨量 x_f 的相关图，作为折算点面关系的基础。为弥补资料不足，可采用一年多次法选样。若由于点距散乱造成定线困难，可以作"同频率关系"，即 x_0、x_f 分别按递减次序排列，由同序号雨量建立相关线，或求得 x_f/x_0 平均比值，用于折算。

具体做法：①绕中心站点做同心圆（正方形）；②统计同心圆面积 f、面平均雨量 x_f、中心点雨量 x_0；③得若干 $(x_f/x_0,f)$ 点，综合出一条地区上的 $x_f/x_0 - f$ 线。

表 9.5 列举了我国华南以及江西、浙江地区的地区综合雨量均值的定点定面关系。可以看出，面雨量涉及的流域面积越大，则点面折算系数越小。根据该点面关系，可查出对应面

积的点面折算系数。

表 9.5 中国南方雨量均值定点定面系数

面积/km²	10	30	100			300			1000		
地区	江西	江西	江西	浙江	华南	江西	浙江	华南	江西	浙江	华南
时段 1h	0.91	0.84	0.74	0.74	0.81	0.63	0.65	0.71	0.50	0.53	0.60
3h	0.94	0.91	0.85	0.85	0.88	0.79	0.81	0.83	0.69	0.74	0.72
6h	0.98	0.97	0.95	0.91	0.93	0.90	0.85	0.88	0.83	0.83	0.79
1d	0.99	0.98	0.97	0.95	0.97	0.94	0.92	0.94	0.89	0.89	0.89
3d	1.00	0.99	0.98	0.98	—	0.97	0.97	—	0.96	0.96	—

2. 动点动面关系

动点动面关系反映是暴雨中心地点的点雨量，与以暴雨中心周围各条闭合等雨深线包围面积内的平均面雨量之间的点面关系，亦称暴雨中心点面关系或暴雨图点面关系。该法可利用站网较密的近期资料，每年选取多次暴雨进行分析，因此选用暴雨资料的次数比定点定面法多很多。具体做法是选择几场大暴雨资料，绘出给定时段的暴雨等值线图，计算各等雨深线所包围面积 f 及其面平均雨量 x'_f。显然，暴雨中心点雨量 x'_0，就相当于 $f=0$ 的雨量。根据各等雨深线相应的数据绘制 $x'_f/x'_0 - f$ 的关系。因为各场暴雨的中心点和等雨深线的位置是在变动的，所以常称为"动点动面关系"。同一地区内各场雨的上述关系曲线各不相同，一般是采用平均线，有时用各场暴雨的外包线，也有时采用某一场典型特大暴雨的关系线作为该地区综合的

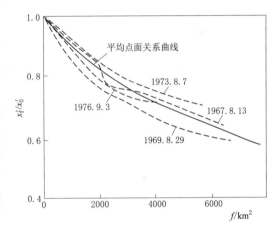

图 9.2 暴雨中心点面关系

"动点动面关系 $(\eta - f)$"。如图 9.2 中，分别计算了四场特大暴雨的点面关系，取其中平均线（图中实线）作为设计暴雨点面雨量折算的依据。

9.2.3 水文气象途径的地区线性矩频率分析方法

水文频率分析是极端降水研究中的一种普遍和有效的方法。该方法是利用实测水文气象资料，运用概率论和数理统计方法，建立概率分布模型，分析水文气象变量（例如降雨量、径流量等）与发生频率（或重现期）之间的定量关系，从而计算给定频率（或重现期）下的变量设计值，即频率估计值。特定频率下的降雨或洪水设计值，可以为防洪工程规划和建设提供设计标准值，频率估计值是否准确可靠，关系到防洪工程建设、防洪规划设计等是否合理和安全，设计标准过高会造成工程投入的浪费，设计标准偏低则存在安全隐患。通过对降雨频率估计值空间分布特征的分析，可以评估不同区域发生洪涝灾害的风险等级，由此规划防洪减灾的重点地区，进行洪涝灾害的早期预警，对有效减少灾害损失、保障人们生活和社会经济的稳定有着不可估量的效益。

过去几十年来，我国传统的水文频率分析方法可以概括为单站、单时段、单一线型、基

于常规矩的适线法。美国国家海洋大气管理总署的国家气象局自 1991 年起，采用了一种新的区域频率分析方法开展基于降雨频率计算的防洪设计标准研究，从 1997 年开始分区分批对全国的暴雨频率图集进行更新，于 2006 年提出了一套基于次序统计量的线性矩法结合基于水文气象一致区的地区分析法进行降雨频率分析的方法，即地区线性矩法，由此制定了一套适合当地自然降雨规律的多时段、多频率的估算标准，并将其定为美国国家防洪设计标准。不同于单站分析，区域频率分析利用了一致区内所有具有相似特性的站点资料序列来分析本区每一个站点的频率分布曲线，扩充的单个站点的样本信息，提高了频率估计值的准确性。与其他参数估计方法相比，线性矩也表现出了更高的稳定性和精确性。因此，采用地区线性矩法进行频率分析，相较于我国传统常用的频率分析方法具有很大优势。

国内外大量的研究证明，应用地区线性矩法进行频率分析能获得稳定和准确的频率估计值。虽然我国已经有不少学者对地区线性矩频率分析进行了相关的研究，但是不同研究中具体的分析步骤和各步骤所采用的方法各不相同，不同步骤和方法也各有优势和不足，尤其是一些研究中地区频率分析所需的重要步骤（例如分区时的气象相似性分析、站点相关性检验和最后频率估计值的时空一致性调整等）未得到充分考虑，没有形成一个比较完整的体系。为了提高地区线性矩法在我国不同地区的适用性，廖一帆等在前人研究的基础上进行优化和总结，形成一套较为完整的、具有较强适用性和客观性的地区线性矩频率分析方法流程，较全面地考虑每一个分析步骤及所使用的方法，以便获得更准确可靠的频率估计值。地区线性矩频率分析方法流程主要包括以下 4 个步骤：数据收集和预处理、水文气象一致区划分、一致区最优分布线型选择、频率估计值计算及时空一致性调整。本节首先简要地给出地区线性矩法的基本概念和原理公式，接着对地区线性矩频率分析的这 4 个步骤分别采用的方法和操作流程进行详细介绍。

9.2.3.1　地区线性矩法

地区线性矩法是一种基于线性矩参数估计的区域频率分析方法，它是线性矩法与地区分析法的结合，通过构建水文气象一致区，在不同的一致区内利用所有站点的数据进行线型拟合及参数估算，进而推求各站点在特定频率（或重现期）对应的变量值，即频率估计值。

1. 线性矩法

线性矩的定义为次序统计量线性组合的期望值。假设随机变量 X 服从某个分布函数，从中抽取一组容量为 n 的样本，按照样本值从小到大排列即得到次序统计量：$X_{1:n} \leqslant X_{2:n} \leqslant \cdots \leqslant X_{n:n}$，则变量 X 的 r 阶线性矩 λ_r 定义为

$$\lambda_r = r^{-1} \sum_{k=0}^{r-1} (-1)^k \binom{r-1}{k} E X_{r-k:r} \quad (r = 1, 2, \cdots) \tag{9.20}$$

其中，$E X_{r-k:r}$ 表示样本容量为 r 的排在第 $r-k$ 位的次序统计量的期望值，则前四阶线性矩写为

$$\lambda_1 = EX \tag{9.21}$$

$$\lambda_2 = \frac{1}{2} E(X_{2:2} - X_{1:2}) \tag{9.22}$$

$$\lambda_3 = \frac{1}{3} E(X_{3:3} - 2X_{2:3} + X_{1:3}) \tag{9.23}$$

$$\lambda_4 = \frac{1}{4} E(X_{4:4} - 3X_{3:4} + 3X_{2:4} - X_{1:4}) \tag{9.24}$$

其中，一阶线性矩表示均值，衡量分布函数的位置；二阶线性矩表示均方差，衡量样本序列的离散程度；三阶和四阶线性矩分别衡量样本序列的不对称程度和峰度。与常规矩的离差系数（C_v）、偏态系数（C_s）和峰度系数（C_k）相类似，线性矩也定义了统计特征参数。

$$线性矩离差系数\ L-C_v: \tau = \lambda_2/\lambda_1 \tag{9.25}$$

$$线性矩偏态系数\ L-C_s: \tau = \lambda_3/\lambda_2 \tag{9.26}$$

$$线性矩峰度系数\ L-C_k: \tau = \lambda_4/\lambda_2 \tag{9.27}$$

对于离散样本，前四阶样本线性矩的计算式为

$$l_1 = n^{-1}\sum_{i=1}^{n} x_i \tag{9.28}$$

$$l_2 = \frac{1}{2}\binom{n}{2}^{-1}\sum_{i=j+1}^{n}\sum_{j=1}^{n-1}(x_{i:n}-x_{j:n}) \tag{9.29}$$

$$l_3 = \frac{1}{3}\binom{n}{3}^{-1}\sum_{i=j+1}^{n}\sum_{j=k+1}^{n-1}\sum_{k=1}^{n-2}(x_{i:n}-2x_{j:n}+x_{k:n}) \tag{9.30}$$

$$l_4 = \frac{1}{4}\binom{n}{4}^{-1}\sum_{i=j+1}^{n}\sum_{j=k+1}^{n-1}\sum_{k=l+1}^{n-2}\sum_{l=1}^{n-3}(x_{i:n}-3x_{j:n}+3x_{k:n}-x_{l:n}) \tag{9.31}$$

相应的 3 个样本线性矩系数分别写为

$$t = l_2/l_1, \quad t_3 = l_3/l_2, \quad t_4 = l_4/l_2 \tag{9.32}$$

2. 地区分析法

地区分析法的基本假设为：将一定的空间区域内具有相似特性的站点进行组合，形成一个一致区，一致区内所有站点的数据序列除去一个站点本身特有的尺度因子后，都满足同一频率分布。那么每一个站点的数据序列可以分解为两部分：①反映该站点特性的尺度因子（称为本地分量）；②反映该一致区内共有特性的地区分量，每个数据值都可以表示为本地分量和地区分量的乘积。其中，站点的本地分量通常用该站点数据序列的平均值 $\overline{x}_i$ 表示，则站点的地区分量数据序列表示为

$$r_{ij} = x_{ij}/\overline{x}_i \quad (i=1,2,\cdots,N; j=1,2,\cdots,n) \tag{9.33}$$

为无量纲的数据序列。应用地区分析法推求频率估计值，即将一致区内所有站点数据序列的本地分量去掉后，利用所有站点的地区分量进行线性拟合和参数估算，求得拟合数据最佳的地区无量纲频率分布曲线，称为区域增长曲线。区域增长曲线在重现期 T 的值 q_T 称为区域增长因子，同样表示的是地区分量。于是，某个站点 i 在重现期 T 的频率估计值 $Q_{T,i}$ 可以通过该站点本地分量 $\overline{x}_i$ 与地区分量 q_T 的乘积求得

$$Q_{T,i} = \overline{x}_i q_T \quad (T=1a,2a,5a,\cdots,100a,\cdots,1000a) \tag{9.34}$$

9.2.3.2　数据收集和预处理

地区线性矩频率分析方法流程的第一步为数据收集和预处理，这是水文频率分析中的一项最重要的基础工作。用于频率分析的站点资料序列，一般要满足代表性、可靠性、一致性和随机性的原则，否则会直接影响频率估计值结果的准确性。因此，该方法流程主要按照这 4 个原则对资料进行收集、筛选及质量控制。

1. 代表性

本方法流程的选样方式采用降雨资料较完整、较易收集的年最大值系列，即每年选取一个最大值组成的系列。站点资料的代表性主要从空间和时间两方面进行考虑。空间

上，资料收集的范围涵盖研究区及其周围一定范围的缓冲区，并且尽量选用在研究区和缓冲区内分布基本均匀并具有不同高程的站点，缓冲区资料的补充是为了在地区分析时充分利用空间上的站点信息，以便提高研究区边界处频率估计值的准确性。时间上，优先选择实测年限较长（一般观测记录长度在 20a 以上）、观测连续的站点，实测年限较短的站点作为补充。

2. 可靠性

对于站点的观测数据，常常会由于人工记录错误或仪器故障而存在漏记、少记和误记等现象，这样会导致统计的年最大值出现奇异值、重复记录值或长短历时值不一致等现象。为了保证所使用的各站资料序列的真实可靠性，从以下几个方面进行检查。

（1）检查是否存在明显错误的年最大记录值，例如数据量级明显与该站其他观测值或邻近站点观测值不符、同一站点同一年份有多个不同的记录值等情况。

（2）检查是否有高于研究区内同一历时历史记录的年最大值。

（3）检查各站点是否存在同一年份长历时年最大降雨记录值小于短历时年最大降雨记录值的情况。

（4）检验站点的不和谐性，对不和谐站点的资料序列检查是否存在异常值。采用 Hosking 提出的不和谐性检验方法，将所有站点作为一个整体，通过不和谐性指标 D_i 检查是否存在某些站点的资料与其他站点资料不一致的情况。具体的方法如下。

假设区域内有 N 个站点，计算各站点资料序列的样本线性矩离差系数 $t^{(i)}$、样本线性矩偏态系数 $t_3^{(i)}$ 和样本线性矩峰度系数 $t_4^{(i)}$，其中站点 $i=1,2,\cdots,N$，令 $u_i=[t^{(i)},t_3^{(i)}, t_4^{(i)}]^{\mathrm{T}}$（T 表示转置）为样本线性矩系数组成的矩阵，则区域内所有站点 u_i 的平均为 $\bar{u}= N^{-1}\sum_{i=1}^{N}u_i$，令 $A=\sum_{i=1}^{N}(u_i-\bar{u})(u_i-\bar{u})^{\mathrm{T}}$，由此可以计算站点 i 的不和谐性指标 D_i：

$$D_i=\frac{1}{3}N(u_i-\bar{u})^{\mathrm{T}}A^{-1}(u_i-\bar{u}) \tag{9.35}$$

如果某站点的 D_i 超出一定的临界值，说明该站点为不和谐站点，可能存在错误值、异常值、趋势性等。D_i 的临界值和区域内的站点总数 N 有关。当 $N<5$ 时，区域内站点太少，无法比较判断站点资料是否异常。当 $N\geqslant5$ 时，相应的 D_i 临界值见表 9.6。

表 9.6　　　　　　　　　　　站点不和谐性指标 D_i 的临界值

区域的站点数	D_i 临界值	区域的站点数	D_i 临界值
5	1.333	11	2.632
6	1.648	12	2.757
7	1.917	13	2.869
8	2.140	14	2.971
9	2.329	$\geqslant15$	3.000
10	2.491		

在上述四个方面的数据检查中，对明显错误的记录值予以删除。对存在疑问的数据，需要进一步核查原始观测记录，或与数据来源单位进行核实。如果证实是真实可靠的数据，则予以保留。如果证实是错误值或无法确认其真实性，则将其舍去。

3. 一致性

当站点的年最大降雨序列由于缺测或其他原因被连续较长的无资料年份分割成两个或多个子序列时，可能会导致前后子序列在统计意义上不一致，因此需要检验子序列间的一致性，即检验子序列是否来自同一分布总体。由于在样本较大时，许多统计参数都具有趋于正态的性质，这里采用两个正态总体均值差异显著性的 t 检验来对存在连续缺测 5 年及以上的站点资料序列进行一致性检验。t 检验的方法如下。

假设总体 X 和 Y 分别服从正态分布 $N(\mu_1, \sigma_1^2)$ 和 $N(\mu_2, \sigma_2^2)$，检验两个总体均值是否相等，即原假设 H_0：$\mu_1 = \mu_2$。分别从中抽取样本 $x_1, x_2, \cdots, x_{n1}$ 和 $y_1, y_2, \cdots, y_{n2}$，样本均值为 $\overline{x}$ 和 $\overline{y}$，样本方差为 S_1^2 和 S_2^2。于是，$\overline{x} - \overline{y}$ 也服从正态分布，构造统计量：

$$T = \frac{\overline{x} - \overline{y}}{\sqrt{\frac{(n_1-1)S_1^2 + (n_2-1)S_2^2}{n_1 + n_2 - 2}}\sqrt{\frac{1}{n_1} + \frac{1}{n_2}}} \tag{9.36}$$

当 H_0 成立时，统计量 T 服从自由度为 $(n_1 + n_2 - 2)$ 的 t 分布，对于给定的显著性水平 $0 < \alpha < 1$，由

$$P\{|T| \geq t_{\alpha/2}(n_1 + n_2 - 2)\} = \alpha \tag{9.37}$$

得到 H_0 的拒绝域为

$$G = \{|T| \geq t_{\alpha/2}(n_1 + n_2 - 2)\} \tag{9.38}$$

计算拒绝 H_0 的最小显著性水平 p 值，当 $p \leq \alpha$ 时，表明在显著性水平 α 下拒绝 H_0，即两个总体均值存在显著差异。

对未通过 t 检验的站点逐一进行分析处理原则为：两段子序列如果有一段大于总序列长度的 1/4，足够用于总体分布的估计，则可以删除另一段与之不一致的较短子序列。但如果较短子序列中包含特大值，如果删除该特大值，很可能造成该站的估算的降雨值总体偏低，因此这种情况下较短子序列也予以保留。如果两段子序列长度均大于或等于总序列长度的 1/4，则两段子序列都具有一定的代表性，因此均保留。特别地，当连续缺测所分割的两段子序列中有一段长度仅为 1a 时，无法计算 T 统计量，这种情况下如果被独立分割的这一年最大降雨值在整个序列中属于特大值，则予以保留，否则将其舍去。

4. 随机性

随机性要求用于频率分析的资料应该随机抽取自同一个分布总体。理论上年最大值序列样本之间没有内在联系，即保证了随机性，但这里仍然采用游程检验法对资料序列的随机性加以验证。

游程检验的思路为：样本序列 $x_1, x_2, \cdots, x_n$，其平均值为 $\overline{x}$。将 $x_i \geq \overline{x}$ 记为"+"，$x_i < \overline{x}$ 记为"−"，序列中符号连续不变的一段视为一个游程，统计整个序列的总游程数 R 以及"+"和"−"出现的次数 n_1 和 n_2。随机性的游程检验即分析两种符号是否随机排列，原假设 H_0 为数据出现的顺序是随机的。当 n_1 或 n_2 较大时，计算统计量：

$$Z = \frac{R - \frac{2n_1 n_2}{n_1 + n_2} + 1}{\sqrt{\frac{2n_1 n_2 - n_1 - n_2}{(n_1 + n_2)^2(n_1 + n_2 - 1)}}} \tag{9.39}$$

Z 近似服从标准正态分布，给定显著性水平 α，可以用正态分布表得到 p 值和检验结

果。当 $p > \alpha$ 时，接受原假设，表明序列是随机的。但站点资料较多时，少量站点序列由于偶然因素引起的随机性检验没有通过是允许的。

9.2.3.3　水文气象一致区划分

地区线性矩频率分析方法流程的第二步是研究区水文气象一致区的划分，即根据研究区天气气候背景的一致性和站点资料序列水文统计特征的相似性，将研究区划分为不同的满足地区分析假设的一致区。后续对数据的线型拟合和频率估计值的计算，需要建立在水文气象一致区的基础上，因此，水文气象一致区划分是否合理，对一致区分布线型选择和频率估计值结果的准确性都会有很大影响。由于不同时段分析的站点不一定完全相同，变量的分布特征也不尽相同，所以一致区的分析一般分不同历时进行。水文气象一致区的划分和判断准则可以概括为缓冲区划定、气象相似性分析、水文相似性判别、不和谐站点检查和样本独立性检验。

1. 缓冲区划定

在研究区边界邻近区域的划分水文气象一致区时，若仅以研究区边界作为一致区分析的边界，则一致区条件很可能得不到满足，这样边界处频率估计值的准确性会受到影响。因此，在资料允许的情况下，可以将研究区向外扩充一定的范围作为缓冲区，充分利用研究区及周边缓冲区的站点资料，以便提高研究区边界地区频率估计值的准确性。缓冲区的范围根据研究区和可能划分的一致区范围而定。

2. 气象相似性分析

气象相似性要求所划分的一致区内气候背景和降雨的气象成因要一致，因此应该充分了解研究区的天气气候背景、降雨的主要影响天气系统、降雨的水汽来源和地形对降雨的影响等。

3. 水文相似性判别

水文相似性是指一致区内所有站点的资料序列满足同一频率分布线型，即要求所有站点的水文统计参数 $L-C_v$、$L-C_s$ 和 $L-C_k$ 在一定的程度上一致。由于 $L-C_s$ 和 $L-C_k$ 具有良好的相关性，因此主要考虑 $L-C_v$ 和 $L-C_s$ 的相似。

$L-C_v$ 相似的判别采用基于 $L-C_v$ 计算的异质性检验指标 H，用于判断所划分的子区域是否为一致区，其计算方法如下。

假设所划定的子区域内有 N 个站点，第 i 个站点的数据序列长度为 n_i，其样本 $L-C_v$ 表示为 $t^{(i)}$，各站点样本 $L-C_v$ 按照数据序列长度进行加权平均计算的区域平均 $L-C_v$ 表示为

$$t^R = \sum_{i=1}^{N} n_i t^{(i)} / \sum_{i=1}^{N} n_i \tag{9.40}$$

以数据序列长度为权重的样本 $L-C_v$ 的标准差表示为

$$V = \left\{ \sum_{i=1}^{N} n_i (t^{(i)} - t^R)^2 / \sum_{i=1}^{N} n_i \right\}^{1/2} \tag{9.41}$$

选用四参数的 Kappa 分布作为分布线型，采用蒙特卡洛模拟方法生成 $N_{sim} = 1000$ 组数据，每组数据同样含有 N 个站点，每个站点数据序列长度和原始数据相同，计算 N_{sim} 组模拟数据相应 V 的均值 μ_V 和标准差 σ_V，则异质性检验指标的计算式为

$$H = \frac{V - \mu_V}{\sigma_V} \tag{9.42}$$

当 $H < 1$ 时，表示该子区域为可接受的一致区，否则不能将其视为一致区，要重新进行调整。由 H 的计算公式可知，$L - C_v$ 值相近的站点计算得到的 H 值较小，更可能满足 $H < 1$ 的条件。因此，在一致区划分时，将 $L - C_v$ 值相近的站点划分为一个子区域。

同时，利用站点的 $L - C_s$ 对所划分的子区域中可能的不相似站点进行考察和调整，主要考察子区域中 $L - C_s$ 值特大和特小的站点对整个子区域百年一遇频率估计值的影响。由于我国站点的实测资料序列长度基本都在 100a 以下，所以估算的百年一遇频率估计值应该大于实测资料序列中的最大降雨值。若子区域中的站点存在百年一遇频率估计值小于实测资料序列中最大降雨值的不合理情况，而当其中的 $L - C_s$ 值特大或特小站点去掉后，总体百年一遇频率估计值的合理性有较大的改善，则将该站点去掉或移至相邻子区域再作分析，反之可予以保留。

4. 不和谐站点检查

与前一小节介绍的不和谐性检验方法相同，计算子区域内所有站点的不和谐性指标 D_i，判断子区域是否存在不和谐的站点。对于不和谐性指标 D_i 大于相应临界值的站点，如果已经证实了资料序列的真实可靠性，则需要将该站点调整划入其他邻近子区域再进行分析。若资料序列长度足够长，则也可以考虑将其作为一个独立的分区。但如果某 D_i 大值的站点资料序列中含有特大的降雨记录值是由局部极端降雨事件所引起的，也可以保留该站点在当前区域。

5. 样本独立性检验

在划分的子区域中，当站点的 $L - C_v$ 接近到一定的程度时，异质性检验指标 H 中的 V 值就会很小，由此得到的 H 就很可能出现负值的情况，这在很大的程度上是由站点之间存在相关关系导致的，并且负值越小，可能存在的相关性越大。区域频率分析要求站点之间的样本是独立不相关的，因此要对 $H < 0$ 的子区域内站点之间的样本进行相关性分析。如果相关性对子区域的频率估计值影响较大，就要进行去相关处理。具体方法为：从子区域的所有站点中选出含有 20 年及以上降雨年最大值发生时间相差一天以内的两个站点组，提取发生时间相差一天以内的子数据序列。计算各站点组子数据序列的 Pearson 相关系数 r，当 $|r| > 0.7$ 时，认为该站点组资料之间存在相关性。对存在显著相关（$p <$ 显著性水平 α）的站点组，分别计算两个站点去掉前和去掉后该子区重现期 100 年的区域增长因子 q_0 和 q_1 的相对误差

$$R_q = |q_1 - q_0| / q_0 \tag{9.43}$$

式中：R_q 为站点的相关性对整个子区的降雨频率估计值影响程度，当 $R_q > 5\%$ 时表明影响较大，则将该站点去掉。

9.2.3.4 一致区最优分布线型选择

在区域频率分析中，水文气象一致区内所有站点的资料序列均满足同一分布线型，因此，在水文气象一致区分析之后，采用一定的拟合优度检验方法，评判各频率分布模型对一致区数据的拟合效果，从而确定一致区的最优分布线型。一般区域线性矩频率分析方法使用 5 种常用的三参数分布模型作为一致区数据拟合的候选分布线型，分别为 GLO、GEV、GNO、GPA 和 P-Ⅲ。该方法流程主要通过蒙特卡洛模拟检验、样本线性矩的均方根误差

检验和实测数据检验等三种基于定量指标的拟合优度检验方法来衡量各候选分布线型的拟合效果。

1. 蒙特卡洛模拟（monte-carlo simulation，MCS）检验

MCS 检验是通过蒙特卡洛模拟生成数据，比较模拟数据的区域平均线性矩峰度系数与分布线型理论的线性矩峰度系数的差异平均情况，来考察分布线型拟合的质量。假设所划定的一致区中共有 N 个站点，其中第 i 个站点资料的序列长度为 n_i，选用四参数的 Kappa 分布作为分布线型，采用蒙特卡洛模拟对该一致区进行 $N_{\mathrm{sim}}=1000$ 次的模拟，模拟区域是一致的且站点资料序列不相关，模拟的区域站点数也为 N，每个站点数据的模拟长度与相应的实测资料序列长度相同。第 m 次模拟数据的区域平均线性矩峰度系数为 $t_4^{[m]}$，则 N_{sim} 次模拟数据与实测数据的区域平均线性矩峰度系数的偏差为

$$B_4 = \Big[\sum_{m=1}^{N_{\mathrm{sim}}}(t_4^{[m]} - t_4^R)\Big]\Big/ N_{\mathrm{sim}} \tag{9.44}$$

相应的区域平均线性矩峰度系数的标准差为

$$\sigma_4 = \Big\{\Big[\sum_{m=1}^{N_{\mathrm{sim}}}(t_4^{[m]} - t_4^R)^2 - N_{\mathrm{sim}}B_4^2\Big]\Big/(N_{\mathrm{sim}}-1)\Big\}^{1/2} \tag{9.45}$$

指定分布线型的线性矩峰度系数为 τ_4^{DIST}，则作为拟合优度检验的统计量 Z^{DIST} 的表达式如下：

$$Z^{\mathrm{DIST}} = (\tau_4^{\mathrm{DIST}} - t_4^R + B_4)/\sigma_4 \tag{9.46}$$

若统计量满足 $|Z^{\mathrm{DIST}}| \leqslant 1.64$，则认为该分布线型的拟合结果是合理可接受的，通常 Z^{DIST} 越接近于 0，代表拟合效果越好。

2. 样本线性矩均方根误差（root mean square error，RMSE）检验

RMSE 检验利用一致区内所有站点实测资料的线性矩峰度系数与分布线型理论的线性矩峰度系数之间的离差情况来比较分布函数的拟合效果。假设一致区中共有 N 个站点，对第 i 个站点，资料的序列长度为 n_i，样本线性矩峰度系数表示为 $S_{i,L-C_k}$，样本线性矩偏态系数值在分布函数曲线上所对应的 $L-C_k$ 值表示为 $D_{i,L-C_k}$，则计算所有站点 $S_{i,L-C_k}$ 和 $D_{i,L-C_k}$ 的偏差，再根据资料序列长度 n_i 进行加权平均，得到均方根误差 $RMSE$ 即为拟合优度检验的指标，其表达式为

$$RMSE = \{\sum_{i=1}^{N}n_i(S_{i,L-C_k} - D_{i,L-C_k})^2 / \sum_{i=1}^{N}n_i\}^{1/2}, \quad i=1,2,\cdots,N \tag{9.47}$$

具有最小 $RMSE$ 的候选分布线型拟合效果最好。

3. 实测数据（real data check，RDC）检验

RDC 检验是利用一致区内所有实测样本在不同重现期下的经验频率与相应的理论概率之间的相对误差（relative error，RE）来反映候选分布函数与实测资料的拟合程度。假设一致区中共有 N 个站点，使用第 i 个站点的实测资料计算不同重现期 T_j 下的经验超过频率，记为 F_{i,T_j}，重现期 T_j 相应的理论概率记作 P_{T_j}，取所有站点 F_{i,T_j} 和 P_{T_j} 相对误差的平均值

$$RE = \Big[\sum_{i=1}^{N}(F_{i,T_j} - P_{T_j})/P_{T_j}\Big]/N \tag{9.48}$$

由于资料长度的限制，小于 100 年重现期的经验频率值较稳定，作为检验标准较合理，

因此这里 RE 计算的重现期 T_j 取 2 年、5 年、10 年、25 年和 50 年一遇。为了反映不同分布线型在不同重现期下的综合表现，将各候选分布线型在各 T_j 的 RE 从大到小排列，取各自排列序号之和作为相应分布线型的 RE 总分数 S_{RE}。RE 越小，S_{RE} 越高，表明该分布线型拟合效果越好。

综合以上三种检验方法的结果，确定一致区数据拟合效果最佳的分布线型。当三种检验方法的结果中有两种或三种分布线型拟合效果相当、无法确定最优时，可以利用线性矩系数图作为辅助进一步判断。线性矩系数图是分别以 $L-C_s$ 和 $L-C_k$ 为横轴与纵轴，将区域内样本数据计算的区域平均 $(L-C_s，L-C_k)$ 点绘制在图中，通过区域平均样本点与理论的候选分布曲线的接近程度来判断哪种分布线型拟合偏差最小。

一致区的划分和分布线性的拟合优度检验通常需要相互参考，如果当所划分的子区满足了一致区划分准则，但候选分布线型在拟合优度检验中表现不佳或各拟合优度检验结果不一致，这时需要再进行适当的分区调整。此外，研究区内各水文气象一致区是独立进行最优分布线型选择的，但在空间上应该具有一致性和连续性，即相邻一致区的分布线型应该根据五种候选分布尾部厚薄的顺序连续变化，而避免不符合统计特性的跨越选取的现象。若出现相邻两个一致区表现最好的分布线型跳跃太大的情形，则应该重新进行一致区分析和调整。

9.2.3.5　频率估计值计算及时空一致性调整

地区线性矩频率分析方法流程的第四步，是根据地区分析法计算频率估计值，并对其进行时空一致性调整。在进行多时段的区域频率分析时，频率估计值在不同时段间和空间分布上可能会存在不一致的问题，这是由于站点资料有限、序列长度较短和站点分布不均匀以及各时段、各一致区是独立进行分布线型选择和参数估计等原因造成的。因此，时空一致性的检查和调整是一个必要的步骤。

1. 频率估计值的计算

根据所划分的水文气象一致区及相应的最优分布线型，应用线性矩法进行参数估计，确定拟合数据最佳的区域增长曲线，由式（9.48）将不同重现期 T_j 下的地区增长因子 q_{T_j} 与各站点数据序列的平均值 $\overline{x}_i$ 结合即得到一系列频率估计值结果。本方法使用的是年最大值序列资料，但考虑到年超大值序列更符合重现期的概念，年最大值序列估算的频率估计值可能会被低估，因此采用周文德公式将年超大值序列的重现期 T_{AES} 转换为年最大值序列的重现期 T_{AMS} 进行校正，可以有效地改善这个问题。即所要推求频率估计值的一系列重现期为 T_{AES}，实际利用年最大值序列计算的重现期为 T_{AMS}，T_{AES} 与 T_{AMS} 的转换关系如下：

$$T_{AMS} = \frac{1}{1 - e^{\frac{1}{T_{AES}}}} \tag{9.49}$$

2. 时段间一致性调整

理论上，频率估计值随着重现期和持续时段的增加而增加，较长时段与较短时段频率估计值的比值应该大于 1.0。但部分站点的估算结果可能会出现某些重现期下较长时段的频率估计值比较短时段的频率估计值小的情形，在频率估计值曲线图中就会表现出不同时段的频率估计值曲线出现交叉的现象。如图 9.3（a）所示，两个时段频率估计值曲线相交于 A 点，A 点之后即频率估计值在时间上不一致，与统计规律不相符。这里采用误差分摊的方法对时段间不一致的频率估计值进行调整，其思路为：计算不一致起点 A 前一重现期 T_1 下相邻

的较长时段 D_2 与较短时段 D_1 频率估计值的比值 R_{to}，此处 $R_{to}>1.0$，将 R_{to} 大于 1.0 的误差部分按频率步长权重分摊到 A 点之后各计算的重现期点上（如图 9.3 中的 T_2、T_3 和 T_4），将各重现期所分摊的误差再加上 1.0，作为相应重现期下新的 D_2 与 D_1 频率估计值的比值 R'_{to}，原 D_1 频率估计值乘以 R'_{to}，即得到 D_2 调整后的频率估计值，如图 9.3（b）所示。D_1 频率估计值和 D_2 在 A 点之前正常的频率估计值部分不改变，调整后的 R'_{to} 随着重现期增大逐渐收敛于 1.0。

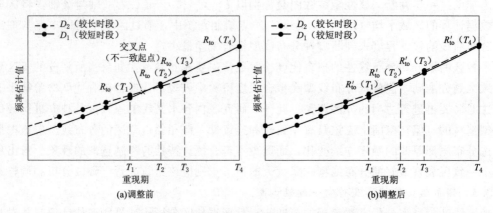

图 9.3　不同时段间频率估计值不一致调整

3. 空间一致性调整

频率估计值空间上的不一致表现在相邻一致区边界处，频率估计值可能出现的梯度较大、不连续的现象，这里采用往返两次空间平差法来进行微调校正，具体步骤如下：第一步，为了不改变研究区内实测站点的空间分布精度，构造一个与站点分辨率大致相同的空间网格，将不规则的实测站点的降雨本地分量，采用克里金插值方法，插值到规则的网格点上；第二步，每个站点利用其周围距离最近的 4 个网格点上的本地分量，采用反距离加权插值法，反向插值回各站点，再与所在一致区的地区分量相结合，即得到空间平差校正后的频率估计值。

4. 频率估计值的置信区间

频率估计值的置信区间表示在一定的置信水平下频率估计值的取值范围，这里应用蒙特卡洛模拟数据生成法来估算站点频率估计值的 90% 置信区间，具体方法如下：①类似于拟合优度 MCS 检验中的蒙特卡洛模拟方法，每个站点生成 1000 组模拟数据，模拟长度与相应的实测资料序列长度相同。②采用和实测数据相同的频率估计值计算方法，计算各站点 1000 组模拟数据的频率估计值。③各重现期下，对频率估计值按从小到大的顺序进行排列，取 5% 分位数对应的数值作为置信下限，取 95% 分位数对应的数值作为置信上限，则上限与下限之间的范围即置信水平为 90% 的频率估计值的变化区间。

5. 频率估计值的空间分布

区域频率分析方法的思想是以空间换时间，克服站点稀少和资料序列不足的缺点，充分利用一致区内的所有站点的信息，来提高各站点频率估计值的准确性，并且能更准确地获得无资料地区的频率估计值以及频率估计值的空间分布。同样根据地区分析法，空间任一无资料地点的频率估计值，可以通过所在一致区的区域增长因子与该地点的降雨本地分量相乘得到。而无资料地点的降雨本地分量则利用频率估计值空间一致性调整第一步获得的网格点本地分量，由距离该地点最近的 4 个网格点上的值通过反距离加权插值得到。于是，整个研究区空间任一点的降雨频率估计值都可以通过插值计算求得，进一步，便可以获得降雨频率估计值的空间分布。

9.2.4　地区线性矩频率分析方法的实际案例应用 [1]

本节将利用一个实际案例详细介绍地区线性矩频率分析方法的应用。广东省是我国大陆最南端的沿海省份，由于其复杂的地理和气候条件，在南海丰富的水汽供应以及西风和热带天气系统的相互作用下，常常遭受暴雨、洪水、城市内涝和山体滑坡等灾害。广东省降水的时空分布不均匀，给暴雨洪涝灾害的预警和预防带来了更大的难度。因此，对广东省极值降雨的频率分析和时空分布特征进行研究，以便评估发生暴雨洪水的风险，对当地的防灾减灾工作具有重要的意义。

9.2.4.1　数据收集和预处理

选取短历时 1h、3h、6h 和长历时 24h 作为广东省降雨频率分析的研究时段，在研究区广东省和缓冲区（广东省向福建省、江西省和广西壮族自治区扩充 30～50km 的范围）收集雨量站 1h、3h、6h 和 24h 的历史年最大降雨量资料。从代表性、可靠性、随机性和一致性 4 个方面进行降雨资料质量控制检查，去掉错误的数据值，舍去前后不一致的资料序列等。由于广东省内站点密度不大且资料总体序列长度偏短，所以为了满足频率分析所需资料序列长度的同时保证站点空间分布的均匀性，选取 20 年及以上的站点用于分析。最终筛选出广东省和缓冲区 1h 共 202 个站点（广东省内 92 个站点），3h 共 212 个站点（广东省内 95 个站点），6h 和 24h 共 291 个站点（广东省内 157 个站点）的年最大降雨量资料序列，其他缓冲区的站点数以及各区域的序列长度统计见表 9.7。福建省缓冲区站点资料序列的有效长度最长，平均约 51 年，广东省内和其他缓冲区站点资料序列的平均有效长度约为 32 年。根据研究区及周围的地形和筛选的站点分布结果可知，1h 降雨资料位于广东省中部珠江三角洲和东部沿海地区的站点略稀疏，其他时段的降雨资料站点空间分布比较均匀，缓冲区站点密度略大于广东省内站点密度。

表 9.7　　　广东省及周围缓冲区数据预处理后各时段的站点数和序列长度统计

降雨时段/h	总站点数	区　　域	站点数	最长有效序列长度	平均有效序列长度
1	202	广东省内	92	35	31.5
		福建省缓冲区	8	62	48.75
		江西省缓冲区	63	39	30.7
		广西壮族自治区缓冲区	39	43	31.2
3	212	广东省内	95	35	32.1
		福建省缓冲区	14	64	50.8
		江西省缓冲区	64	39	31.4
		广西壮族自治区缓冲区	39	49	31.4

---

[1]　该节选自廖一帆博士的毕业论文。

续表

降雨时段/h	总站点数	区　域	站点数	最长有效序列长度	平均有效序列长度
6	291	广东省内	157	35	33.3
		福建省缓冲区	16	64	51.1
		江西省缓冲区	65	39	32.6
		广西壮族自治区缓冲区	53	49	34.4
24	291	广东省内	157	35	33.4
		福建省缓冲区	16	75	51.9
		江西省缓冲区	65	39	32.6
		广西壮族自治区缓冲区	53	49	34.2

9.2.4.2　广东省水文气象一致区划分及线型选择

首先，从广东省的地形和气候背景上考虑水文气象一致区的初步划分。从广东省的地形上看，整体地势从北部山地向南部沿海呈逐步降低趋势。北部群山是南岭的组成部分，东部山地由三列东北—西南走向的山脉构成，分别为九连山、罗浮山、莲花山。广东省暴雨的主要成因是锋面类暴雨和台风类暴雨，水汽主要来源于南面的南海。通常南岭南侧、莲花山东南坡等迎风坡面降雨量较大，而背风面的谷底和内陆盆地降雨量较少。另外珠江三角洲平原是一个尺度很大的南开喇叭口地形，对气流有辐合抬升作用，使降雨量和降雨强度加大。综合以上分析，考虑将北部、东部和西南部划分不同的一致区，并且喇叭口地形、山脉迎风面和背风面之间要进行区分。

在初步分区的基础上，对不同时段、利用站点的 $L-C_v$ 和 $L-C_s$ 进一步细分和调整。根据站点 $L-C_v$ 和 $L-C_s$ 的空间分布可知，随着时段的增加，$L-C_v$ 的变化范围逐渐增大，主要的高值区位于广东省东部和西部沿海以及中部的珠江三角洲地区，说明这些地区的年最大降雨值的变化幅度较大。1h 的 $L-C_s$ 偏低的地区位于珠江三角洲，3h 和 6h $L-C_s$ 的高值、低值中心较分散，而 24h 珠江三角洲变为了 $L-C_s$ 的高值区，说明该区域较长历时的年最大降雨量序列的分布负偏严重，异常的极大值突出。将 $L-C_v$ 和 $L-C_s$ 接近的站点划分为一个子区，同时考察子区内 $L-C_s$ 特大值和特小值的站点对整个子区的影响、检查不和谐站点检验站点之间样本的独立性，并用异质性检验指标 H 判断子区是否满足一致区标准。最终，广东省包含缓冲区的水文气象一致区划分结果为 1h、3h、6h 和 24h 分别为 13 个、16 个、15 个和 16 个一致区。不同时段的分区总体形态上相似，随着时段的增长，站点数更多，$L-C_v$ 和 $L-C_s$ 的梯度更大，在东部和西部地区进行了更细的划分。表 9.8 给出了各时段一致区的站点数、异质性检验指标 H 值，所有一致区都有 $H<1$，满足一致区的标准。

表 9.8　广东省不同时段水文气象一致区的站点数、异质性检验和最优分布线型选择结果

一致区	1h(R1)			3h(R3)			6h(R6)			24h(R24)		
	站点数	H	最优分布	站点数	H	最优分布	站点数	H	最优分布	站点数	H	最优分布
1	15	-1.45	GNO	18	-0.89	GEV	21	0.77	GEV	22	-1.26	GEV
2	41	-0.59	GNO	8	-1.91	GEV	27	-1.24	GEV	22	-0.41	GEV

续表

一致区	1h(R1)			3h(R3)			6h(R6)			24h(R24)		
	站点数	H	最优分布	站点数	H	最优分布	站点数	H	最优分布	站点数	H	最优分布
3	20	−0.87	GNO	32	0.19	GEV	26	0.80	GEV	20	−0.33	GNO
4	8	−1.11	GEV	22	−0.85	GEV	25	0.57	GEV	36	−0.64	GNO
5	5	−0.11	GNO	9	0.85	GEV	12	0.65	GEV	12	0.71	GEV
6	10	−1.01	GNO	8	−0.10	GEV	17	0.04	GEV	12	−1.42	GEV
7	5	−0.16	GEV	6	0.29	GNO	18	0.19	GEV	22	−1.54	GEV
8	12	−0.14	GEV	4	−0.80	GEV	12	−0.72	GEV	16	−1.06	GEV
9	13	−1.13	GEV	23	−1.28	GEV	11	−0.18	GEV	12	−0.32	GEV
10	23	−1.18	GNO	6	0.06	GEV	10	0.04	GEV	12	−0.13	GEV
11	10	−1.53	GNO	5	−0.09	GNO	26	−0.62	GEV	19	−1.35	GNO
12	30	−0.95	GNO	9	−1.20	GEV	8	−0.97	GNO	7	−0.92	GPA
13	10	−1.69	GEV	18	−1.12	GEV	40	−1.03	GEV	15	−0.85	GNO
14				11	−0.16	GNO	8	−0.30	GNO	24	0.43	GNO
15				23	−1.34	GEV	30	−0.05	GNO	11	−0.93	GNO
16				10	−1.37	GEV				29	−1.4	GEV

对所划分的一致区，采用 MCS、RMSE 和 RDC 三种拟合优度检验进行最优分布线型选择。综合分析检验结果，最终各一致区确定的最优分布列于表 9.4。可以看出，选择作为最优分布最多的是 GEV（占 68%），其次是 GNO（占 30%），只有 24h 的 12 区选择了 GPA。

9.2.4.3　广东省降雨频率估计值结果及空间分布特征

根据地区分析法计算站点降雨频率估计值，并进行时空一致性检查和调整，即可得到降雨频率估计值空间分布，本节以 25 年、50 年和 100 年重现期为例。总体上看，不同时段、不同重现期，降雨频率估计值的空间分布态势都较相似，降雨频率估计值随着时段和重现期的增大而增大。所有时段最大雨强中心位于广东省西南沿海阳江附近（设为位置 H_1），随着重现期增大，其高值范围逐渐扩大延伸至西南沿海阳江-江门一带。对于 3h，位于珠江三角洲的广州（设为位置 H_2）也显现出一个次大值中心，随着重现期增大，高值范围扩大到广东省北部山区南侧的清远附近区域。而 6h 和 24h 除了这两个大值中心以外，还呈现第三个大值中心，位于东部沿海陆丰附近（设为位置 H_3）。同样重现期越大，该大值区域的范围越大，中心值越大。

不同时段的高雨强中心降雨频率估计值随重现期的变化而变化。由结果可知，4 个时段 H_1 处中心值都最大，为最主要的暴雨高风险区。6h 和 24h 位于 H_2 和 H_3 处的中心值相当，H_2 处中心值在重现期较小时小于 H_3 处，而随着重现期增大变为大于 H_3 处的中心值。6h 和 24h 在 3 个降雨频率估计值高值区南侧都出现了低值区，分别位于西部的云浮-肇庆附近、北部的乐昌附近和东部的五华附近（依次设为位置 L_1、L_2 和 L_3）。而 1h 和 3h 的降雨频率估计值主要的低值区依次位于 L_1 和 L_1、L_3。降雨频率估计值 3 个高值区和 3 个低值区的位置与广东省的 3 个多雨中心和 3 个少雨中心位置基本一致，符合广东省降雨的空间分布特征。此分布特征形成的原因主要与不同地区受影响的天气系统不同，以及受地形的阻挡、辐合抬升的作用有关。

1h 在珠江三角洲附近没有呈现 3h、6h 和 24h 那么明显的高值中心，说明该区域主要受较长历时暴雨的影响。相反，雷州半岛在 1h 不同重现期都属于比较高值的区域，说明雷州半岛主要受短历时暴雨影响。但由于广东省东部 1h 和 3h 所用资料的站点比较稀疏，根据现有资料可能无法得出一些局地分布的变化，所以无法确定是否存在高值中心。由此也可以说明，不同区域主要的成灾暴雨历时是不同的。

9.2.4.4　小结

通过对地区线性矩频率分析研究的实际案例，可以得到一些应用规律。

根据水文气象一致区划分的分析步骤和判断准则，最终都可以得到较优的分区方案，既符合降雨的气象成因规律（尤其与地形对降雨影响的分布一致），又符合水文统计特征。

降雨频率估计值的空间分布随着历时和重现期变化有着一定的变化规律。同一时段不同重现期的降雨频率估计值的空间分布态势基本一致；不同时段的空间分布总体相似，但由于不同区域主要的成灾暴雨历时不同，所以一些局地分布和高低值中心可能存在差异。频率估计值总体空间分布都与该区域多年的降雨统计特征相符合。

思考题

1. 目前，常用的可能最大降水估算方法有哪些？试说明各种方法的优缺点。
2. 地区线性矩频率分析方法流程有哪些？
3. 什么是设计暴雨？
4. 试阐述设计暴雨的推求过程。

参 考 文 献

包红军, 王莉莉, 沈学顺, 等, 2016. 气象水文耦合的洪水预报研究进展 [J], 42 (9): 1045 - 1057.

包伟民, 2006. 水文预报 [M]. 3 版. 北京: 中国水利水电出版社.

陈志银, 2001. 农业气象学 [M]. 杭州: 浙江大学出版社.

丛振涛, 倪广恒, 杨大文, 2008. "蒸发悖论"在中国的规律分析 [J]. 水科学进展, 19 (2): 147 - 152.

邓培德, 1996. 暴雨选样与频率分布模型及其应用 [J]. 给水排水, (2): 5 - 10.

杜军, 边多, 鲍建华, 2008. 藏北高原蒸发皿蒸发量及其影响因素的变化特征 [J]. 水科学进展, 19 (6): 786 - 791.

杜军, 胡军, 刘依兰, 2008. 近 25 年雅鲁藏布江中游蒸发面蒸发量变化及其影响因素的变化 [J]. 自然资源学报, 23 (1): 120 - 126.

杜钧, 2002. 集合预报的现状和前景 [J]. 应用气象学报, 13 (1): 16 - 28.

段若溪, 姜会飞, 2001. 农业气象学 [M]. 北京: 气象出版社.

(日) 二宫洸三, 1997. 四国南部的强雨事例 [J]. 日本天气, 24 (2): 105 - 112.

范世香, 高雁, 程银才, 2012. 应用水文学 [M]. 北京: 中国环境科学出版社.

冯国章, 1991. 计算区域蒸散发量的互补关系法及其应用 [J]. 水资源与过程学报, (3): 7 - 11.

葛朝霞, 曹丽青, 2011. 气象学与气候学教程 [M]. 北京: 中国水利水电出版社.

葛朝霞, 2008. 气象学与气候学教程 [M]. 北京: 科学出版社.

管珉, 2008. 南方山洪灾害预警预报研究 [D]. 南京: 南京信息工程大学.

郭军, 任国玉, 2005. 黄河流域蒸发量的变化及其原因分析 [J]. 水科学进展, 16 (5): 666 - 672.

郭孟霞, 毕华兴, 刘鑫, 2006. 树木蒸腾耗水研究进展 [J]. 中国水土保持科学, 4 (4): 14 - 120.

姜世中, 2010. 气象学与气候学 [M]. 北京: 科学出版社.

兰平, 2018. 可能最大降水估算研究及应用示范 [D]. 南京: 南京信息工程大学.

李继清, 门宝辉, 2015. 水文水利计算 [M]. 北京: 中国水利水电出版社.

李琼芳, 刘轶, 王洪杰, 2008. 气象变化趋势对蒸发皿蒸发的影响分析 [J]. 水科学进展, (2): 187 - 195.

李天军, 曹红霞, 2009. 参考作物蒸发蒸腾量对关中地区主要气象因素变化量的敏感分析 [J]. 西北农林科技大学学报 (自然科学版), 37 (7): 68 - 74.

李岩, 胡军, 王金星, 等, 2008. 河流集合预报方法 (ESP) 在水资源中长期预测中的应用研究 [J]. 水文, 28 (1): 25 - 27.

廖一帆, 2021. 地区线性矩极值降雨频率分析及应用 [D]. 南京: 南京信息工程大学.

刘波, 马柱国, 丁裕国, 2006. 中国北方近 45 年蒸发变化的特征及与环境的关系 [J]. 高原气象, 25 (5): 840 - 848.

刘畅, 闵锦忠, 冯宇轩, 等, 2018. 不同模式扰动方案在风暴尺度集合预报中的对比试验研究 [J]. 气象学报, 76 (4): 605 - 619.

刘光文, 1989. 水文分析与计算 [M]. 北京: 水利电力出版社.

刘国纬, 1997. 水文循环的大气过程 [M]. 北京: 科学出版社.

刘国纬, 崔一峰, 1991. 中国上空的水汽涡动输送 [J]. 水科学进展, 2 (3): 145 - 153.

刘国纬, 董素珍, 刘城鉴. 关于暴雨水汽放大的几个问题 [A]//水利电力部南京水文水资源研究所, 1987. 水文水资源论文选 (1978—1985) [M]. 北京: 水利电力出版社: 55 - 64.

刘敏, 沈彦俊, 曾燕, 2009. 近 50 年中国蒸发面蒸发量变化趋势及原因 [J]. 地理学报, 64 (3): 259 - 269.

刘式适，刘式达，2011. 大气动力学 [M]. 北京：北京大学出版社.

刘树华，2004. 环境物理学 [M]. 北京：化学工业出版社.

刘莹，王海军，李中华，2015. 基于观测数据的风向传感器故障检测方法设计与应用 [J]. 气象，41（11）：1408-1416.

陆桂华，吴志勇，何海，2010. 水文循环过程及定量预报 [M]. 北京：科学出版社.

陆桂华，吴志勇，何海，2009. 水文循环过程及定量预报 [M]. 北京：科学出版社.

马京津，宋丽莉，张晓婧，2016. 对两种不同取样方法 Pilgrim & Cordery 设计雨型的比较研究[J]. 暴雨灾害，35（3）：220-226.

缪启龙，江志红，陈海山，2010. 现代气候学 [M]. 北京：气象出版社.

穆宏强，夏军，2002. 复合生态系统的降水过程模拟 [J]. 人民长江，（7）：25-56.

彭勇，王萍，徐炜，等，2012. 气象集合预报的研究进展 [J]. 南水北调与水利科技，10（4）：90-96.

钱维宏，2004. 天气学 [M]. 北京：北京大学出版社.

秦年秀，陈喜，薛显武，2009. 贵州蒸发皿蒸发量变化趋势及影响因素分析 [J]. 湖泊科学，21（3）：434-440.

邱国玉，李瑞利，等，2011. 气候变化与区域水分收支——实测、遥感与模拟 [M]. 北京：科学出版社.

邱新法，刘昌明，曾燕，2003. 黄河流域近 40 年蒸发民政发亮的气候变化特征 [J]. 自然资源学报，18（4）：437-442.

任国玉，郭军，2006. 中国水面蒸发量的变化 [J]. 自然资源学报，21（1）：31-44.

芮孝芳，2004. 水文学原理 [M]. 北京：中国水利水电出版社.

芮孝芳，2017. 论流域水文模型 [J]. 水利水电科技进展，37（4）：8.

申双和，盛琼，2008. 45 年来中国蒸发面蒸发量的变化特征及其原因 [J]. 气象学报，66（3）：450-459.

石玉波，刘克岩，1988. 互补相关路面蒸发模型及其应用 [J]. 水文，8（2）：8-13.

世界气象组织，2012. 集合预报应用指导手册 [S]. WMO-No.1091.

水利水电规划设计总院，1995. 水利水电工程设计洪水计算手册 [M]. 北京：中国水利水电出版社.

苏爱芳，吕晓娜，崔丽曼，等，2021. 郑州"7.20"极端暴雨天气的基本观测分析 [J]. 暴雨灾害，40（5）：445-454.

苏宏超，魏文寿，韩萍，2003. 新疆近 50 年来的气温和蒸发变化 [J]. 冰川冻土，25（2）：174-178.

孙学金，王晓蕾，李浩，等，2010. 大气探测学 [M]. 北京：气象出版社.

王安志，裴铁璠，2001. 森林蒸散测算方法研究进展与展望 [J]. 应用生态学报，（6）：933-937.

王家祁、沈国昌、耿雷华，等，1995. 中国热带气旋暴雨洪水的分布和水文特性 [J]. 水科学进展，6（2）：121-126.

王家祁，2002. 中国暴雨 [M]. 北京：中国水利水电出版社.

王建华，卢予北，谢新民，2003. 豫北地区蒸发能力及其变化趋势分析 [J]. 河南科学，21（3）：343-347.

王君艳，姜彤，徐崇育，2006. 长江流域 20cm 蒸发皿蒸发量的时空变化 [J]. 水科学进展，17（6）：830-833.

王敏，谭向诚，1994. 北京城市暴雨和雨型的研究 [J]. 水文，（3）：1-6.

王振会，2016. 大气探测学 [M]. 北京：气象出版社.

魏凤英，2007. 现代气候统计诊断与预测技术 [M]. 北京：气象出版社.

吴必文，温华洋，叶朗明，2009. 安徽地区近 45 年蒸发皿蒸发量变化特征及影响因素初探 [J]. 长江流域与资源环境，18（7）：620-624.

吴晓庆，饶瑞中，2004. 湿度起伏对可见光波段折射率结构常数的影响 [J]. 光学学报，24（12）：1599-1602.

伍光和，田连恕，胡双熙，等，2000. 自然地理学 [M]. 北京：高等教育出版社.

伍荣生，2002. 现代天气学原理 [M]. 北京：高等教育出版社.

武魁，2012. 影响探空气球探测高度的因素及改进措施［J］. 科技与生活，(10)：115-115，171.

（日）武田桥男（T. Takeda），1977. 云物理学的地形效果［J］. 日本天气，24（1）：43-53.

（美）谢尔登，2011. 水文气候学视角与应用［M］. 刘元波，主译. 北京：高等教育出版社.

夏军，2002. 水文非线性系统理论与方法［M］. 武汉：武汉大学出版社.

谢平，陈晓宏，王兆礼，2008. 东江流域蒸发皿蒸发量及其影响因子的变化特征分析［J］. 热带地理，28
　　（4）：306-310.

谢贤群，王菱，2007. 中国北方近50年潜在蒸发的变化［J］. 自然资源学报，22（5）：683-691.

谢悦波，2009. 水信息技术［M］. 北京：中国水利水电出版社.

徐宗学，和宛琳，2005. 黄河流域近40年蒸发皿蒸发量变化趋势分析［J］. 水文，25（6）：683-691.

徐宗学，2009. 水文模型［M］. 北京：科学出版社.

杨汉波，杨大文，雷志栋，2008. 蒸发互补关系的区域变异［J］. 清华大学学报（自然科学版），48（9）：
　　33-36.

杨汉波，杨大文，雷志栋，2009. 蒸发互补关系在不同时空尺度上的变化规律及其机理［J］. 中国科学（E
　　辑），39（2）：333-340.

杨秀芹，钟平安，2008. 蒸发皿蒸发量变化及其研究进展［J］. 地球物理学进展，23（5）：1494-1498.

杨远东，1979. 估算可能最大暴雨的水汽入流指标法［J］ 水文计算技术（全国水利水电《水文计算专业情
　　报网》），(4)：117-123.

叶守泽，2005. 水文水力计算［M］. 北京：中国水利水电出版社.

袁慧玲，2022. 近年来水文气象科技进展［EB/OL］. 中国气象学会官网，2022-03.

詹道江，叶守泽，2000. 工程水文学［M］. 北京：中国水利水电出版社.

张霭琛，等，2015. 现代气象观测［M］. 2版. 北京：北京大学出版社.

张海军，陈彪，2012. 柞水地区冬季低空风场分析［J］. 安徽农业科学，40（10）：6033-6035.

张叶晖，陈宏，兰平，2014. 莫拉克台风暴雨移置香港地区的PMP分析研究［J］. 水文，34（5）：25-30.

张毅，1995. 几种蒸发模型的分析［J］. 新疆大学学报（自然科学版），12（3）：91-96.

赵人俊，1984. 流域水文模拟——新安江模型和陕北模型［M］. 北京：水利电力出版社.

郑峰，2008. 集合预报初值扰动在天气预报中的应用研究进展［J］. 科技导报，26（19）：90-95.

中国气象局，2003. 地面气象观测规范［M］. 北京：气象出版社.

周淑贞，1997. 气象学与气候学基础［M］. 北京：气象出版社.

邹进上，刘蕙兰，涂蓉玲. 汉江上游水汽净输送个例计算与秋季PMP估算研究［A］//南京大学气象系，
　　水利部治淮委员会规划处. 1980. 可能最大降水研究［G］. 53-58.

邹进上，刘长盛，刘文保，1982. 大气物理基础［M］. 北京：气象出版社.

左洪超，李栋梁，胡隐樵，等，2005. 近40a中国气候变化趋势及其同蒸发皿观测的蒸发量变化的关系［J］.
　　科学通报，50（11）：1125-1130.

Lisa A，2011. Climate science：Extreme heat rooted in dry soils［J］. Nature Geoscience，4，12-13.

Anderson M C，Norman J M，Diak G R，et al，1997. A tow source time integrated model for estimating sur-
　　face fluxed using thermal infrared remote sensing［J］. Remote Sensing of Environment，(60)：195-216.

Atsumu O，Martin W，2002. Is the hydrological cycle accelerating？［J］. Science，(298)：1345-1346.

Bera M，Borah D K，2003. Watershed-scale hydrologic and nonpoint-source pollution models：review of
　　mathematical bases. Transactions of the ASAE，46（6）：1553-1566.

Beven K J，Freer J，2001. A dynamic TOPMODEL［J］. Hydrological Processes，(15)：1993-2011.

Beven K J. 降雨—径流模拟［M］. 马骏，刘晓伟，王庆斋，等，译，2006. 北京：中国水利水电出版社.

Brock F V，Richardson S J，2001. Meteorological measurement systems［M］. New York：Oxford University
　　Press.

Casas M C，Rodríguez R，Nieto，et al. 2008. The estimation of probable maximum precipitation：the case of
　　Catalonia［J］. Annals of the New York Academy of Sciences，1146：291-302.

Chattopadhyay N，Hulme M，1997. Evaporation and potential evapotranspriation in India under conditions of recent and future climate change ［J］. Agricultural and Forest Meteorology，(87)：55－73.

Cohen S，Ianetz A，Stanhill G，2001. Evaporative climate change at Bet－Dagan，Israel，1964—1998 ［J］. Agricultural and Forest Meteorology，111 (2)：83－91.

Desa M M N，Noriah A B，Rakhecha P R. 2001. Probable maximum precipitation for 24h duration over southeast Asian monsoon region－Selangor，Malaysia ［J］. Atmospheric Research，58，41－54.

Eagleson P S. 生态水文学 ［M］. 杨大文，丛振涛，译，2008. 北京：中国水利水电出版社．

Findell，et al，2011. Probability of afternoon precipitation in eastern United States and Mexico enhanced by high evaporation ［J］. Nature Geoscience，(4)：434－439.

Food and Agricultural Organization (FAO)，1998. Guidelines for computing crop water requirements－FAO ［EB/OL］.

Harrison G. 2014. Meteorological Measurements and Instrumentation ［M］. John Wiley & Sons.

Hershfield D M，1965. Method for estimating probable maximum precipitation ［J］. JournaloftheAmericanWaterWorksAssociation，57，965－972.

Huff F A，1967. Time distribution of rainfall in heavy storms ［J］. Water Resources Research，3 (4)：1007－1010.

Jung，et al，2010：Recent decline in the global land evapotranspiration trend due to limited moisture supply ［J］. Nature，467，951－954.

Keifer G J，Chu H H，1957. Synthetic storm pattern for drainage design ［J］. Journal of the Hydraulics Division ASCE，83 (4)：1－25.

Koster，et al，2004：Regions of strong coupling between soil moisture and precipitation ［J］. Science，(305)：1138－1140.

Liu B，Xu M，Henderson M，2004. A spatial analysis of pan evaporation trends in China，1955—2004 ［J］. Journal of Geographical Research，109：15102－15110.

Marlyn L. Shelton. 水文气候学视角与应用 ［M］. 刘元波，主译，2011. 北京：高等教育出版社．

Michael L R，Graham D F，2002. The cause of decreased pan evaporation over the last 50 years ［J］. Science，15 (298)：1410－1411.

Monteith J L，1963. Gas exchange in plant environment. In：Evans L T. Environmental Control of Plant Growth ［M］. New York：Academic Press.

Monteith J L，1964. Evaporation and environment，the state and movement of water in living organisms ［C］. In：19th symp Soc Exp Biol. New York：Academic Press.

Morton F I，1978. Estimating evapotranspiration from potential evaporation：practically of aniconoclastic approach ［J］. Journal of Hydrology，(38)：1－32.

Peterson T C，Golube V S，Groisma P Y，1995. Evaporation losing its length ［J］. Nature，377：687－688.

Qingyun Duan，Florian Pappenberger，Andy Wood，et al，2019. Handbook of Hydrometeorological ensemble forecasting ［M］. Berlin：Springer.

Quintana－Gomez R A，1998. Changes in evaporation patterns detected in northernmost South America ［C］. Proc. 7th lnt. Meeting on Statistical Climatology，Whistler，BC Canada，Institute of Mathematical Statistics，97.

Rittersma Z M，2002. Recent achievements in miniaturised humidity sensors：a review of transduction techniques ［J］. Sensors & Actuators A Physical，96：196－210 (15) ．

Roderick M L，2004. Changes in Australian pan evaporation from 1970 to 2002 ［J］. International Journal of Climatology，24：1077－1090.

Seneviratne，et al，2010. Investigating soil moisture－climate interactions in a changing climate：A review ［J］. Earth－Science Reviews，99，3－4，125－161.

Singh V P. 水文系统—流域模拟 [M]. 赵卫民，戴东，牛玉国，等，译，2000. 郑州：黄河水利出版社.

Stensrud D J，Brooks H E，Du J，et al，1999. Using ensembles for short - range forecasting. Mon Wea Rev，127 (4)：433 - 446.

Talagrand O，Vautard R，Strauss B，1997. Evaluation of probabilistic prediction Systems [A]//Proceedings of ECMWF Workshop on Predictability [C]. Reading，United Kingdom：ECMWF，20 - 22.

W. James Shuttleworth，2012. Terrestrial Hydrometeorology [M]. New Jersey：John Wiley & Sons.

Wood A W，Schaake J C，2008. Correcting errors in streamflow forecast ensemble mean and spread [J]. J Hydrometeor，9 (1)：132 - 148.

Yen B C，Chow V T，1980. Design hyetographs for small drainage structures [J]. Journal of the Hydraulics Division ASCE，106 (6)：1055 - 1076.